明代居室家具陈设研究：《仇画列女传》的场景解析

Domestic Furnishings in the Ming Dynasty of China: Scene Analysis of the Book Lienü Zhuan Illustrated by Qiu

袁进东　等　著

科 学 出 版 社
北 京

内 容 简 介

明朝是我国版画艺术发展历史上的最好时期，仇英绘制的《仇画列女传》是这个时期的杰出代表。

本书从《仇画列女传》的成书背景、脉络信息、人物形象等方面出发，对其相关时代背景与基本信息进行介绍，对《仇画列女传》插画中家具和布局陈设等关联情况进行系统深入的梳理，并在此基础上，借助电脑绘图软件技术，对《仇画列女传》中具有代表性的典型家具和典型的室内场景进行“再现复原”。

本书适合对传统明式家具及其室内陈设感兴趣的研究者、普通读者，以及家具、工业设计、环境设计等相关专业院校师生阅读。

图书在版编目（CIP）数据

明代居室家具陈设研究：《仇画列女传》的场景解析/袁进东等著. —北京：科学出版社，2023.3

国家社科基金后期资助项目

ISBN 978-7-03-074300-8

Ⅰ. ①明…　Ⅱ. ①袁…　Ⅲ. ①家具-研究-中国-明代 ②家具-室内布置　Ⅳ. ①TS666.204.8 ②J525.3

中国版本图书馆 CIP 数据核字（2022）第 241025 号

责任编辑：杜长清 / 责任校对：王晓茜
责任印制：吴兆东 / 封面设计：润一文化

科学出版社出版
北京东黄城根北街 16 号
邮政编码：100717
http://www.sciencep.com
北京厚诚则铭印刷科技有限公司印刷
科学出版社发行　各地新华书店经销
*
2023 年 3 月第　一　版　开本：720 × 1000　1/16
2024 年 8 月第二次印刷　印张：20 1/4
字数：320 000

定价：99.00 元

（如有印装质量问题，我社负责调换）

国家社科基金后期资助项目
出版说明

后期资助项目是国家社科基金设立的一类重要项目，旨在鼓励广大社科研究者潜心治学，支持基础研究多出优秀成果。它是经过严格评审，从接近完成的科研成果中遴选立项的。为扩大后期资助项目的影响，更好地推动学术发展，促进成果转化，全国哲学社会科学工作办公室按照“统一设计、统一标识、统一版式、形成系列”的总体要求，组织出版国家社科基金后期资助项目成果。

全国哲学社会科学工作办公室

前　　言

“陈设”一词源自《后汉书·阳球传》：“权门闻之，莫不屏气。诸奢饰之物，皆各缄滕，不敢陈设。”[①]陈设在居室中主要指室内空间中的家具、器具、饰品等在空间中的组合搭配。在明代的著作中，有不少关于居室的布置、装修、文玩等方面内容的陈设文献，如计成的《园冶》、文震亨的《长物志》、李渔的《闲情偶寄》等。这些著作或从整体搭配布置，或从家具饰品创作，或从日常细物的趣味等方面进行了陈设的设计实践和理论思考。由于古代科技手段的局限性，在陈设方面很难留下家具及饰品整体面貌的影像资料，在古代文献的字里行间，我们自然而然地产生了无限的遐想。明朝是我国版画艺术发展历史上的最好时期，大量美轮美奂的插画作品诞生在该时期，明四家之一仇英绘制的《仇画列女传》是该时期的杰出代表，颇具研究价值。

《仇画列女传》于明朝中晚期完成，里面所描述的各类生活场景，在一定程度上反映出当时的家具及相关的室内陈设状况，为我们呈现出了明代中晚期阶段内涵丰富的陈设文化。

本书在对明中晚期家具历史材料的进一步研究查阅，以及对《仇画列女传》插画中家具和布局陈设等关联情况进行系统深入梳理的基础上，借助电脑绘图软件技术，对《仇画列女传》中具有代表性的典型家具和典型的室内场景进行“再现复原”。

首先，从《仇画列女传》的成书背景、脉络信息、人物形象等方面出发，对其相关时代背景与基本信息进行介绍。其次，通过与另外两个版本的《列女传》——南宋余勤有堂本《列女传》（简称余氏本）和明金陵唐氏富春堂刊本《新镌增补全像评林古今列女传》（简称富春堂本）插画绘本比对，发现三个版本虽然在故事情节上没有大差别，但是在对故事内容的插画描绘上却不尽相同。尤其以《仇画列女传》最为突出，其家具部分的描写兼具写实与写意两种手法。研究结果表明，在 196 幅绘制了家具形态的插画中，一共描绘了 496 件家具；按功能来分，分别为坐具类、卧具类、架具类、庋具类、承具类及屏具类。这些家具的装饰手法丰富多样，

---

① 《后汉书》，北京，线装书局，2010 年，第 1319 页。

其中主要以雕刻、镶嵌为主，所选择的装饰题材内涵丰富、寓意深远，通常为吉祥图案、植物纹样、山水图案等。最后，将《仇画列女传》与仇英的其他绘画作品，以及当时其他插画刻本的家具进行了比对分析。在《仇画列女传》的布局陈设部分，笔者发现当时的空间布局呈现出厅堂比较注重对称均衡，而书房卧室则灵活随性的特色；室内空间中的家具陈设表现出主次尊卑有序、成套搭配协调的特点。另外，本书对当时织物类、文房清玩类及其他陈设类的陈设手法，也进行了较为深入的研究。在《仇画列女传》中的典型家具与室内场景的“复原重建”部分，依然是重点借助电脑绘图软件技术对家具和场景进行了绘制。此外，本书中故宫博物院藏品的图片和尺寸均源自北京故宫博物院周京南①研究馆员的拍摄和测量，二维 CAD 家具图、三维室内效果图均为中南林业科技大学中国传统家具研究创新中心文阳研究员绘制。

袁进东

2022 年 6 月 22 日

① 周京南，男，1969 年 1 月 20 日出生。历史系文博专业，1991 年本科毕业，同年 8 月分配到北京故宫博物院工作，在北京故宫博物院保管部从事家具库房保管及研究。现为北京故宫博物院研究馆员。

目　　录

图 目 录

表目录

第一章　绪　　论

绘画艺术在照相技术问世前，一直作为记录人类社会生活痕迹的载体而存在。古代画家依据其自身的感受和体会，描绘着自然与社会中一切能够看得到的形象，以及从现实生活幻想出的形象。画家笔下的绘画题材数不胜数，从宏观的大千世界到微观的小众世界，从社会国家的重大历史事件到百姓家庭的日常琐事，从祖国的锦绣山河到生长于斯的一草一木，均被加以悉心、精彩的呈现。即便岁月不居时节如流，即便历史车轮滚滚向前，画家依然凭借他们生动细腻的笔触及高超的绘画技法，将中国各个历史时期、不同社会阶层群体的生活场景呈现在他们的画卷中，使后人凭借这一幅幅生动形象的历史画卷，来感受过去祖先的生活状况，并在画卷中畅游中华五千年的历史文化。

木版画在中国绘画中占有重要的地位，其描绘的内容题材，常常呈现出画作当时的社会场景，以及其他丰富多彩的个人生活风貌。如此看来，木版画俨然成了珍贵的写实性史料，我们能够借助这些作品，走进它们所处的时代，深切感受那个时代的面貌风采，触及那个时代的脉搏。在这些画作中，画家对家具及其陈设的精心设计描绘，恰恰反衬出他们对于当时社会的切身感受，映衬出他们所处的真实社会场景及浓厚的各色生活氛围。正因为如此，画中精心描绘设计的室内场景和家具，也都传递出与那时相关的各种重要信息，家具成了真正的文化载体，被赋予了历史性、阶级性、民族性、地域性等特点。通过家具的形态和功能，我们可以窥探出先人的审美特征和生活方式；通过家具的装饰手法，我们可以感受到先人丰富的精神世界；通过家具及其饰品的搭配摆设，我们可以找到先人所遵循的各种规章礼制。这种热爱生活、善于不断探索未知世界的民族特点，都在古代的家具及陈设上得到了淋漓尽致的体现。

第一节　相关概念

一、《列女传》

《列女传》为中国历史最悠久的妇女史册，成书于西汉时期，由刘向所著，共记 105 名妇女事迹，不仅方便了后人通过文字来了解当时社会的女性风采和生活场景，同时为后世文学创作提供了丰富的资源。该书开创了中国文学女性群体塑造的先河，对后世影响深远。

二、《仇画列女传》

明万历年间，一部新的妇女专史——《仇画列女传》诞生了。该书是明代文学家汪道昆在刘向校订后的《列女传》之基础上增补而成的，这次增补，大大扩充了《列女传》在内容上的广度，西汉至明朝期间发生的、封建礼教认为可歌可泣、大书特书的故事传说都被加了进来，值得关注的是，大量平民女性旌表故事也被加了进来。与以往的绘本故事中女主角阶层过于集中于上层社会的特点不同，《仇画列女传》出现了一定的亲民特征，明四家之一的仇英为该书加持增色，特意绘制了精彩的插画，因其线条柔细飘逸、画面风格雅致秀美、细节绘制精准到位，而被历代推崇。

令人遗憾的是，即便《仇画列女传》有过流传甚广、影响深远的光辉过去，长久以来，鲜有人对其再进行进一步的深入研究，在社会文化较丰富和发达的今天，该书所蕴含的巨大价值才开始引起一批又一批学者的关注。本书将对《仇画列女传》产生的政治、经济、文化等外部环境，与《仇画列女传》的作者、内容、版本等内部因素进行比较探析，以期能够找到开启《仇画列女传》文化宝库的钥匙，帮助大家更好地理解《仇画列女传》所讲述的故事传说，以及更好地欣赏仇英的天才绘画艺术，特别是其中精彩纷呈的家具及细致用心的居室陈设方式。

（一）外部环境概述

1. 印刷制度的规定

洪武初年，明太祖为鼓励刊印书籍，支持文化教育，推行了一系列举措，这些举措对于书籍印刷业的发展起到了积极的作用，具体包括适当降低书籍印刷要求、免除笔墨书籍税、各地必须礼聘贤人、学院不得设置无用之虚文等措施。

另外，朝廷还颁布了收集全国范围内遗落书籍的条令，并将收集来的遗落书籍进行印刷发行，富含教化意蕴的《仇画列女传》就包含在其中；朝廷还非常重视普及建设类书籍，如古代建筑科学巨作《营造法式》和宋金元时期治理黄河水患、修筑防汛设施的专业著作《河防通议》等都被大量刊印。

2. 轮班匠制的废除

明代早期，为了恢复社会经济，满足朝廷统治发展的基本政治需求，朝廷创办了大批织造、冶炼手工业作坊。明代中期以后，为了推动这些行业的发展，朝廷废除了轮班匠制，推行匠班银制度，即允许工匠以缴银代替劳役。制度的改革使原本僵化的轮班制和住坐匠制得到了改善，优化了当时的工匠制度。成化时期，全国各地陆续颁布了匠班银制度，但凡即将服劳役的工匠，只要同意个人出银，就无须去京城服役，而出银多少取决于工匠所在的地区离京城的远近，如南部工匠每人每月出九钱，北部工匠每人每月出六钱，不愿出白银的人仍旧当班。[①]工匠对当时的产业发展起着至关重要的作用，工匠的技术水平和从业人数均直接影响产业的发展，在该制度下，嘉靖时期的匠人可以放心大胆地自由工作，这对当时刚刚成长起来的民营手工业起到了强烈的刺激作用，并为后面印刷业的快速发展奠定了基础。

3. *劳动力的增加*

实行休养生息政策后，明中后期的社会经济有了好转，农业、手工业得到快速发展，城市和集镇也开始越来越繁荣（表 1.1）。与之相对应，一大批私营手工业作坊如雨后春笋般涌现，如在江南地区，到处都能见到民间刻书坊。从地理分布来看，主要以金陵、杭州和建阳为代表，这也反映出当时印刷业在江浙、福建等地的发达程度。这些地方也恰恰是中国历史上诗书科举兴盛、手工业高度发达的地方。

表 1.1 江南地区城镇数量变化 单位：个

府名	宋	明中期	明后期
苏州	60	38	53
杭州	38	21	44
常州	31	22	72
湖州	29	18	21
嘉兴	23	19	38
松江	23	44	61
镇江	35	13	9
太仓	3	29	32
合计	242	204	330

资料来源：陆希刚：《明清江南城镇——基于空间观点的整体研究》，同济大学博士学位论文，2006年，第 72 页

一方面，地域的经济发展推进了当时的城镇化扩张和进程。城镇化

① （明）申时行等修：《明会典》（万历朝重修本），北京，中华书局，1989 年，第 980 页。

的发展吸引了各类技术型人才在此停留，创业奉献，其中不乏大量技艺水平较高的工匠。为了谋生，这些技艺精湛、刻书经验丰富的工匠加入到刻书坊做事，而一些没有工作经验的农民则加入到书坊的培训班学习技艺，成为书坊的后备人才。此外，由于个别中心城市的繁荣发展及出版需求，许多外地刻书匠纷纷涌入，如万历年间，徽州地区声名赫赫的刻书匠黄氏家族，就将其娴熟的技艺带到了苏州等地寻求发展，这在很大程度上刺激了印刷技术的提升。

另一方面，在当时的农村，土地吞并现象日渐严重，大批农村人口不得不背井离乡，把生存空间转移至城市（表 1.2）。明代戏曲理论家何良俊在其《四友斋丛说》中就对此类现象有过明确记载，他在书中描述道："昔日逐末之人尚少，今去农而改业为工商者，三倍于前矣。"[①]劳动从业人员数量的急剧增加，使诸多手工业的劳动力成本大大降低，对手工业的发展起到了强有力的推动作用。万历四十四年（1616）刊刻的《弘明集》的开头就描述过当时刻字的时价："刻一万二千一百九十个字，只需银两六两三钱二分七厘。"[②]反映出当时刻价低廉，印刷业利润可观。毫无疑问，这些成本因素对印刷业的发展起到了促进作用。

表 1.2　明清江南地区城镇人口数量变化　　单位：万人

府名	明前期	明后期	清中期
苏州	30	50	100
杭州	10	50	60
常州	2.3	3.6	6.7
湖州	4.5	6	8
嘉兴	4	5	6
松江	4	5	5
太仓	6	5	5
镇江	6	10	15

资料来源：陆希刚：《明清时期江南城镇的空间分布》，《城市规划学刊》2006 年第 3 期

明代中后期，随着国家经济的繁荣发展，印刷业迎来了发展高峰。直隶太仓之嗜书狂人陆容在其撰的史料笔记《菽园杂记》中记载道："宣德正统间，书籍印刷尚未广。今所在书版日增月益，天下右文之象愈

① （明）何良俊撰：《四友斋丛说》，北京，中华书局，1959 年，第 106 页。

② （南朝·梁）僧祐编撰：《弘明集》，刘立夫、胡勇译注，北京，中华书局，2011 年，第 100 页。

隆于前已。”[①]从这段文字描述中，我们可以感受到当时印刷业的发达。明人周弘祖据其见闻所编撰的《古今书刻》，著录明代著名图书2000余种。[②]明代刻板印刷业承袭宋元老练的版刻技艺，不仅印刷价格低廉，而且在做工和技艺上有了大幅提升。

一直以来，《仇画列女传》便作为耳熟能详、家喻户晓的经典读物而存在，在印刷工艺的提升下，出现了更多图文并茂的版本，于是，原先空洞乏味的说教内容随之变得形象生动起来，从而激发了越来越多的老百姓对其的阅读兴趣。

江南民间印刻书坊大量出现的境况是在嘉靖至万历年间，明初金陵（南京）书坊刻书活动并不活跃，洪武至正德近二百年间的书坊不满10家，而嘉靖至万历末近二百年间，民间书坊的数量就猛增至34家。足见嘉靖、万历年间是金陵坊刻史上发展极好的时期，此后盛况不再（表1.3）。

表1.3 明代各个时期书坊存在数量统计 单位：个

地区	洪武	永乐	宣德	正统	成化	弘治	正德	嘉靖	万历	天启	崇祯	合计
苏州	—	—	—	—	—	—	1	9	12	6	7	35
杭州	1	—	—	—	—	—	—	4	6	2	1	14
徽州	—	—	—	—	2	4	—	1	1	—	—	8
金陵	2	—	1	—	1	1	—	10	34	3	3	55
建阳	1	—	2	1	2	5	1	13	26	—	5	56
北京	—	—	—	—	—	—	—	—	2	—	—	2
其他	3	1	—	3	2	4	3	19	31	5	6	77

资料来源：戚福康：《中国古代书坊研究》，北京，商务印书馆，2007年，第168页

4. 字体的改变

明神宗时期，随着印刷术的进步，通俗小说在坊间逐步盛行，呈现出欣欣向荣的局面，这大大刺激了刻书业的发展。追根溯源，其发展迅猛最重要的一个原因是字体的改变，即匠体（或称为宋体）字的使用。

匠体字虽被士人以呆板、恶劣嘲之，但并不妨碍其在印刷业上的顺利发展（表1.4）。此种字体的采用使工匠的工作效率大大提高，做工的速度较之以往有了大幅度的提升，满足了人们对印刷品快速增长的需求。之前

① （明）陆容撰：《菽园杂记》卷十，《丛书集成新编》，第十二册，台北，新文丰出版公司，1985年，第129页。

② 陈清慧：《〈古今书刻〉版本考》，《文献》2007年第4期。

刻书采用的名家字体，普遍要求刻字者须注意书法抑扬顿挫的节奏韵律，最好刻字者能够具有较为深厚的书法功底。由此可见，原来的书坊雕刻程序较为繁杂。匠体字出现后，因为字体统一，标准刻字工艺由复杂变得简单，字体结构上的横细竖粗，以及弧度连接的起承转合，对于刻字匠来说不仅更容易雕刻，更重要的是可以做到自写自刻，这一点在以往是不可想象的。

表 1.4 历代刻书字体演变

年代	刻本	图例
唐	咸通九年刻本 《金刚经》	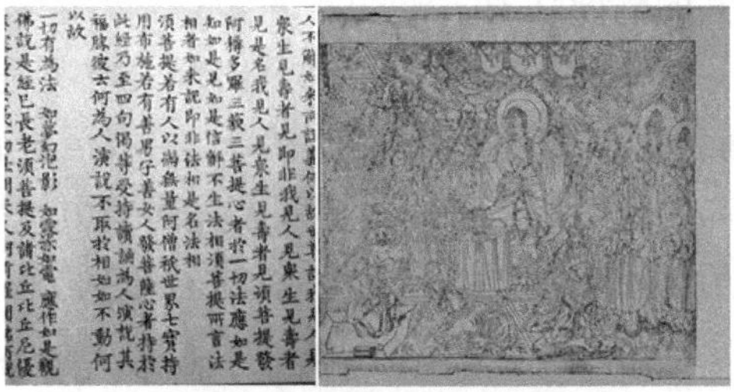
南宋	建安黄善夫刻本 《史记》	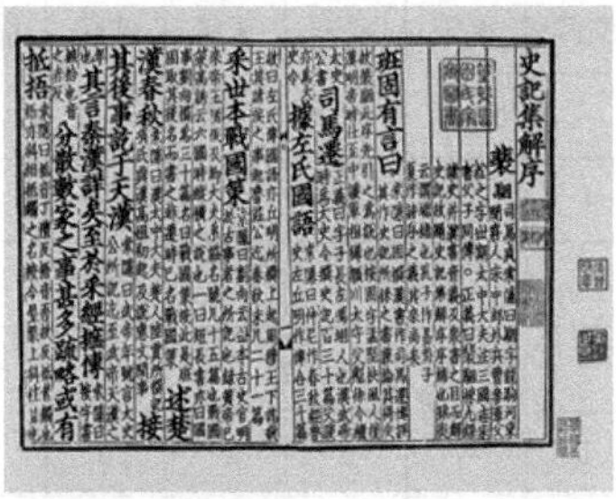
金	平水刻本 《南丰曾子固先生集》	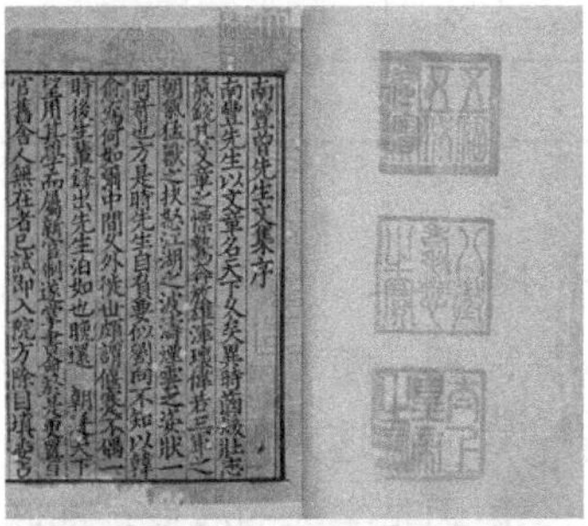
元	大德三年广信书院刻本 《稼轩长短句》	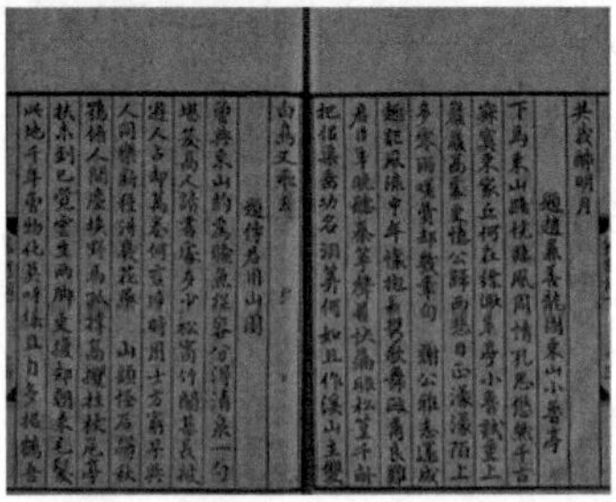

续表

<table>
<tr><th>年代</th><th>刻本</th><th>图例</th></tr>
<tr><td rowspan="2">明</td><td>嘉靖刻本
《类笺唐王右丞诗集》</td><td>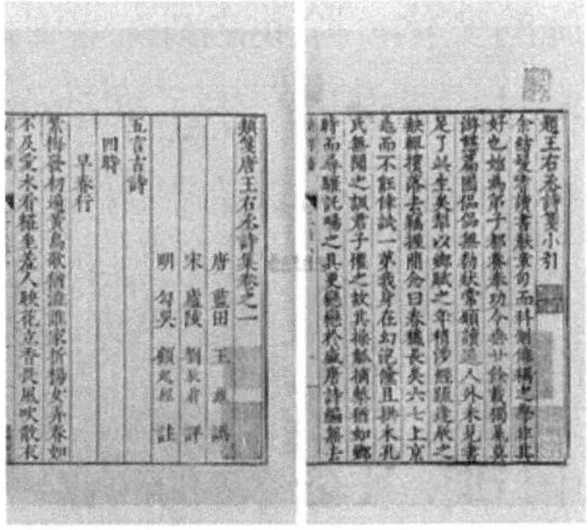
類箋唐王右丞詩集卷之一
五言古詩</td></tr>
<tr><td>万历杭州容与堂刻本
《李卓吾先生批评忠义水浒传》</td><td>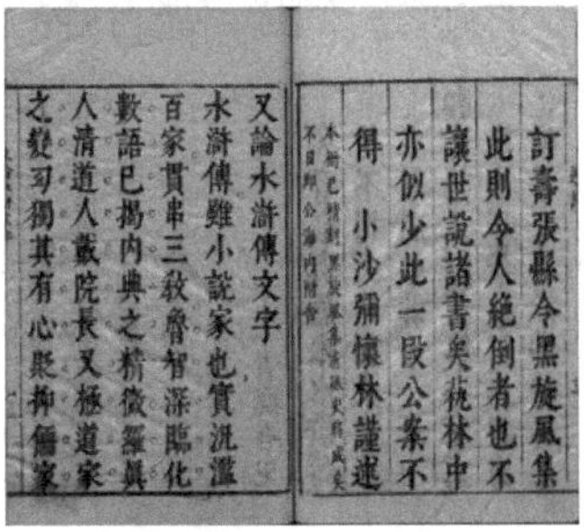
訂壽張縣令黑旋風集
此則令人絶倒者也不
讓世說諸書矣[illegible]林中
亦似少此一段公案不
得 小沙彌懷林謹述
又論水滸傳文字
水滸傳雖小說家也實汎濫
百家貫串三教魯智深臨化
數語已揭内典之精微羅真
人清道人藏院長又極道家
之變[illegible]獨其有心[illegible]排偏家</td></tr>
<tr><td>清</td><td>康熙刻本
《全唐诗》</td><td>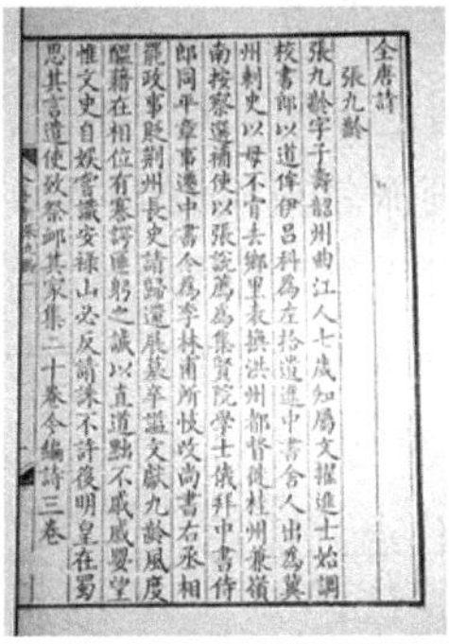
全唐詩
張九齡
張九齡字子壽韶州曲江人七歲知屬文擢進士始調
校書郎以道侔伊呂科爲左拾遺進中書舍人出爲冀
州刺史以母不肯去鄉里表換洪州都督徙桂州兼嶺
南按察選補使以張說薦爲集賢院學士俄拜中書侍
郎同平章事遷中書令爲李林甫所忮改尚書右丞相
罷政事貶荆州長史請歸拜墓卒謚文獻九齡風度
醖藉在相位有謇諤匪躬之誠以直道黜不戚戚嬰望
惟文史自娛嘗識安祿山必反請誅不許後明皇在蜀
思其言遣使致祭卹其家集二十卷今編詩三卷</td></tr>
</table>

资料来源：徐珂编撰：《清稗类钞》，北京，中华书局，2010 年，第 4520 页

据记载，匠体字于隆庆和万历年间开始出现，之后刻书匠基本上都能熟练掌握刻写的技巧和方法。这说明这种字体的上手程度及操作之简易，这在一定程度上降低了刻书的成本。比如在嘉靖年间，10 名工匠得用至少 8 个月的时间才完成一部 50 多万字的刻本①，可谓费工费时，而匠体字的出现为工人节约了工作时间，提高了他们的工作效率。此外，匠体字在呈现的视觉效果上比以往字体更加清晰，也进一步激发了普通市民阅读的兴趣。

① 上海新四军历史研究会印刷印钞分会编：《历代刻书概况》，北京，印刷工业出版社，1991 年，第 560 页。

综上所述，《仇画列女传》之所以能够成书，既要得益于封建统治阶级强化了社会对妇女行为操守自上而下的规范，又要归功于该时期班匠制及各项文教措施的变化。除此之外，印刷业和造纸业的行业进步，以及当时高超的绘画艺术对其成书也产生了推动作用。该书不仅为学术研究提供了丰富的原始资料，还精确地描绘了中国古代妇女观的演变轨迹，极大地丰富了妇女史研究。

（二）内部绘本概述

明朝中后期，社会经济的商业化发展迅速，社会风气和文化观念也随之呈现出转变的迹象，同样，老百姓的审美趣味也不例外地由“雅致”转向了“世俗化”。人们对书籍作品不再是简单的阅读需求，而转向了高层次的视觉艺术欣赏。原先文字书籍就能满足人们的阅读要求，现在，转变为人们对读物的要求提高到书籍内容不仅要图文并茂，并且书籍的插画品质也要上乘。为了紧跟市场导向，获得更大的经济回报，书坊主纷纷主动要求文人画家参与到书籍插画的制作中来，使插画艺术大大受到当时读者的欢迎。

另外，在版刻技艺迅速提升的背景下，民间书坊为提升插画的艺术水平，扩大书籍的销售，开始聘请画家与匠工合作，一起参与到书籍插画的绘制中。特别是苏州一地，插画风气盛极一时，优秀的各色画家层出不穷，当时的吴门画派就直接影响了版刻插画的绘制，如仇英、唐寅、钱谷等。仇英绘制了《仇画列女传》的插画；唐寅创作了《西厢记》的插画，并附上“吴越唐寅摹”的章印；文徵明的高徒钱谷在万历年间绘制了香雪居刊《新校注古本西厢记》的插画，这些作品都是当时插画绘本的优秀代表。

1. 编撰作者汪道昆

（1）生平

汪道昆（1525—1593），明南直隶徽州府歙县（今属安徽省黄山市）人，明代著名文学家、戏曲家，字伯玉，号南溟、太函。自小深受儒学文化影响，加之家庭出身商贾，且为世代相承，这样的成长环境对其影响颇为深远，因此形成重视实用、讲求实效的行事风格。例如，汪道昆幼时其父便有意要求他“先实用而后文辞”。

汪道昆自幼广涉经史，好古文辞，推崇史传，对于《史记》《汉书》等颇为熟稔，在史书编撰方面也颇有造诣。在编撰《仇画列女传》过程中，汪道昆以历史掌故和文献材料为基础，诸如经传、诸子、诗赋，结合《资治通鉴》《史记》中的古语典故素材，以史料为镜，勇于针砭时弊，叙议而谈，言简意赅，说理透彻，可见其功底深厚，深受史学修撰理论的赞扬。

（2）编撰特色

作为一部女性传记史料，汪道昆的《仇画列女传》编撰特色主要体现在两个方面：一是受到史传观念影响，强调真实、存史等史性特色；二是突出妇德才能。

《仇画列女传》中主人公涉及社会层面广，既有下层社会的平民百姓，也有上流社会的官吏贵妇。书中对广大妇女的贞节、孝顺等行为进行了赞赏与表彰，肯定了这些优秀女性的存在价值。汪道昆在《仇画列女传》中对一些颇具远见卓识、对丈夫加以劝谏的女子进行了赞赏表彰，如第九卷中就记载，节度使周行逢之妻邓氏，曾规劝丈夫周行逢行善，说其“用法太严，人无亲附者”，应当注意。可见，汪道昆通过为烈女、节妇作传来彰显妇德、母仪等家道文化，以满足当时社会对女性表现出来的种种期望。表1.5是根据《仇画列女传》整理出的10位典型女性的妇德评价。

表1.5 《仇画列女传》中典型女性品行列表

人物	身份	妇德行为	所处时代
太王妃太姜	周太王后妃	相夫教子	商朝
齐灵仲子	齐灵公夫人	劝夫	春秋
晋伯宗妻	大夫之妻	劝夫交贤	春秋
赵津女娟	官吏之女	救父	战国
梁寡高行	平民寡妇	忠贞专一	西汉
宜阳彭娥	平民之女	智斗强盗	晋朝
周行逢妻	节度使之妻	劝谏丈夫	五代
种放母	士人之母	劝子归隐	宋朝
姚少师姊	僧士之姊	不屈于富贵	元朝
李妙缘	官吏之妻	代夫受难	明朝

2. 插画作者仇英

（1）生平

仇英（约1501—1551），字实父，号十洲，太仓（今属江苏）人，居苏州（今属江苏）。出身寒门，初为漆匠画工，后拜周臣门下学习作画，成为当时苏州著名的画家，被誉为继周臣之后“独步江南”二十载的画家。仇英画风细腻整齐，柔中带刚，善临摹古迹和山水人物等，画皆秀丽精妙，为明朝工笔之杰出代表，与沈周、唐寅、文徵明被后世并称为“明四家”“吴门四家”。

（2）绘画风格

仇英扎实的绘画功底得益于其丰富的绘画经历：他早期向周臣拜师学艺，中年时结交了文徵明父子等文雅之士，与顶级书画艺术家的交往，对仇英的艺术修为及审美品位起到了春风化雨、潜移默化的作用，此外许多收藏家、官吏等以赞助人的身份聘请仇英为其作画，更是给仇英提供了欣赏、临摹及研究前代名家作品的机会。当然，这些刻本插画的绘制也为仇英带来了额外的收入。

仇英的艺术风格博采众长，敢于继承和创新，在继承前人绘画艺术的基础上，大胆创新，最终自成一派。据相关文献记载，仇英曾临摹过《三辅黄图》《蓬莱仙弈图》《海天落照图》《光武渡河》《张公洞图》等，而在当时，这些画作尚不常见。此外，仇英在工笔人物和青绿山水作品上尤有建树。仇英的青绿山水画风主要分为两个部分：一为清新秀丽的小青绿，这部分主要受到文徵明、赵孟頫绘画风格的影响，此类代表有《赤壁图》《梧竹书堂图》《观泉图》等；二为设色浓艳的大青绿，这是通过学习李思训、赵伯驹等画家名作而来的。

（3）工笔人物

仇英善工笔，人物画细腻却不失儒雅，达到雅俗共赏的效果。仇英的突出成就在于追摹古法，精细谨微且形神兼顾，呈现出“发翠豪金，丝丹缕素，精丽艳逸，无惭古人”的效果。

仇英善人物画，尤工仕女，笔下的女性人物造型精准秀丽，形象生动俊俏，所画线条干净利落，相对当时刻板呆拙的画风，宛若一股清流，他以温润妍雅的品位发扬了重彩工笔，开创了“仇派”仕女新风尚，并对之后的仕女画产生了深刻的影响。仇英存世的画迹有《汉宫春晓图》《修竹仕女图》《沙汀鸳鸯图》《人物故事图》《捣衣图》等。

3. 《仇画列女传》内容概况

（1）结构脉络

《仇画列女传》作为一部明代女性传史，体裁上不是纯粹的经史典籍，也不是纯粹的小说体，而是编辑与再创作相融合的传记作品，是作者以史料典籍为蓝本，经过编辑加工、精心润色的再创作。在重新编撰的过程中，以处理过的史料部分为主要内容，尤其是那些文学创作中的议论说理部分，虽然在篇幅上少于前代的史料典籍，但这些文献的史料部分对于文章的结构却是必不可少的，起到了画龙点睛的效果，这种结合体的传记作品，有述有议，既对事情进行了生动深入的描写，又对现象表明了作者自己的观点立场，在读者轻松翻阅之余，还能引人深思。

（2）图片信息

常见的排版方法为图文对应，而《仇画列女传》采用了独特的独版插画形式，即每篇故事配一幅插画。观其插画，在画面构图上，主次分明，主题鲜明；在人物刻画上，注重细节的刻画，对人物面部表情的刻画细腻生动，人体各部位描画比例协调舒适，人物形象更立体，富有真实感。这些插图创作让画家仇英的绘画技艺得到了酣畅淋漓的发挥，该书由此而被后世重点推崇。

（3）史料来源

《仇画列女传》内容题材来源极为丰富，也极具代表性，总的来说大致可分为四个类别：一是以经部、史部为主的史料文献；二是民间流传的传说异文；三是作者收集整理的奇闻逸事；四是作者收集整理的当时发生的感人故事。具体情况如表 1.6 所示。

表 1.6 《仇画列女传》中故事史料来源 单位：篇

<table>
<tr><td rowspan="2">项目</td><td colspan="4">史料文献</td><td rowspan="2">传说异文</td><td colspan="2">奇闻逸事</td><td rowspan="2">感人故事</td></tr>
<tr><td>《诗经》篇</td><td>《尚书》篇</td><td>《春秋》类</td><td>其他典籍</td><td>逸事</td><td>传闻</td></tr>
<tr><td rowspan="2">合计</td><td>34</td><td>20</td><td>24</td><td>29</td><td rowspan="2">29</td><td>35</td><td>51</td><td rowspan="2">52</td></tr>
<tr><td colspan="4">107</td><td colspan="2">86</td></tr>
<tr><td>实例</td><td>卫姑定姜
周南之妻
卫宣夫人
黎庄夫人
……</td><td>弃母姜嫄
契母简狄
启母涂山
……</td><td>晋赵哀妻
楚武邓曼
晋伯宗妻
秦穆公姬
……</td><td>息君夫人
召南申女
阿谷处女
……</td><td>邹孟轲母
齐田稽母
齐桓卫姬
许穆夫人
……</td><td colspan="2">周宣姜后
鲁黔娄妻
赵佛肸母
鲁藏孙母
赵津女娟
……</td><td>鲁公乘姒
魏曲沃负
陈寡孝妇
……</td></tr>
</table>

（4）人物主体形象

《仇画列女传》作为一部女性传记专史，如果想要了解其中的故事情节和细节描写，那么对其中人物的解读是必不可少的。全书涉及的人物等级阶层上至君王后妃，下至平民百姓，多达 329 人，而作者所刻画的人物生动鲜明，各具特色。表 1.7 为笔者对《仇画列女传》中各阶级女性人物进行整理分析得出的数据。

表 1.7 《仇画列女传》中各阶层女性群体数量统计

项目	总数	帝王后妃	将相官吏家眷	士绅商贾家眷	平民	其他
数量/人	329	74	104	32	107	12
占比/%	100	22.50	31.61	9.72	32.52	3.65

如果从身份分类来看，《仇画列女传》中所提及的女性根据其身份等级可分上流贵族阶层和百姓阶层。上流贵族阶层可细分为帝王后妃和将相官吏家眷。士绅商贾家眷、平民及其他共同组成了百姓阶层。如此多的不同身份、等级的女性被收入《仇画列女传》，目的不仅是对平民女性进行引导，也是对上层后妃进行劝谏，同时也使女性史传的价值得到最大程度的呈现。在上流贵族阶层中，帝王后妃身份的有昭宪杜后、明恭王后、孝慈马后等；将相官吏家眷身份的有赵将括母、齐相御妻、皇甫谧母等；在百姓阶层中，士绅商贾家眷身份的有种放之母、郭绍兰等；平民身份的有齐义继母、郃阳友娣等；其他身份的既有服务于上流贵族阶层的，齐女傅母、周主忠妾等，还有僧人之姊、姚少师姊等。

从角色划分来看，汪道昆在编撰《仇画列女传》时，在刘向《列女传》描绘的主人公形象的基础上增加了100多位女性。按人物角色可分为母亲、妻子、女儿及其他女性，从各角度展现了丰富的社会生活内容，传达了自己的政治伦理思想。其中大部分女性角色选取的是妻子形象，其次是母亲形象和女儿形象，而其他女性角色中主要指伺候贵族阶层的奴仆、傅母及姊妹等，具体情况参见表1.8。

表1.8 《仇画列女传》中人物角色数据统计

项目	总数	妻子形象	母亲形象	女儿形象	其他女性角色
数量/人	329	208	55	54	12
占比/%	100	63.22	16.72	16.41	3.65

《仇画列女传》拥有故事和插画数均逾三百，要想深入了解这部时间跨度达千年的传史，必须先精确把控该书框架脉络、插画信息、人物特点及人群类别，从而进一步理清研究脉络结构，实现阅读时候的以点带面、以线带面，了解作者的写作思路和手法。

三、绘本插画

绘本插画是绘画艺术的一种呈现方式，能在装饰书籍的同时起到辅助阅读的功能。此外，绘本插画还具有较高的艺术欣赏价值，许多版画插图主要基于对场景的文字描述，以及对人物出场形式的设定，来一一进行剖析描绘，上图下文的布局保证读者浏览时的连贯性。绘本中的角色惟妙惟肖，面部表情刻画细致，画面场景生动传神、婉转抒情、圆润细腻，令人耳目一新，同时起到了传播文学、展示经典的作用。

绘本插画有助于读者理解文本，满足读者对文学艺术欣赏的需求。特别在为绘本艺术欣赏服务的图片与文字部分，有的甚至以图片为主，以文本为辅。因此，版画插画是那一时期戏曲剧本与文学小说的杰出代表。其生动逼真的画面场景、细致周密的风格和温柔细腻的线条，给读者以独创性的视觉体验，这一艺术形式将版画插图艺术与文学艺术表现结合得十分贴切。

随着时间的推移，印刷业逐渐兴起，印刷技术也开始进步，推动了版画插图生产手段的变化，其形式日臻精美，各项功能也发生了变化。特别是明代，这种变化十分明显。这与经济的发展、市民阶层的兴起、文化素质的提高，以及消费者心理和审美需求的不断提升密不可分。明朝初期，社会还处于恢复生产力的阶段，这一时期人们的生活水平与元代无异。到了明中后期，绘本插画辅助阅读的功能被削弱，其主要原因在于商品经济的繁荣促使市民文化素质与娱乐消费要求提高，因此对版画插图的艺术欣赏价值及展示功能要求也提高了。这自然推动了绘本插画雕刻技艺的发展。

刘向的《列女传》是中国第一部以女性生活为主题的传记专史，妇女传史的大门一旦被打开，就开始推动各朝撰写女性生活传史的浪潮。统治阶级希望本朝杰出女性的故事能够起到教书育人、教化百姓的作用，加之宋代以来，印刷技术的提高，因而《列女传》给封建礼教的传播带来了便利。嘉靖年间，刘向《列女传》的刊刻活动达到了高峰，且不同版本的《列女传》插画绘本开始涌现，本书选取了两个不同版本的《列女传》——余氏本和富春堂本与《仇画列女传》（简称仇本）进行对比，具体情况如下。

（一）余氏本、富春堂本介绍

余氏本为现存最古老的《列女传》木刻本。整书共八卷，分为母仪、贤明、仁智、贞顺、节义、辩通、孽嬖、续列女传，一共记述了 104 篇故事及附插画 104 幅，故事始于有虞二妃，至梁夫人嫕，全书以上图下文布局，卷本虽写道“晋大司马参军顾恺之图画”，但画中人物服饰已无晋朝痕迹，全然宋化。

富春堂本是茅坤在刘向《列女传》基础上再度增补而成的，并由彭烊对其进行点评，宗原对其进行校对。该书为明代万历年间，金陵唐氏富春堂刊印的增补插画版本。全书同样分为八卷，共记述了 102 篇故事及附插画 102 幅，故事始于有虞二妃，至张妻甄氏。全书以前图后文布局，同为《列女传》中的代表性画作。

（二）余氏本、富春堂本与仇本的对比

笔者以第一卷《母仪传》为例，对余氏本、富春堂本及仇本进行比较分析，并将三个版本之间的区别汇总成表（表 1.9）。

表 1.9　余氏本、富春堂本与仇本部分对比列表

实例	余氏本	富春堂本	仇本
有虞二妃			
弃母姜嫄			
卫姑定姜			
齐女傅母			
邹孟轲母			

续表

实例	余氏本	富春堂本	仇本
周宣姜后		宣后 賢明 脱簪待罪預防內亂之原 勸政早朝[illegible]致中興之治	
许穆夫人		先知 [illegible]机 謀許[illegible]齊彼[illegible][illegible]時[illegible]擇 奔河[illegible][illegible]任彼今日任[illegible][illegible]	
密康公母		仁[illegible] 且智 受粲不歸[illegible]先知[illegible][illegible] 大君有[illegible][illegible]公能[illegible][illegible]宰	
楚武邓曼		知人 識天 卸衣[illegible]戎早見兵家之勝敗 主憂[illegible]木灼明天道之盛衰	
孙叔敖母		[illegible]蛇 陰德 蛇見兩頭任是妖邪難勝德 事惟一理應知天壽只從	

版式部分，余氏本为经典的上图下文式样，即插画位于页面上方，文字位于页面下方，且目录里的卷名及标题栏用黑鱼尾花纹设计及圆圈标记，文本部分没有用线隔开；富春堂本排版为双面构图的式样，即插画位于正面，文字则位于背面，插画页中，标题栏置于顶部，对仗栏置于两侧，文本页中镌注释；仇本在版式部分与富春堂本类似，也是一个单独的插画页版本，有些故事配图横跨两页，但没有其他标题、对联显示在插画页上，

因此与前面两本相比，版式更为简洁。

字体部分，余式本的文字有大有小且不统一，一般二三十个字就组成了一篇故事，观察分析其字体可以看出，其继承了宋朝刻书的特点，即重视书法用笔，起笔落笔抑扬顿挫；富春堂本在字体的运用上选择了匠体字，并用句号标点来断句，平整利落，通俗易懂；仇本同样选择了匠体字，但在行文中鲜少或没有用标点及注释。

绘画部分，余氏本用线简洁有力，画面人物形象带有强烈的生活气息，但刻画较为粗糙且缺乏细节，在家具部分上尤为明显；富春堂本线条运用粗犷豪迈，却有些粗糙，画中人物面部表情刻画较木讷，且整体造型显稚拙，缺乏活力；仇本线条细腻精美，画面美妙和谐，特别是画中人物形象生动立体，人物比例和面部表情都较为细腻，突出了人物性格。

器物服饰部分，余氏本是典型的宋代家具风格，整体较多简洁的直线造型，以功能性为主，很少单纯为了装饰；衣冠服饰各阶级皆为北宋中后期款式。富春堂本和仇本为传统的明式家具风格，家具构造细致，造型干练优美；衣冠服饰部分大都是明朝款式。

将仇本与余氏本及富春堂本比较后不难发现，三者在版面、字体、画面呈现及器物服饰各部分存在明显的区别。通过对《列女传》三个绘画刻本的深入比较，从不同视角、不同画面解读同一篇故事，有助于分析《仇画列女传》的场景、人物关系及画面内容。绘本间的比较也反映了作为明代刻本之最的《仇画列女传》蕴含深厚的研究价值。

本书首先从《仇画列女传》背景入手，理清了该书的时代脉络、作者信息及描述的故事内容，为下文从相应的社会文化环境角度，来研究剖析家具及饰品奠定了基础；其次对插画作者仇英及其绘画特色展开探究，对下文中出现的插画家具进行相应的佐证；最后将《仇画列女传》与其他版本的《列女传》做对比分析，并对《仇画列女传》中的角色关系、故事脉络及家具插画信息进行进一步补充。

第二节　背景和意义

一、背景

（一）随着社会进步和观念变革，现代女性社会地位显著提高

《列女传》是中国第一部站在女性的视角，对社会形态进行窥探审视的传记专史，具有极其重要的学术价值。时至今日，女性在政治、经济等

方面的参与度、社会认可度与以前相比，有了明显提高。与此同时，今天的专家学者对于《列女传》的研究范围开始慢慢扩大，研究力度逐渐向纵深发展，研究成果也关系到众多领域，包括社会学、伦理学、史学、文学等。我们能够从《列女传》中感受到其特有的女性观。这种特有的女性观不仅是对前代传统的继承与发展，亦是对西汉精英阶层女性观的体现。《列女传》为卑微的女性赋予了生命的多重意义与价值，可是女性卑微的社会地位并没有为之改变，反而进一步强化了社会对妇女成为“第二性”的认同感，这就成了当时的一个根本性社会问题。

（二）目前传统家具缺乏有效的传承和创新

中国传统家具表现出极高的中国传统审美价值，不仅辅以精巧细致的手工工艺，还具备极高的技术价值，中国的传统家具以“框架”作为功能的载体，以“线”来诠释出艺术特色和美学特征，以独特的榫卯结构来体现“材美工巧”的民族历史文化价值。中国传统家具是祖先给我们留下的宝贵遗产，我们却没能好好地继承和消化吸收，更多的时候，只是单纯地将其理解为可以作为现代风格的民族形式载体。由此可见，现在的家具设计师及其他相关从业者应该思考和探索的方向在于如何汲取中国优秀的传统家具文化精髓，以及如何设计出真正具有中华民族特色的现代家具产品，如何进一步地将优秀的传统家具文化传承下去。

二、意义

（一）以绘本插画视角研究明式家具，拓宽了认识传统家具的渠道，为明式家具研究“添砖加瓦”

同中国传统绘画一样，中国传统家具文化也是源远流长、影响深远，同样是一门积淀深厚的文化艺术。从始至终，传统家具的设计与制造并非单独进行的，它们与大多数相关艺术门类相互影响、相互浸润。作为人们日常生活的重要器具，家具与中国传统绘画的关联显得尤为紧密。从中国历代绘画作品中可以找到许多珍贵的家具图像，这对我们研究中国传统家具的历史和文化提供了极大的帮助。特别是今天，我们所见所感的传统家具传世实物，实在是少之又少，而明以前的家具文物更是凤毛麟角。因此后人在对中国传统家具进行研究的过程中，很难依靠实物进行深入考证，往往会借助其他的相关文物资料一起来研究，这样一来，作为家具重要载体的绘画作品，自然也成了家具研究的重要辅助对象。值得庆幸的是，古代的画家凭借其超高的绘画技艺，将当时家具的外观造型、表面装饰、工艺结构等相关信息通过他们的绘画作品，完整地表现并留存了下来。于是乎，我们今天的专家学者，才可以继续研究中国古代家具史和家具文化，并对这些优秀的中国传统家具文化进行不断的发掘整理，借此为后人在传统家具领域的研究带来新的启示。

就《列女传》本身而言，通过一代又一代学者的不懈努力，对其文字的研究已经相当成熟，可是对其插画刻本的研究还处于比较浅显的阶段。明代《仇画列女传》作为那一时期刻本插画的杰出代表，显得弥足珍贵，值得我们对其进行剖析和探究，书中对于家具形态的完整刻画，让我们对明代的家具形象有了一个基本概念，再进一步结合家具及人们日常生活中扮演的重要角色可以发现，《仇画列女传》折射出的社会生活风貌是明代家具文化的完整缩影。

收集整理《仇画列女传》中的插画、传文及相关史料，同时进一步以插画中出现的家具及室内环境为基础，以明代的经典史料及明人小说笔记等有关资料为参考，对明代中后期室内空间的饰品特征、布局特色，以及家具陈设制度进行剖析，可以展现明代中后期家具及室内陈设的独特魅力。

（二）从绘本插画的角度出发认知家具文化，为中国传统家具企业弘扬传统文化内涵提供理论借鉴

步入21世纪，在国民经济稳步增长和国家对文化建设日益重视的前提下，人们对传统家具的消费需求与日俱增，对家具的要求从过去追求实用功能，转为追求富有文化内涵的精品家具，尤其是以名贵木材所制作的功能性与文化艺术欣赏性兼具的传统仿古家具，受到有一定文化品位修养的消费群体的推崇。

近年来，随着中国多项强国战略的提出，以及国家层面对设计创新的高度重视，“从中华传统文化中汲取营养推进理论创新”[①]这一话题开始被再次关注。本书站在古典文学作品、刻本插画的角度，探索其中的家具形象及家具文化内涵，为传统家具设计提供理论参考，为传统家具市场注入文化内涵，也为其转型升级寻找方向。同时，生产传统家具的企业也要端正心态，以做精、做特、做优的心态来定位和制作产品，不断提高企业的设计制作水平，要充分利用好木料资源，力争设计制作出富有时代艺术感的精品，从而赋予珍贵木料第二次生命，并将其传承下去，这也是传统家具企业义不容辞的社会历史责任和担当。

---

① 周文彰、岳凤兰：《从中华传统文化中汲取营养推进理论创新》，《学习时报》2019年1月18日，第A12版。

第三节 学界泛漪

一、华夏微泛

（一）《列女传》

《列女传》自面世以来，学者对于它的分析研究就未曾中断。东汉时期，史学家班昭、经学家马融就对《列女传》进行过注解。三国时期，曹魏才子曹植、吴国才女虞韪妻赵姬亦为该书注解过；史学家皇甫谧、学者綦毋邃亦对《列女传》注解过。到了清末，各种版本的《列女传》注本更是数不胜数，其中以福山王照圆、萧道管和梁端三大校注本为首。曾巩在《列女传目录序》中揭示了刘向编撰《列女传》之目的。[①]在《中国妇女生活史》一书中，陈东原以时间为序，梳理了汉代至民国的妇女生活状况，其中就评价了刘向及《列女传》的历史地位，在他看来，《列女传》只是对女性生活标准进行搜集和列举。[②]张涛译注的《列女传译注》，以《文选楼丛书》为底本，并校以明万历黄嘉育本、明崇祯太仓张溥本、明黄鲁曾本、清《四库全书》本、清王照圆本和清梁端本。[③]葛志毅肯定了《列女传》的价值，并以全新的视角对其内容进行了分析，同时指出，虽然早在汉代就已经形成了封建女教，但其却没有完全成为约束广大妇女的精神枷锁，这也反映出汉代女性礼教的实施和女性的实际生活间存在一定差异。[④]刘赛对明代官、私刊《列女传》进行对比分析后得出结论，女性刊物早已变成了统计阶层对女性进行思想统治的工具，其中《列女传》为最明显的表现；民间广泛传播的《列女传》私刊，则在某种程度上反映出以“忠贞”为首的女性道德观念在民间逐渐渗透入人们的心底。明代《列女传》刊刻官私两旺的现象，盛况空前，这表明女性贞节观念自明代开始走向登峰造极并不是没有原因的。[⑤]

（二）《列女传》插画绘本

读懂绘本需要准确把握三个基本要素，即理解全文故事脉络、理清人物关系及梳理好故事场景。杜京徽将顾恺之本与余氏本进行比较分析，以一个全新的角度，深入剖析《列女传》的画面内容及其绘画特色，分析顾

---

① （宋）曾巩撰：《列女传目录序》，《曾巩集》，陈杏珍、晁继周点校，北京，中华书局，1984年。

② 陈东原：《中国妇女生活史》，上海，上海书店出版社，1984年。

③ 张涛：《列女传译注》，济南，山东大学出版社，1990年。

④ 葛志毅：《〈列女传〉与古代社会的妇女生活》，《中华文化论坛》1997年第3期。

⑤ 刘赛：《明代官、私刊行刘向〈列女传〉考述》，《明清小说研究》2008年第4期。

恺之本与余氏本之间的关系，以及它们的图像来源，他指出两本绘本的图像均为同一底本流传而来，皆同为刘向的《列女传颂图》。[①]郑晓霞对《汪氏辑列女传》进行了剖析，重点分析了该书的成书背景、刻本画师及相关脉络信息。[②]李征宇阐述了《列女传》中文字与图画的紧密关系，他认为时期、形式不同的《列女传》文本与图像，其语图关系的紧密程度也不尽相同。一方面，语象与图像在彼此模仿、彼此争斗中一起进步；另一方面，它们之间不同程度的结合也会带来叙事强度的区别。[③]蓝玉琦的《东汉画像列女图研究》从东汉列女图出发，借助图文信息、社会背景、区域历史等有关信息，详细分析了列女图的图像、内容、背景，并以此作为图像认识的基础；该文后面两部分以图像为核心，讨论了图像本身的画面、表现内容，理清了画题，进而就时空情境讨论起功能性意义及内涵；最后对列女图在东汉的发展、文字与图画异同及其在历史上的延展性做了研究和分析。[④]

（三）仇英及其作品

对仇英的生平经历及其作品艺术特色的研究了解，有助于进一步认识《仇画列女传》所蕴含的各项丰富内容。例如，林家治在现有材料的基础上，对《仇画列女传》进行了科学的考证和分析，从多个角度全面分析了仇英的生平、艺术风格及作品，他指出仇英作品中蕴含深刻的民本思想[⑤]；紫都等则着重讨论了仇英作品形式，根据其收集的 100 多幅仇英的作品来分析其艺术特色[⑥]；牛克诚在《色彩的中国绘画》一书中，从“色彩”角度对仇英作画式样、风格做了全新的诠释[⑦]；吕友者也对仇英的绘画风格进行了系统的研究，在他看来，仇英绘画艺术风格受到了多种因素的影响，包括师承关系、摹仿与创新、题材与形式转换的演变过程等[⑧]；单国强提到，传统历史故事人物画注重选取关键场景，以此将故事中的典型情节集中且具体地表现出来，从而让读者明晓作品内容，仇英人物画主题鲜明，注重情节，通过着重刻画细节及衬托环境来点明画题[⑨]；王芳对仇英的绘画历

---

① 杜京徽：《传顾恺之〈列女图〉研究》，中国美术学院硕士学位论文，2011 年。

② 郑晓霞：《明代徽派版画杰作：〈汪氏辑列女传〉》，《中国社会科学报》2012 年 8 月 29 日，第 B07 版。

③ 李征宇：《语图关系视野下的〈列女传〉文本及其图像》，《贵州文史丛刊》2012 年第 1 期。

④ 蓝玉琦撰：《东汉画像列女图研究》，台北，台湾艺术大学美术史研究所，2009 年。

⑤ 林家治：《明四大家研究与艺术鉴赏·仇英》，石家庄，河北教育出版社，2011 年。

⑥ 紫都、耿静、鄢爱华编著：《吴门画派·仇英》，北京，中央编译出版社，2004 年。

⑦ 牛克诚编：《色彩的中国绘画》，长沙，湖南美术出版社，2002 年。

⑧ 吕友者：《探究仇英的绘画风格及特点》，《东方收藏》2011 年第 4 期。

⑨ 单国强：《仇英及其〈人物故事〉册》，《故宫博物院院刊》1982 年第 3 期。

程进行了分析探讨，指出仇英“师承周臣，自南宋的‘院体’入手，而后吸收文人画的特长”，并对仇英山水画的绘画语言、构成形式及表现手法进行了分析，概括其山水画艺术特色为“以工笔重色为主，设色浓丽典雅，且兼水墨写意，具刚健秀逸之致，呈现出工致缜密却又丝毫不落俗套的效果”[①]。

（四）明代版画

《仇画列女传》是明代版画的杰作，理顺明代版画的有关研究，对理清《仇画列女传》的时代背景有一定的帮助。例如，柳杨对明代尤其是万历时期的版画繁荣发展的原因进行了着重分析，他认为大量文人雅士的参与，使版刻小说和插画艺术达到了中国版刻图画的繁荣时期[②]；林木从多个角度全面分析了文人画的传承与影响，包括笔墨技法、画面内容及风格特征等，并肯定了晚期文人画发展过程中的进步性及其对明清画坛的积极影响和承上启下的作用[③]；周心慧以专题的式样来阐述版画，针对其中的一个门类进行分析，使中国古代版画的研究更为丰富饱满[④]；郑振铎从万历时期的木刻画出发，着重对其发展概况进行了分析[⑤]；郭味蕖以版画作品为研究对象，如佛像、插画等，深入剖析了中国版画的成长经历及风格变化[⑥]；刘潇湘对明代小说版画进行了研究，并对明代小说版画中的插画呈现方式和各元素间的相互关系进行了阐述[⑦]。

（五）绘画与家具

就目前而言，国内外研究人员对绘画作品与家具关系的研究还存在一定的学术空间。例如，胡文彦和于淑岩以时间为序对唐寅摹本《韩熙载夜宴图》、仇英摹本《汉宫春晓图》和《清明上河图》中的家具进行了叙述，介绍了从汉代到明清绘画作品中的家具[⑧]；邵晓峰在《中国宋代家具》中，以宋代绘画为研究对象，结合文献及实物着重剖析了《清明上河图》中的市井家具、《韩熙载夜宴图》中的文人家具，以及宋代绘画中的家具等，总结了宋代家具的艺术特征[⑨]；林莉娜在《画中家具特展》一书中将古代

① 王芳：《仇英山水画审美趣味双重性的探究》，福建师范大学硕士学位论文，2010年。
② 柳杨：《明代万历时期的绘画转型及其影响》，曲阜师范大学硕士学位论文，2009年。
③ 林木：《明清文人画新潮》，上海，上海人民美术出版社，1991年。
④ 周心慧：《中国古代版刻版画史论集》，北京，学苑出版社，1998年。
⑤ 郑振铎：《中国古代木刻画史略》，上海，上海书店出版社，2011年。
⑥ 郭味蕖编著：《中国版画史略》，北京，朝花美术出版社，1962年。
⑦ 刘潇湘：《明代小说版画插图的表现形式研究》，西南大学硕士学位论文，2010年。
⑧ 胡文彦、于淑岩：《中国家具文化》，石家庄，河北美术出版社，2002年。
⑨ 邵晓峰：《中国宋代家具》，南京，东南大学出版社，2010年。

绘画中的家具归为五个类别，即屏风、架几、床榻、桌案、椅凳，并对各代绘画作品中的家具特色进行了分析①；杨森在《敦煌壁画家具图像研究》中从家具史的视角出发，对敦煌壁画中的家具变化进行了分析，并与其他地域相同类型的家具进行了类比，探寻其渊源②；刘刚在《〈韩熙载夜宴图〉中所见家具考》中，从绘画作品《韩熙载夜宴图》出发，对画中家具进行研究，并结合出土文物、传世绘画作品及文献等资料，研究画中家具的时代特征，最后从家具的角度反推该画的形成时期③；刘萍在《评〈明代绘画中文人行乐活动与家具使用之研究〉》一文中，依据作品中的文人行乐活动与家具之联系，对彼时文人行乐活动、伴随行为同空间场景之关系，以及文人身份位阶与行为姿态在家具使用中的关系做了总结分析④；周京南在《从明代刻本插图及绘画作品看文人书房家具陈设》中，从传世的明代刻本插图和绘画作品出发，对书房家具的艺术特征做了简要分析⑤；夏菲将宋朝文人画作为研究对象，剖析宋代文人的情趣生活和相关家具，并从他们闲适的日常出发，用独特的视角及思路探究文人阶层及其所使用的宋代家具⑥。

二、异域回音

在国外，《列女传》的研究同样是一个热门的课题。特别是日韩两国，如向井富《商舶载来书目》中记载，嘉庆元年（1796）中国商船“志字号”将《绣像列女传》一部四帙承载到日本。⑦下见隆雄《刘向〈列女传〉的研究》中对《列女传》的有关信息进行了剖析，其中就包含作者、成书背景及版本信息等诸多信息，并将各版本与《诗经》进行了比较，阐述它们之间的关系。⑧田中和夫分析了《列女传》的引诗，并提到了两个具有启发性的观点：一是《列女传》引诗偏于脱离主题，折射出引诗者的个性独特；二是诗中人物的理性意识非常强。⑨冈村繁在《汉魏六朝

---

① 林莉娜：《画中家具特展》，台北，台北故宫博物院，1996年。

② 杨森：《敦煌壁画家具图像研究》，北京，民族出版社，2010年。

③ 刘刚：《〈韩熙载夜宴图〉中所见家具考》，《上海博物馆集刊》2012年。

④ 刘萍：《评〈明代绘画中文人行乐活动与家具使用之研究〉》，《商业文化》（下半月）2012年第12期。

⑤ 周京南：《从明代刻本插图及绘画作品看文人书房家具陈设》，《家具与室内装饰》2013年第3期。

⑥ 夏菲：《宋代文人绘画中的家具研究》，苏州大学硕士学位论文，2013年。

⑦ 转引自严绍璗编著：《日藏汉籍善本书录》（上），北京，中华书局，2007年。

⑧〔日〕下见隆雄：《刘向〈列女传〉的研究》，东京，东海大学出版会，1989年。

⑨〔日〕田中和夫：《〈列女传〉引〈诗〉考》，李寅生译，《河北师院学报（社会科学版）》1997年第2期。

的思想和文学》一书中详细论述了《列女传》在女史研究领域中的学术价值。[①]增野弘幸等从《毛诗》出发研究《列女传》中引用的《诗经》故事。[②]黑田彰将过去遗留的文物和近年来考古界新发现，以及出土文物中所包含的《列女传》图与文本进行细致对比，以图文结合的视角研究《列女传》，并将研究成果进行简要概括。[③]郑在书站在女性主义视角，从多个角度剖析了《列女传》成书及内容、结构及意义。[④]

此外，欧美学者也有相关研究。例如，高居翰（James Cahill）对仇英及其作品十分熟悉，他运用视觉分析的方法详细剖析了仇英的生平及作品[⑤]；梁庄爱伦（Ellen Johnston Laing）在《明代绘画研究概况》中，整体剖析了仇英在山水画和人物画领域的师承关系[⑥]。

---

①〔日〕冈村繁：《冈村繁全集》第三卷《汉魏六朝的思想和文学》，陆晓光译，上海，上海古籍出版社，2002 年。

②〔日〕增野弘幸等：《日本学者论中国古典文学：村山吉广教授古稀纪念集》，李寅生译，成都，巴蜀书社，2005 年。

③〔日〕黑田彰：《列女传图概论》，隽雪艳、龚岚译，《中国典籍与文化》2013 年第 3 期。

④〔韩〕郑在书主编：《东亚女性的起源：从女性主义角度解析〈列女传〉》，〔韩〕崔丽红译，北京，人民文学出版社，2005 年。

⑤〔美〕高居翰：《江岸送别：明代初期与中期绘画（1368—1580）》，夏春梅等译，北京，生活·读书·新知三联书店，2009 年。

⑥ Laing E J. The state of Ming painting studies. *Ming Studies*, 1977, 3: 9-25.

第二章 《仇画列女传》中的家具

第一节 家 具 特 性

版画插图作品是绘画艺术中独具特色的一隅，因其表现手法颇具特色，画面风格笔墨精妙，从而成为绘画艺术中重要的一脉。插画相对于其他艺术形式而言，具有独特的优势，其表现形式简洁明了，具体操作方便，实用性极强，为我们进一步直观地展示了文章所描绘的故事场景、人物形态和地点，使读者更容易解读传记中的情节，正如郑振铎先生所说的："在那些可靠来源的插图中，出乎意料的可以让我们看到不同时代真实的社会生活。"[①]插图画家利用图画来描述和表现他们所处的时代，以及各阶层的生活状况，为我们直观地搭建起了一座输送信息的桥梁，为读者进一步深入了解当时的社会风貌和公共生活场景提供了便利。如果可以借位进入画中，很容易让人产生翩翩的联想，并进一步幻化至画面中，去随性地感受主人翁生活中的酸甜苦辣和喜怒哀乐。

一、写实性

画家用写实技法所描绘的形形色色家具，给我们提供了大量形象的家具资料，也帮助我们了解到了画家所处时代的家具造型、装饰图案、装饰技法和布局搭配，其中，以吴门四大家为代表的工笔写实绘画的题材最为广泛，他们的工笔写实绘画已成为研究明代历史的重要素材。这些绘画场景中展现的家具样式，为我们认知明代家具提供了极为翔实且直观的珍贵史料。四大家之一的仇英创作了大量的写实性绘画，《仇画列女传》作为他为数不多的插画作品，其表述的历史背景虽然跨越数千年，但仇英依然客观务实地立足于身边的现实生活，将故事情节中的人物、器物、服饰等具象之形，推敲提炼出来作为自己的创作灵感来源，通过图画的手段加以艺术表现，为我们生动地呈现出了不同的生活场景和不同阶层的人物形象。《仇画列女传》中所呈现的故事场景，是否真实反映出当时的生活状况、是否符合时代特征，取决于仇英自身艺术造诣的高低，以及其对社会认知程

① 郑振铎：《插图本中国文学史》（上册），上海，上海人民出版社，2005 年，第 100 页。

度的深浅。此外，当时的地域文化、生活水平和社会制度，都影响着仇英对社会层面的认知判断。在他的画笔下，我们发现这些担心又稍显多余，那些人物、家具、场景等，一切都是那么得鲜活自然，仇英对外界的一切感知入木三分，不可谓不深刻，《仇画列女传》于后世而言，研究价值自然也就不可估量了。

（一）时代因素

仇英经历了弘治、正德、嘉靖三朝的更替变迁。《仇画列女传》中描绘的家具样式的时间段均以明代中期为主，插画中的家具造型简单而典雅，其时流行使用牢固的腿间直枨，高拱顶牙式的罗锅枨，家具造型比例较为协调，整体体量相对偏小，也许是为了便于在室内外空间中搬动。下移式罗锅枨相对较少，由于罗锅枨的拱度大，用料较粗壮，结构支撑意识明显，这些特征都为明代家具所特有的造型样式（图 2.1、图 2.2）。

图 2.1 《仇画列女传》中的四面平式条桌

图 2.2 王鏊故居中的四面平式条桌

明代初期生活生产水平开始逐渐恢复，这样的社会背景为明代中期农业和手工业的快速发展奠定了基础，为后来明代商品经济的空前繁荣提供了必要的物质条件。随着资本主义的萌芽，人们对于物质的需求水平也逐渐增高，社会财富得到不断的增长与聚集，这一切都极大地提升了当时百姓的生活质量。该时期，家具工匠的创作风格，受到当时以革新创造、学以致用的文人思想的熏陶，表现出重简轻繁的装饰特点，以及清秀玲珑的造型特点，从而赋予了家具设计创作更多的文化审美趣味。

（二）地域因素

仇英祖籍江苏太仓，后定居苏州。《列女传》的故事时代跨度大、地域跨度广，对画者的素质水平要求甚高，如画者要对各个阶层的人物形象及其生活状态都有一个大致的了解，此外相对以往的插画绘本，《列女传》对画者的表现技艺也提出了新的挑战。仇英在他早年的漆工生活、与文徵明父子等文人的接触，以及被项元汴等收藏家雇用画画等经历中，耳濡目染了苏州城各阶层人群的生活方式，其时的仇英与文徵明等著名画家，要么你画画我题跋，要么我画画你题跋，要么共画一卷，相处得其乐融融，他们在当时的交流不可谓不多，这一点从后世记载的仇英生平纪事便可知晓。由上可知两点：一是仇英与文人的交流甚密；二是当时的书画界对仇英高度认可。

明代苏式家具风格朴素、典雅、流畅，比例适中。明初以来，因社会阶层不同，家具大致可分为三类：一是以诸侯大臣等官僚为主的髹漆家具；二是以苏州为中心的江南地区，由文人墨客画家与匠人合作研制与创作把玩而形成的硬木类家具；三是平民百姓在生活中使用的各色杂木类家具。万历年间，家具形式开始发展为经典的明式风格，并达到其制作的巅峰期。发展至明代中期后，苏州地区的家具主要以髹漆工艺装饰的家具和硬材木质类家具为典型代表。同时，苏州一地造园之风日渐盛行，造园技艺亦日臻娴熟，因而成就了苏州地区“半城园亭”之美誉，这些因素间接地为家具的生产提供了优质的使用环境，从而进一步促进了明式家具的发展。文人画家凭借自身对家具设计、园林建造的巧妙构思，再进一步融入自身的审美造诣与艺术理念，不断地创新设计，为家具制造的发展壮大提供了良好的土壤，产生了一系列造型精美、清秀大方、充满人文气息的家具样式。

（三）阶级因素

《仇画列女传》中共记载了310篇故事，涉及329人。人物等级阶层上至君王后妃，下至平民百姓，在对于她们的描写中，明显呈现出男女尊卑、高低贵贱等各种级别形态，从侧面折射出当时严格的等级制度。与此同时，不同人群、不同阶层所使用的家具的材质、形状和装饰亦表现出鲜明的等级性。

明朝建立之始，明太祖就实行了严格的等级制度，受当时政策制度的影响，明朝的封建等级相较以往更森严，如官僚与大众市民之间、宫廷妃嫔之间都有着严格的、可以区分不同身份等级的等级制度，象征身份地位的家具形态也大不相同，朝廷明确规定了各类器物的使用规范，其中髹漆家具成为宫廷专属家具，专供皇室贵族使用。按照规定，身居四品以上高官依据身份需要身着绯袍，朝廷衙署中的家具则须髹以朱漆；平民百姓家中的家具漆色与纹饰设置均有使用限制，如《大明会典》中记载，“凡器皿，洪武二十六年定，公侯漆木器均不许用朱红及抹金、描金、雕琢龙凤纹；普通庶民酒注用锡，酒盏用银，余下为瓷、漆。令官员床面、屏风、隔子等并用杂色漆饰，皆不许雕刻龙凤纹金饰朱漆”。1402 年又规定，“为官者不许僭用金酒爵。其椅桌木器之类亦不许用朱红金饰”。[①]明朝中叶，吴中的纨绔贵族开始流行使用各种硬木家具。但在当时，硬木家具的地位不如髹漆家具。综上可以看出，髹红漆描金装饰的家具已经成为当时贵族地位的象征。

二、写意性

中国传统绘画的基本特征是写意。画家依自己对所处环境的认知和感受来作画，用笔触墨色和技法来具体表达。其目的是通过写意将意境融入意象，传达出自身对于真善美的理解。版画以线条勾画出客观具体的场景，并通过细节刻画传达出人与景之间的关联，突出二者之间的主次关系。图 2.3 为《仇画列女传》中的山水画屏风，其屏芯处所绘的是山水意境背景图，反映出画家独特的审美情趣。《仇画列女传》共记载了 310 篇故事，虽然有些故事的发生场景与明朝时期的社会场景相去甚远，但仇英根据现实生活的经验，精心设计描绘了符合故事情节的明代社会场景。虽然此时的家具形式受明代风格的影响较大，但仇英依旧从原文出发，竭力将家具中所蕴含的意境传达出来。《仇画列女传》不仅描绘出了一种社会风尚，还根据时代构建了当时的家具文化体系。

① 转引自朱家溍编著：《明清室内陈设》，北京，紫禁城出版社，2004 年，第 78 页。

图 2.3 《仇画列女传》中的山水画屏风

第二节 家 具 种 类

《仇画列女传》中共有插画 310 幅，其中 196 幅绘制有家具形态。插画家具种类丰富，按照其功能属性，可分为坐具类、卧具类、承具类、庋具类、架具类、屏具类等。

一、家具统计分析

通过分析涵盖家具形态的 196 幅插画，可以增强对家具种类与陈设品、家具使用场所、家具使用对象等信息的了解，并有助于后期还原《仇画列女传》中的经典家具及场景。笔者将绘制有家具形态的 196 幅插画进行了系统的整理和分析，并将插画中的家具与陈设品统计总结为附录一。表 2.1、表 2.2 和表 2.3 为《仇画列女传》插画中 496 件家具的相关数据分析。

表 2.1 《仇画列女传》中家具种类与陈设品数据分析

数目小计及占比	带家具插画	家具种类						陈设品		
		坐具类	卧具类	承具类	庋具类	架具类	屏具类	织物类	文房清玩类	其他陈设类
数目/幅	196	175	66	106	14	5	130	140	40	93
占比/%	63.2	35.3	13.3	21.4	2.8	1.0	26.2	51.3	14.7	34.1

注：因四舍五入，加合不等于 100%

表 2.2 《仇画列女传》中家具使用场所分析

数目小计及占比	带家具插画	厅堂	卧房	书房	工作空间	餐宴空间	苑囿庭院	其他空间
数目/幅	196	111	19	11	15	10	15	15
占比/%	100	56.6	9.7	5.6	7.7	5.1	7.7	7.7

表 2.3 《仇画列女传》中家具使用对象分析

数目小计及占比	带家具插画	王室贵族	将相官吏	士绅商贾	普通平民	其他人群
数目/幅	196	51	74	20	47	4
占比/%	100	26.0	37.8	10.2	24.0	2.0

由表 2.1、表 2.2 和表 2.3 可知，家具种类中坐具类占比为 35.3%，屏具类占比为 26.2%，这两类家具，占据了所有家具种类中的较大部分，其次是承具类和卧具类，占比分别为 21.4%和 13.3%，根据这些数据，我们可以直观地感受到，当时与人们生活最密切相关的家具种类主要是座椅和屏风。陈设品中与家具相结合、使用频率最高的是软装饰类中的织物类，占比为 51.3%。从这个比例可以看出，在家具的使用上，古人有意识地配合家具使用软性配件，以此来提高家具的舒适度。家具使用场所中，占比最高的是厅堂，达 56.6%，这反映出厅堂是人们主要的活动空间，这个空间可用于会客交流、宴请、教育、训子等。家具使用对象中，前四类占比统计数据相差不是很悬殊，这在一定程度上反映出仇英在选择故事素材时更加追求人物角色的广泛性。

二、类别及形制

《仇画列女传》中描绘的生活场景，是作者在原有不同生活情境中使用家具的集中反映。当然，有部分场景也加入了画家对某些阶层生活学习状况的理解，《仇画列女传》中描绘的家具种类非常丰富，仅坐具就包括杌凳、坐墩、座椅、宝座等，承具包括条案、条桌等。《仇画列女传》插画中描绘的坐墩共 50 件，杌凳共 35 件，其中桌类有 73 件之多。下面，本书将从家具的使用功能特点出发，归纳分析这些家具的类别及形制。

（一）坐具类

坐具是家具诞生以来，人们生活中较常用的器物。坐具的功能是供人们进行坐、靠行为，以达到休息、学习、工作等行为活动的目的。依据不同人的行为功能需求，以及家具对应功能产生出的外观，可以将坐具分为杌凳、坐墩、座椅与宝座。

1. 杌凳

杌凳是指一种无扶手、无靠背的座椅，等级略低于椅子。凳形状丰富，在生活中，有圆凳、方凳、条凳、交杌、春凳等。杌凳在明代非常流行，从宫廷贵族到平民百姓都有使用。从结构上看，杌凳可分为无束腰类和有束腰类。无束腰类多用圆材或外圆内方材制成，四腿一般为直足带侧角；有束腰类多用方材制成，内翻马蹄足。

《仇画列女传》中有 35 件杌凳作品，其中以圆凳和方凳为代表。圆凳多配以锦缎凳子套一起使用，凳子套饰为花卉或几何图样；其形制多为鼓腿彭牙式，带束腰，少数带托泥。方凳整体造型简洁，稍有装饰；其形制多为四面平式带马蹄足，也有少量的方腿直足无束腰长凳。《仇画列女传》卷三周郊妇人插画场景中，可以看到大夫尹固随行的仆人肩上有一件无脚踏式的折叠交杌，其由八根直材制成，未装有脚踏，整体造型简洁。由此可见彼时士、官阶层会选择交杌作为外出坐具（表 2.4）。

表 2.4 《仇画列女传》中的杌凳

卷目	人物	家具	使用场合	图例
卷二	齐女徐吾	四面平式马蹄足方凳	厅堂	
卷三	周郊妇人	无脚踏式交杌	户外	

续表

卷目	人物	家具	使用场合	图例
卷三	孙叔敖母	有束腰鼓腿彭牙圆凳	厅堂	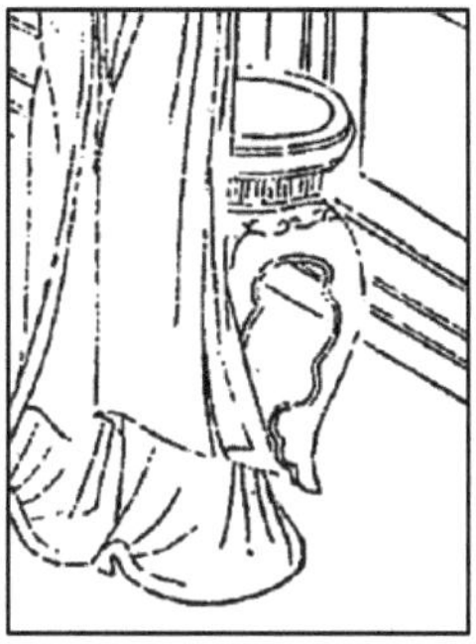
卷四	寡妇清	有束腰鼓腿彭牙圆凳	庭院	
卷五	杨夫人	有束腰鼓腿彭牙圆凳	厅堂	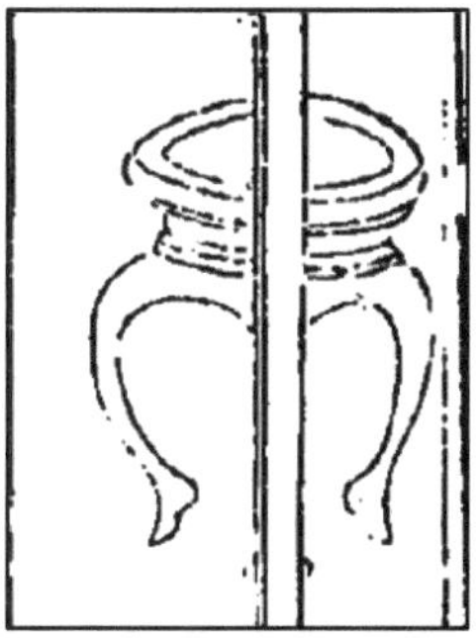
卷九	狄梁公姊	有束腰鼓腿彭牙托泥圆凳	厅堂	

续表

卷目	人物	家具	使用场合	图例
卷十	罗夫人	无束腰直足直枨长方凳	厨房	
卷十一	江夏张氏	有束腰鼓腿彭牙圆凳	厅堂	
卷十三	龙泉万氏	四面平式马蹄足小方凳	卧室	
卷十五	张友妻	四面平式马蹄足小方凳	卧室	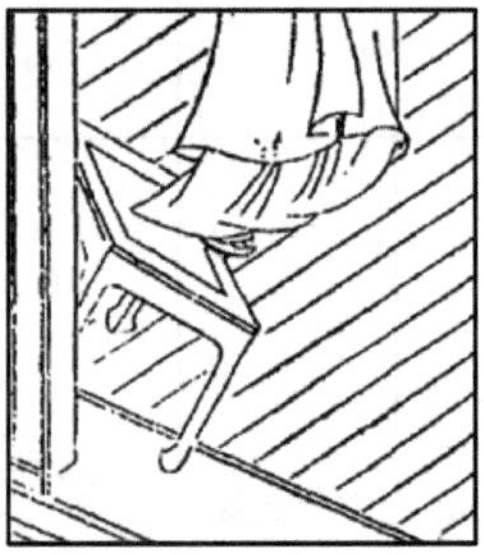

图 2.4 为明代黑漆撒螺钿嵌珐琅面双龙戏珠纹圆凳，高 41 厘米，面径 42.5 厘米，北京故宫博物院藏品。凳面圆形，中央嵌圆形掐丝珐琅双龙戏

珠纹面心，凳面侧下沿起阳线，有束腰，束腰上分五段，嵌装绦环板，各段中间开长方形委角透光，束腰下有托腮，壸门式牙子，鼓腿彭牙，足端削成内翻卷云足，下踩托泥。此圆凳通体髹黑漆，在漆地上密施研磨极细的螺钿砂粒，使整个圆凳视之流光溢彩。整体造型与《仇画列女传》卷九狄梁公姊厅堂的有束腰鼓腿彭牙托泥圆凳极为相似，如果去除托泥，则与《仇画列女传》卷十一江夏张氏厅堂中的有束腰鼓腿彭牙圆凳造型相仿。此圆凳与这两个插画中的圆凳略有不同的是束腰处为漏空装饰，牙子处为壸门造型。

图 2.5 为明代红漆嵌珐琅面山水人物图圆凳，高 44 厘米，面径 42.5 厘米，北京故宫博物院藏品。通体髹红漆，圆形座面，中央嵌圆形掐丝珐琅山水人物图面心，上下对称边抹线脚，有束腰，束腰上分五段，嵌装绦环板，各段中间开长方形委角透光，束腰下承托腮，壸门式牙条，鼓腿彭牙，内翻马蹄足，下踩圆珠，承圆形托泥。该圆凳整体造型同样与卷九狄梁公姊厅堂的圆凳极为相似，如果去除托泥，与卷十一江夏张氏厅堂中的圆凳造型相仿。

图 2.4 明代黑漆撒螺钿嵌珐琅面双龙戏珠纹圆凳

图 2.5 明代红漆嵌珐琅面山水人物图圆凳

图 2.6 为明代黄花梨有脚踏交杌，长 55.7 厘米，宽 41.4 厘米，高 49.5 厘米，上海博物馆藏品。黄花梨材质，杌面软屉，杌面横材饰浮雕卷草纹，边沿起阳线，杌足四腿用圆材，穿铆轴钉处的断面作方形，着地横材，正面两足间设脚踏，脚踏面板钉饰方胜纹铜饰件，立面饰壸门牙子与座面呼应。该交杌造型与《仇画列女传》卷三周郊妇人插画场景中的无脚踏式折叠交杌造型极为相似，唯一不同之处是多了一个脚踏。

图 2.7 为明末清初时期的紫檀交杌，高 48 厘米，长 58.6 厘米，宽 39 厘米，美国加利福尼亚州中国古典家具博物馆藏品。紫檀材质，杌面软屉，

杌足四腿用圆材，穿铆轴钉处的断面作方形，着地横材紫檀制者仅见此一件，全身光素，与有雕饰者异趣，似能更好地显示质地致密、黝黑如漆的厚重静穆之美。正面两足间设脚踏，脚踏立面饰壶门牙子。一足劈裂，有修复。该交杌造型亦与《仇画列女传》卷三周郊妇人插画场景中的无脚踏式折叠交杌造型极为相似，唯一不同之处是多了一个脚踏。

图 2.6　明代黄花梨有脚踏交杌

图 2.7　明末清初紫檀交杌

图 2.8 为明代黄花梨束腰内翻马蹄足小方凳，高 51.5 厘米，长 48.3 厘米，宽 48.3 厘米，清华大学艺术博物馆藏品。黄花梨材质，藤心座面，冰盘沿边抹条线脚，有束腰，素直牙条，腿间装罗锅枨，内翻马蹄足。这张小方凳与《仇画列女传》中的四面平式马蹄足小方凳相比，只是多出了一个束腰和罗锅枨结构，除此之外形制极为相似。

图 2.9 为明晚期黄花梨束腰内翻马蹄足小方凳，高 47.3 厘米，长 59.5 厘米，宽 56 厘米，民间私人藏品。黄花梨材质，座面落堂嵌木板硬屉，上下对称边抹线脚，有束腰，腿间牙子光素，方腿直足，内翻矮扁马蹄足。这张小方凳与《仇画列女传》中的四面平式马蹄足小方凳相比，只是多出了一个束腰结构，较图 2.8 的小方凳，形制更为相似。

图 2.10 为清代黄花梨藤面无束腰拐子夔龙纹托泥方凳，高 33 厘米，座面长 67 厘米，宽 67 厘米，民间私人藏品。黄花梨材质，藤心座面，无束腰，腿间牙子与腿足饰回字纹与拐子夔龙纹，方腿，足端饰回纹，下承托泥，带龟脚。该托泥浮雕方凳和《仇画列女传》卷十三龙泉万氏和卷十五张友妻的小方凳一样，为四面平藤心座面结构，明朝的藤心座面一般为软屉结构，富有弹性，提升了座面的舒适感。

图 2.11 为明中期黄花梨雕花靠背椅，高 99.5 厘米，座面长 62.5 厘米，宽 42 厘米，陈梦家夫人藏品。黄花梨材质，搭脑带靠枕，两端圆形上翘，

中部削斜坡，雕花靠背，攒靠背上的草书寿字纹，座面木板硬屉，四腿之间装壶门券口牙子，内翻马蹄足。该靠背椅如果去除靠背和四腿之间的壶门券口牙子结构，和《仇画列女传》卷十三龙泉万氏和卷十五张友妻的小方凳形制几乎一样。

图 2.8 明代黄花梨束腰内翻马蹄足小方凳

图 2.9 明晚期黄花梨束腰内翻马蹄足小方凳

图 2.10 清代黄花梨藤面无束腰拐子夔龙纹托泥方凳

图 2.11 明中期黄花梨雕花靠背椅

图 2.12 为明代黄花梨藤面束腰鼓腿彭牙方凳，高 55 厘米，座面长 64 厘米，宽 64 厘米，北京木材厂藏品。黄花梨材质，藤心座面，冰盘沿边抹线脚，有束腰，素直牙条，鼓腿彭牙，内翻云纹马蹄足，牙条与腿足相交处装形如券口的镂空牙子。该方凳与《仇画列女传》中圆凳相比，座面一方一圆，藤心座面，束腰内翻马蹄足，造型上颇为相似。

图 2.13 为明代紫檀藤面束腰内翻马蹄足方凳，高 52 厘米，座面长 57 厘米，宽 57 厘米，北京故宫博物院藏品。紫檀材质，座面木板硬屉，上下

对称边抹线脚，面下装打洼束腰，牙条中部下垂洼堂肚，牙条与腿交接处装云纹角牙，鼓腿彭牙，内翻马蹄足。该方凳和图 2.12 的方凳一样，与《仇画列女传》中圆凳相比，也是座面一方一圆结构，造型上颇为相似。

图 2.12　明代黄花梨藤面束腰鼓腿彭牙方凳　图 2.13　明代紫檀藤面束腰内翻马蹄足方凳

图 2.14 为明末清初黄花梨有束腰四足圆凳，高 48.5 厘米，长 39 厘米，宽 38 厘米，民间私人藏品。黄花梨材质，纹理清晰，细密美观。凳面下设十字罗锅连接腿部上端，起到加固作用。有束腰，牙板雕刻线条流畅的卷草纹。三弯腿是其特色，腿足为四，插肩榫结构。牙板的灯草线收至腿间处，形成上部有雕饰、下部光素的形式。该圆凳与《仇画列女传》中的圆凳相比，除了多出十字罗锅和三弯腿结构外，其他造型结构颇为相似。

图 2.15 为明末清初黄花梨梅花式板面五足凳，高 48.5 厘米，直径 39 厘米，香港攻玉山房藏品。黄花梨材质，纹理清晰，细密美观。梅花凳面，下设冰裂风车结构连接腿部上端，起到加固作用。有束腰，牙板雕刻线条流畅的卷草纹。三弯腿是其特色，腿足为五，插肩榫结构。上部有雕饰、下部光素的形式。该圆凳与《仇画列女传》中的圆凳相比，除了多出冰裂纹连接结构和三弯腿结构外，整体造型颇为相似。

图 2.16 为明代带托泥四足圆凳，其中左图为紫檀材质，右图为黄花梨材质。左图高 57 厘米，直径 38.5 厘米，民间私人藏品。凳面用四段弧形木攒成圆框，踩槽打眼造软屉。有束腰，全身光素，牙子锼成壶门轮廓两旁吐尖，采用插肩结构与三弯腿接合。四腿子足端卷转内翻，两侧雕卷云，足下接托泥，下带四小足。座面下四腿之间施霸王枨加固。这是一件十分难得的明式紫檀圆凳。该圆凳造型与《仇画列女传》中的圆凳相比，多了霸王枨和托泥结构，三弯腿的造型也与插画中的腿足造型相异。右图高 49.5 厘米，直径 41.6 厘米，美国洛杉矶艺术博物馆收藏。与左图圆凳结构基本

相同，略去霸王枨，三弯腿肩部下锼出下垂云纹一朵，足端前后亦然。冰盘与托泥均加几道线脚。该黄花梨四足圆凳直径该圆凳造型与《仇画列女传》中的圆凳相比，多了托泥结构，三弯腿的造型也与插画中的腿足造型相异，除此之外，二者在神韵上颇为相似。

图 2.14 明末清初黄花梨有束腰四足圆凳

图 2.15 明末清初黄花梨梅花式板面五足凳

图 2.16 明代带托泥四足圆凳

2. 坐墩

坐墩，又称鼓墩或绣墩，属于坐具中较为常见的无靠背坐具。坐墩的造型比较简洁，这一类型家具通常呈现中间大、两头小的鼓形，底座多为圆形，有的有托泥，有的无托泥，墩面则覆盖有锦缎之类的织物，以提升坐感的舒适度。坐墩重量不大，方便使用者在各空间中根据自身的需求进行搬动。根据坐墩的结构特点，可将其分为开光式和不开光式两大类，这是一种俗称，开光式表示坐墩身体为开放的结构；不开光式则表示坐墩身体为密闭的结构。根据坐墩的制作材料，可将其分为石墩、瓷墩、木墩、竹墩、藤墩等，从材质提供的信息，可以推算出家具使用的场景、季节和人群。根据坐墩的剖面形态，分为圆形、秋海棠形、棱形和梅花形等，这些坐墩的形态各异，显然和使用者的经济实力和审美品位有着直接关联。

《仇画列女传》中有50件坐墩作品，外形大多是不开光式，上面覆盖着印花锦缎或豹纹，又或貂皮材料的凳子套。坐墩的表面多以回纹、水纹、龟纹等几何图案进行装饰。此外还有一些样式为直棂式结构的坐墩，这些坐墩在贵族士大夫府邸及平民百姓的家中均有广泛的使用。《仇画列女传》卷四虞美人军营营帐及勾践夫人木船上均描绘有坐墩，可见坐墩质轻，在众多的坐具中属于易携带的类型，被广泛使用（表2.5）。

表2.5 《仇画列女传》中的坐墩

卷目	人物	家具	使用场合	图例
卷一	齐灵仲子	覆织物回纹绣墩	皇家苑囿	
卷二	鲁敬季妻	覆豹纹凳套龟背纹绣墩	厅堂	
卷三	周南之妻	覆织物龟背纹绣墩	厅堂	

续表

卷目	人物	家具	使用场合	图例
卷四	虞美人	覆有虎皮凳套绣墩	军营营帐	
卷四	勾践夫人	覆有虎皮凳套绣墩	木船	
卷五	王陵母	覆织物海浪纹绣墩	厅堂	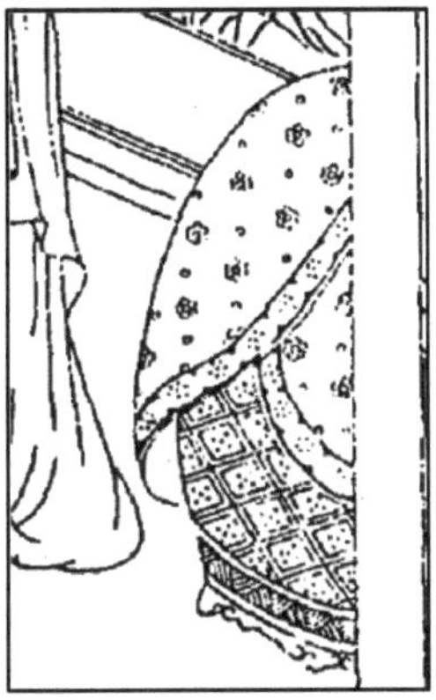
卷七	明恭王后	覆织物龟背纹绣墩	宴厅	

续表

卷目	人物	家具	使用场合	图例
卷八	湛贲妻	覆织物龟背纹绣墩	厅堂	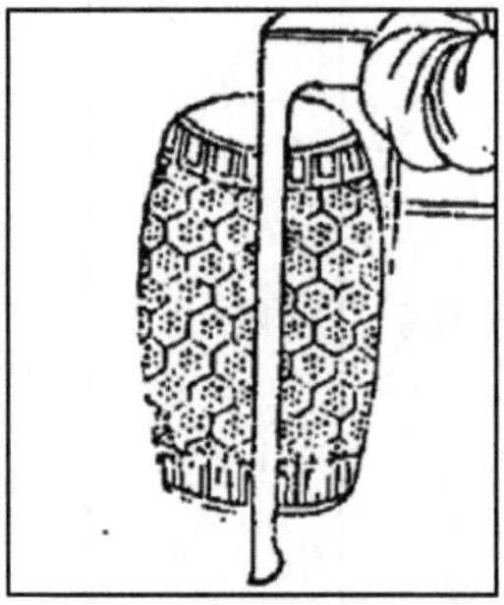
卷十二	李茂德妻	覆织物直棂式绣墩	厅堂	
卷十三	俞新之妻	直棂式绣墩	厅堂	
卷十六	沙溪鲍氏	覆织物龟背纹绣墩	厅堂	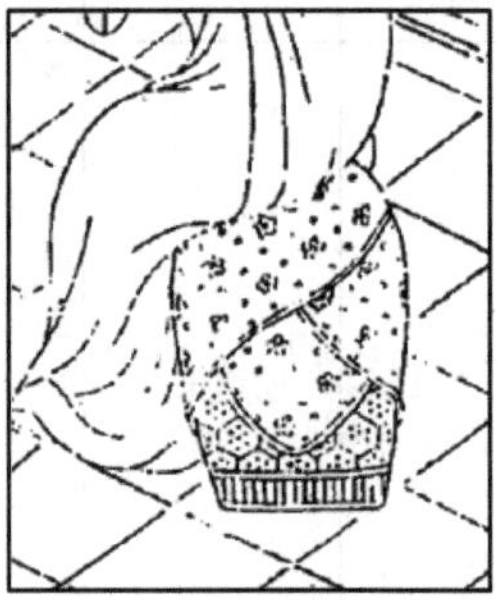

图 2.17 为明正德青花云龙纹坐墩，高 34 厘米，面径 21.5 厘米，底径

21 厘米，北京故宫博物院藏品。瓷制，鼓形，上下对称，座面饰回狮戏球纹，面心微微凸出，中心内凹小孔，腹部上下各环鼓钉纹，两侧分别饰兽面耳及花纹，腹部上层饰八组莲纹，中层饰云龙纹，下层饰海水江崖纹和麒麟纹。该瓷坐墩适合户外使用，夏天凉快，冬天配以凳套，装饰的海水江崖纹为《仇画列女传》坐墩和屏风常见之纹样，与插画中大多数坐墩形制无异。

图 2.18 为明嘉靖黄釉三彩双龙纹坐墩，高 34.5 厘米，面径 22 厘米，底径 21.5 厘米，北京故宫博物院藏品。瓷制，鼓形，上下对称，座面绘双龙及荷花纹，面心微微凸出，腹部上下各环鼓钉纹，腹部上下均层饰缠枝莲花纹，中层饰双龙环绕鼓身，周围点缀荷花、海水纹。该瓷坐墩同样适合户外使用，夏天凉快，冬天配以凳套，装饰的花卉纹样和海水江崖纹为《仇画列女传》坐墩和屏风常见之纹样，与插画中大多数坐墩形制无异。

图 2.19 为清初紫檀直棂式坐墩，高 47 厘米，面径 29 厘米，北京硬木家具厂藏品。紫檀材质，鼓形，除去龟足墩脚外，上下对称，直棂式装饰结构，腹部上下各环鼓钉纹，整体形制与《仇画列女传》卷十二李茂德妻厅堂所设直棂式坐墩几乎完全一样，卷十三俞新之妻厅堂所设直棂式坐墩亦为此类型。

图 2.17 明正德青花云龙纹坐墩

图 2.18 明嘉靖黄釉三彩双龙纹坐墩

图 2.19 清初紫檀直棂式坐墩

图 2.20 为明代紫檀四开光弦纹坐墩，高 48 厘米，面径 29 厘米，腹径 57 厘米，承德避暑山庄藏品。紫檀材质，鼓形，四开光，座面木板硬屉，腹身上下各环鼓钉纹和弦纹，素直牙条与腿足插肩相接，带龟脚。此坐墩与《仇画列女传》中的坐墩相比，更为轻巧便捷，易于搬动，底层的龟脚结构与插画中带龟脚的坐墩形制几乎一致。

图 2.21 为明代黄花梨四开光坐墩，高 49 厘米，面径 47 厘米，美国加利福尼亚州中国古典家具博物馆藏品。黄花梨材质，鼓形，四开光，座面落堂嵌木板，牙条中部下垂洼堂肚，牙条与四腿插肩相接，腹身上下各环鼓钉

纹和弦纹，底座下带托泥。此坐墩与《仇画列女传》中的坐墩相比，更为轻巧便捷，易于搬动，底层的龟脚结构与插画中带龟脚的坐墩形制几乎一致。

图 2.20　明代紫檀四开光弦纹坐墩

图 2.21　明代黄花梨四开光坐墩

图 2.22 为清中期黑漆描金勾云纹交泰式坐墩，高 49 厘米，面径 36.5 厘米，北京故宫博物院藏品。通体黑漆描金，座面饰彩漆绘宝相花纹，边抹上面饰描金枣花锦纹，正面饰描金云纹，有束腰，饰拐子纹，腹部上沿外翻，下饰枣花锦纹，中间镂空描金花卉并勾云纹，边沿锼成勾云纹，上下凹凸相对相交，底座下承龟脚。此坐墩与《仇画列女传》中的坐墩相比，边抹上面饰描金枣花锦纹和正面饰描金云纹，在纹样的装饰构成上极为相似，束腰结构方便墩套系紧。

图 2.23 为清早期紫檀缠枝纹四开光坐墩，高 42 厘米，面径 25 厘米，腹径 37 厘米，北京故宫博物院藏品。紫檀材质，鼓形，上下对称，四开光，座面木板硬屉，腹身上下各环鼓钉纹、弦纹和缠枝纹，中间海棠式开光。此坐墩与《仇画列女传》中的坐墩相比，形制大体一致，在装饰纹样上用了常见的鼓钉纹、弦纹和缠枝纹。

图 2.22　清中期黑漆描金勾云纹交泰式坐墩

图 2.23　清早期紫檀缠枝纹四开光坐墩

图 2.24 为清中期红木仿藤式坐墩，高 45.5 厘米，面径 33.7 厘米，民间私人藏品。红木材质，鼓形，上下对称，座面嵌圆形大理石，腹身上下各环弦纹，四腿以插肩榫连接座面及底托，腿间饰仿竹藤制品的弧形圈，带龟脚。此坐墩与《仇画列女传》中的坐墩相比，更为轻巧便捷，易于搬动，底层的龟脚结构与插画中带龟脚的坐墩形制几乎一致。

图 2.25 为清中期紫檀五开光鼓墩，高 52 厘米，面径 29 厘米，北京故宫博物院藏品。紫檀材质，鼓形，上下对称，五开光，座面木板硬屉，腹身上下各环鼓钉纹和铲地浮雕云纹和回纹，中间海棠式开光，四件成堂，此为其中一件。此坐墩与《仇画列女传》中的坐墩相比，形制大体一致，在装饰纹样上用了常见的鼓钉纹、铲地浮雕云纹和回纹，纹样构图和插画中的龟背纹构图一样饱满。

图 2.24 清中期红木仿藤式坐墩

图 2.25 清中期紫檀五开光鼓墩

3. 座椅

座椅即椅子，可坐可倚，是一类装有靠背的坐具。据考证，我国的座椅真正的起源是绳床，因为绳床才是有背可倚的，且其座位部分固定，不能折叠。西晋末年的佛图中出现过最早的绳床，其源自南亚印度，由佛教的僧侣传入，是他们日常坐禅入定的器物，不过椅子这个名称的具体出现，则是唐德宗初年的事了，最初为“倚子”，到唐宪宗后至魏晋南北朝时期才普及开来。唐朝后，“倚子”开始与胡床的名称相区分，并更名为“椅子”。椅子发展至宋朝时，其造型越加丰富，结构也更为合理。至明朝时，其形制已较为完善。《仇画列女传》中绘制的椅子多为靠背椅和圈椅，靠背椅多为一统碑式，此外还有少量的灯挂椅。

按靠背板结构分，可将插画中的一统碑式靠背椅分为全身单板和三段攒框式背板两种类型。大多数扶手椅都以浮雕饰之，椅子的搭脑通常不出头。椅子的座面下饰以壶门券口或云纹券口牙子。有些脚枨上装饰花纹图案，椅子座面也附着装饰。《仇画列女传》卷五徐淑和卷十六沙溪鲍氏插画场景中描绘了一把通体用斑驳竹子制成的靠背椅，椅子上靠背、立柱、后腿和搭脑连接成一体。座椅表面四周的三面均用素壶门券口牙子，步步高管脚枨被设置在脚的位置。此外，在卷八崔玄玮母中描绘了一个靠背椅，其背板为非常经典的三段攒框式，上面部分饰如意云头纹，中间部分攒框嵌独板饰浮雕图案，下面部分采用落塘技法装饰，挖亮脚，用馊着花边的花牙装饰立柱。座面下的三面都装有雕卷云纹券口牙子，管脚枨下装饰以皱花边角牙。

灯挂椅在插画中并不常见，只在官邸的大厅中可见。它们大多是圆材，头部通常向上露出，呈卷云状或如意状。在与立柱连接处安装有薄花边的角牙，后腿用一根木料制作。座椅表面下三面饰云纹券口牙子，四腿之间装管脚枨，左右两侧各装两根，前侧角牙皱花边，两后腿带侧角。卷十陈母冯氏的灯挂椅的座面下就有一个素壶门券口，椅体上覆盖着云缎罩。整体造型笔直典雅，美观隽永。

《仇画列女传》里的圈椅多为王公贵族所用。作为地位的象征，可用于朝堂、官邸、军营、衙署公堂等场所。圈椅的扶手端基本上是云朵或如意的形状，面下有束腰，多为上下体结构。椅腿按其形制可分为鼓腿彭牙式和直腿带马蹄足式，一般情况下，四足下踩托泥，四腿与座面之间饰花纹牙条。圈椅常与椅披搭配使用，其材质大多为锦缎织物，少数为虎、豹皮材质（表 2.6）。

表 2.6　《仇画列女传》中的椅类

卷目	人物	家具	使用场合	图例
卷一	齐女傅母	灯挂椅	厅堂	

续表

卷目	人物	家具	使用场合	图例
卷五	徐淑	斑竹材质靠背椅	厅堂	
卷五	陈婴母	灯挂椅	厅堂	
卷七	皇甫谧母	靠背椅	厅堂	
卷八	崔玄時母	靠背椅	厅堂	

续表

卷目	人物	家具	使用场合	图例
卷十	陈母冯氏	灯挂椅	厅堂	
卷十五	董湄妻	有束腰鼓腿彭牙托泥圈椅	厅堂	
卷十六	沙溪鲍氏	斑竹材质靠背椅	厅堂	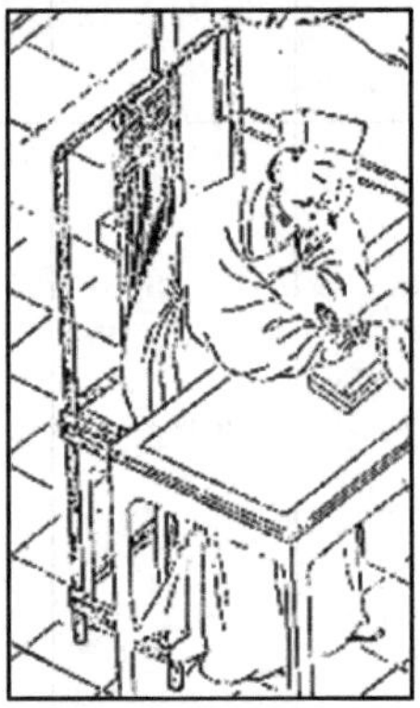

图2.26为明代黄花梨灯挂椅，左图高117厘米，座面长57.5厘米，宽41.5厘米，陈梦家夫人藏品。黄花梨材质，搭脑带靠枕，两端削平做，向上翘，中部削斜坡，S形光素靠背板，靠背立柱曲直变化不大。藤心座面，座面较宽，接近中形扶手椅，圆足，腿间装洼堂肚式券口牙子，步步高赶枨正面装素牙条。右图高110厘米，民间私人藏品。黄花梨材质，搭脑带靠枕，两端呈圆形，微微上翘，向后转，中部削斜坡，C形光素靠背板，靠背立柱曲直变化不大。藤心座面，上下对称边抹线脚。圆足，腿间正面

装壶门式券口牙子，两侧装素直牙条。该灯挂椅和《仇画列女传》中的灯挂椅相比，除了枨的结构位置不同外，形制大体一致。

图 2.26 明代黄花梨灯挂椅

图 2.27 为明代黑漆描金菊蝶纹竹灯挂椅，高 121 厘米，座面长 55 厘米，宽 44 厘米，北京故宫博物院藏品。搭脑不带靠枕，两端下垂，S 形靠背板，靠背板湘妃竹攒边，上部饰描金蝠磬纹、团寿纹，寓意“福寿”，下部饰描金菊花、蝴蝶图。靠背立柱上方呈向后弯曲连接搭脑。整板座面，圆足，四劈料式腿及赶枨，腿间装湘妃竹攒拐子纹牙子。该灯挂椅和《仇画列女传》卷五徐淑厅堂中陈设的靠背椅同为斑竹材质。斑竹又称湘妃竹，记载着娥皇女英千里寻追舜帝凄美动人的爱情故事，把这张湘妃竹椅用在痴情女主人徐淑这里，反映出画家仇英对插画家具的精心设计。另外，卷十六沙溪鲍氏厅堂中的靠背椅也是用的这种斑竹材质。

图 2.28 为明代黄花梨福字靠背灯挂椅，高 108 厘米，座面长 51.5 厘米，宽 39.5 厘米，民间私人藏品。黄花梨材质，搭脑不带靠枕，两端下垂，C 形靠背板，三截攒框打槽装板，上部透雕福字纹，中部镶嵌楠木瘿，下部壶门式亮脚。靠背立柱上方向后弯曲连接搭脑。藤心座面，上下对称形线脚。圆足，腿间装壶门式券口牙子，左右吐尖，赶枨正面装素牙条。该靠背灯挂椅和《仇画列女传》中的灯挂椅相比，形制上大体一致，特别是旁枨的位置，只是插画中的旁枨一般为两根。

图 2.27 明代黑漆描金菊蝶纹竹灯挂椅

图 2.28 明代黄花梨福字靠背灯挂椅

图 2.29 为明代黄花梨靠背椅，左图高 88.5 厘米，座面长 46.5 厘米，宽 36 厘米，香港嘉木堂藏品。黄花梨材质，直搭脑，圆材做，挖烟袋锅榫与后退相接，靠背立柱微微向后弯曲，靠背三段攒成，上部透雕云纹，中部装板，下部素牙头亮脚。藤心座面，冰盘沿边抹线脚。方足，腿间装回纹形枨子加矮靠，呼应靠背亮脚，赶枨正面装素牙条。该靠背椅和《仇画列女传》中的靠背椅相比，二者形制大体一致，特别是从卷八崔玄玮母插画中没有施以椅披的靠背椅来看，靠背均为三段攒成。右图高 103.3 厘米，座面长 45.7 厘米，宽 36.5 厘米，民间私人藏品。搭脑有靠枕，两端耸起，挖烟袋锅榫与后退相接，靠背立柱微微向后弯曲，C 形光素靠背板，搭脑与立柱之间装短牙子。藤心座面，上下对称线脚。圆足，腿间正面装券口牙子，侧面装素牙条，赶枨正面装素牙条。该靠背椅和《仇画列女传》中的靠背椅相比，二者形制大体一致，特别是一些赶枨和素牙条的造型细节，颇为相似。

图 2.30 为清代柏木浅浮雕靠背椅，高 100 厘米，座面长 51.5 厘米，宽 50 厘米，英国维多利亚阿伯特博物馆藏品。柏木材质，搭脑无靠枕，两端下垂，斜角榫与后腿相接，靠背立柱微微向后弯曲，靠背三段攒成，上部和中部浅浮雕，下部饰回形纹。座面木板硬屉，冰盘沿边抹线脚。圆足，腿间正面为矮老加花窗结构。该靠背椅和《仇画列女传》中的靠背椅相比，二者形制大体一致，只是局部装饰稍显复杂。

图 2.31 为清代紫漆描金靠背椅，高 102.5 厘米，座面长 48.5 厘米，宽 39.5 厘米，北京故宫博物院藏品。通体紫漆描金，直搭脑无靠枕，搭脑

与靠背立柱双交绳式边框，内角透雕卷草纹描金花牙子，靠背板绘蝙蝠、“寿”字、卷草纹，寓意“福寿”。座下有束腰，内翻马蹄足，正面牙条与横枨下装描金牙子，步步高赶枨侧面均装透雕卷云纹描金花牙子。该靠背椅和《仇画列女传》中的靠背椅相比，二者形制大体一致，但装饰手法更为丰富细腻。

图 2.29 明代黄花梨靠背椅

图 2.30 清代柏木浅浮雕靠背椅

图 2.31 清代紫漆描金靠背椅

图 2.32 为清代紫檀如意头形搭脑小宝座，高 85.5 厘米，座面长 53.5 厘米，宽 42 厘米，北京故宫博物院藏品。如意云头形搭脑，靠背板正中透雕蝙蝠纹，两侧饰拐子纹。藤心座面，面下束腰，上下托腮，拱肩直腿，

腿间内翻卷云纹，足踩圆珠，下承椭圆形托泥。该小宝座座面以下结构和《仇画列女传》卷十五董滑妻的圈椅相比，形制非常相似。

图 2.33 为清代紫檀百宝嵌小宝座，高 89.5 厘米，座面长 60 厘米，宽 42.5 厘米，北京故宫博物院藏品。紫檀材质，如意云头形搭脑与靠背、扶手的云头纹勾卷相连，靠背板正中嵌玉制花卉纹，下端镂出云头形亮脚。座面方中带圆，面下束腰雕连环云头纹，面下有托腮。披肩式洼堂肚牙子雕鱼水纹。外翻如意形四足，下承委角方形托泥，带云头纹龟脚。该小宝座和前面的家具一样，其座面以下结构和《仇画列女传》卷十五董滑妻的圈椅相比，形制非常相似。

图 2.34 为明代黄花梨素牙条圈椅，高 93 厘米，座面长 54.5 厘米，宽 43 厘米，北京硬木家具厂藏品。黄花梨材质，扶手出头，S 形靠背板，上部饰圆形开光内锦文作地，浮雕龙纹，鹅脖饰牙子。藤心座面，上下对称线脚。圆足，腿间装直素牙条，赶枨正面装素牙条。该圈椅和《仇画列女传》卷十五董滑妻的圈椅相比，二者的上部结构非常相似。

图 2.32　清代紫檀如意头形搭脑小宝座

图 2.33　清代紫檀百宝嵌小宝座

图 2.34　明代黄花梨素牙条圈椅

图 2.35 为明代黄花梨浮雕双螭圈椅，高 100.5 厘米，座面长 62 厘米，宽 48 厘米，美国加利福尼亚州中国古典家具博物馆藏品。黄花梨材质，扶手出头，C 形靠背板饰如意云头纹开光内浮雕双螭，靠背板两侧及鹅脖饰牙条。藤心座面，冰盘沿边抹线脚。圆足，腿间正面装壸门券口牙子，浮雕卷草，侧面装洼堂肚券口牙子，步步高管脚枨正面及侧面装素牙条，该圈椅和《仇画列女传》卷十五董滑妻的圈椅相比，二者的上部结构非常相似。

图 2.36 为明代黄花梨花卉纹藤心圈椅，高 112 厘米，座面长 60.5 厘米，宽 46 厘米，北京故宫博物院藏品。圈椅靠背板攒框镶心，上部如意形开光，内雕麒麟纹；中部方形委角开光，内雕花卉纹；下部为如意纹壸门亮脚。

背板及椅柱两侧饰边牙条。座面上三面围锦绣雕花卉纹围栏。高束腰上镶螭纹绦环板。壶门式牙与腿交圈。三弯腿，龙爪式足，足下带托泥，托泥饰壶门式牙条。此椅装饰复杂，雕刻繁缛，具有明式家具中少见的华丽风格。该圈椅和《仇画列女传》卷十五董湄妻的圈椅相比，整体结构非常相似，只是插画中圈椅的座面和托泥为圆形。

图 2.37 为清代紫檀有束腰带托泥圈椅，座面长 63 厘米，宽 50 厘米，座高 49 厘米，高 99 厘米，北京故宫博物院藏品。紫檀材质，扶手出头，C 形靠背板三段攒成，上部分开光透雕卷草纹，中间嵌瘿木，下部分饰壶门式亮脚，靠背板两侧、扶手出头处及四足马蹄上透雕卷草纹，立柱两侧及鹅脖饰牙子。藤屉座心，冰盘沿线脚。有束腰，鼓腿彭牙，方足，下踩托泥。该圈椅和《仇画列女传》卷十五董湄妻的圈椅相比，整体结构非常相似，只是二者的座面和托泥形状略有不同。

图 2.35 明代黄花梨浮雕双螭圈椅

图 2.36 明代黄花梨花卉纹藤心圈椅

图 2.37 清代紫檀有束腰带托泥圈椅

4. 宝座

宝座通常是皇宫的坐具。一般单独使用，在明清两朝通常摆放在皇帝或后妃的寝宫正殿中间，宝座的后面一般会放置屏风、仪扇和高香几，用以显示皇家的威严和阔气。与其他座椅不同，宝座的造型更加宽大，类似于榻，但比榻小，座面的围子一般多有雕刻和镶嵌工艺来装饰，用料奢侈，一般为紫檀和黄花梨材质。《仇画列女传》描绘的宝座有两种类型，即四出头官帽椅式和列屏式宝座。

《仇画列女传》中描绘的列屏式宝座多为三屏式和五屏式，扶手和背板处多饰以莲花、牡丹花等天然花卉图案，且多与踏板配合使用，多在宫殿殿堂等重要场所展出。宝座的整体做工细致，装饰华美。《仇画列女传》卷一王季妃太任中有一件四出头官帽椅式宝座，面下有束腰，足端踩托泥，搭脑的两端上挑出来形成卷曲的云纹。座面下方四面都安装了木板并刻有图案，扶手、鹅颈、联帮棍均为灵芝卷云状。卷五梁夫人嫕的殿厅里设有一件三屏风式宝座，其靠背板由三道屏风围子组成，均是用厚木制成。框架图案由卷草纹图案转化产生。马蹄足，足端踩托泥。卷十昭宪杜后有一件三屏风式宝座，靠背围子三面刻有如意云头纹和牡丹纹，座椅表面疑为天鹅绒编织图案的软装饰抽屉表面，面下有束腰，券口牙子饰花纹，马蹄足，足端踩托泥，整体装饰复杂华丽（表 2.7）。

表 2.7 《仇画列女传》中的宝座

卷目	人物	家具	使用场合	图例
卷一	王季妃太任	四出头官帽椅式有束腰带托泥宝座	殿厅	
卷一	齐威虞姬	四出头官帽椅式带托泥宝座	殿厅	
卷二	齐管妾婧	四出头官帽椅式带托泥宝座	殿厅	

续表

卷目	人物	家具	使用场合	图例
卷四	光烈阴后	四出头官帽椅式有束腰带托泥宝座	殿厅	
卷五	梁夫人嫕	三屏式有束腰带托泥宝座	殿厅	
卷十	章穆郭后	四出头官帽椅式有束腰带托泥宝座	殿厅	
卷十	宪肃向后	五屏式带托泥宝座	殿厅	

续表

卷目	人物	家具	使用场合	图例
卷十	贤穆公主	五屏式带托泥宝座	殿厅	
卷十	昭宪杜后	三屏式有束腰马蹄足带托泥宝座	殿堂	
卷十四	宁王娄妃	三屏式有束腰带托泥宝座	宴厅	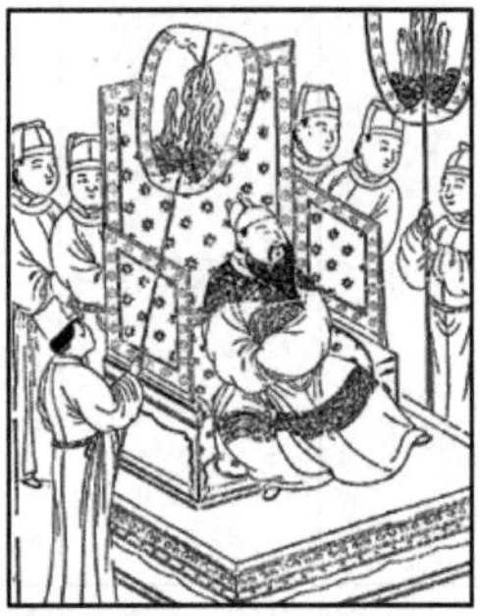

图 2.38 为明代铁力有束腰列屏式宝座，高 72.5 厘米，座面长 96.5 厘米，宽 72 厘米，美国加利福尼亚州中国古典家具博物馆藏品。铁力木材质，全身光素。靠背、扶手做成三屏式。藤心座面，冰盘沿边抹线脚。有束腰，直牙条，鼓腿彭牙，四腿用材粗硕。该宝座与《仇画列女传》插画中的三屏式宝座相比只是少了托泥结构，其他结构基本一致，但装饰上略显简洁，坐宽也稍小。

图 2.39 为明末清初黄花梨嵌楠木列屏式有束腰马蹄足宝座，高 102 厘米，座面长 107 厘米，宽 73 厘米，座高 50 厘米，承德避暑山庄藏品。黄

花梨嵌楠木，靠背、扶手做成五屏式，后背三扇，左右各一扇，中间三扇仅正面嵌花纹，扶手两扇则里外两面都嵌花纹，花纹分四式，图案各异，均是如意云头纹的变体，用楠木瘿子嵌成，后背正中一扇，分为三段，上部分为搭脑呈卷书式，中部嵌楠木花纹，下部分饰壶门式亮脚。藤心座面，冰盘沿边抹线脚，边抹正面及腿足上同样用楠木瘿子嵌花纹，座下有束腰，直牙条，鼓腿彭牙，内翻马蹄足，四腿用材粗硕。该宝座与《仇画列女传》插画中的五屏式宝座相比，只是少了托泥结构，其他结构基本一致，但装饰上略显简洁，坐宽也稍为小些，是小宝座的尺寸。

图 2.38 明代铁力有束腰列屏式宝座

图 2.39 明末清初黄花梨嵌楠木列屏式有束腰马蹄足宝座

图 2.40 为清中期紫檀木嵌染牙菊花图宝座，高 101.5 厘米，座面长 113.5 厘米，宽 78.5 厘米，北京故宫博物院藏品。紫檀材质，靠背、扶手做成三屏式，边框内嵌木胎板心，髹天青色漆地，饰百宝嵌作菊花图案。藤心座面，上下对称线脚，打洼束腰，直素牙条，内翻马蹄足，牙条与腿的里侧另镶回纹垛边，背框肩角、座面四角及足端均镶铜质錾花镀金包角。该宝座与《仇画列女传》插画中的三屏式宝座相比，只是少了托泥结构，其他结构基本一致。

图 2.41 为清中期紫檀木百宝嵌花卉纹宝座，高 108 厘米，座面长 110 厘米，宽 83 厘米，北京故宫博物院藏品。紫檀材质，靠背、扶手做成五屏式，正中搭脑较高，呈卷书式，向扶手两侧依次递减，边框内嵌板髹漆，嵌玉山石、花卉。藤心座面，冰盘沿边抹线脚。有束腰饰镂空炮仗洞，下承托腮，牙条正中垂洼堂肚，鼓腿彭牙，内翻马蹄足，下承须弥式底座，带龟脚。该宝座与《仇画列女传》插画中的五屏式宝座相比，结构基本一致，坐宽尺寸比例也极为相似，只是腿部彭牙结构略显粗壮。

图 2.40 清中期紫檀木嵌染牙菊花图宝座 图 2.41 清中期紫檀木百宝嵌花卉纹宝座

图 2.42 为清中期黄花梨五围屏百宝嵌大宝座，高 111.5 厘米，长 111.5 厘米，宽 89.2 厘米，民间私人藏品。黄花梨材质，五屏风式宝座。围屏内有窗格式样拐子。藤编座面，冰盘沿边抹线脚，面下有束腰，座面背后聚漆，内翻卷云纹马蹄足，下承托泥。该宝座与《仇画列女传》插画中的五屏式宝座相比，结构基本一致，坐宽尺寸比例也极为相似，而且围屏、腿部、托泥的比例体量与插画中的宝座极为接近。

图 2.43 为晚清剔红云龙百花纹宝座，高 124 厘米，长 89 厘米，宽 130 厘米，民间私人藏品。通体剔红，正中搭脑较高，向扶手两侧，依次递减。座面木板硬屉，饰填百花纹，冰盘沿边抹线脚，有束腰，牙条及腿足饰海水纹，鼓腿彭牙，内翻马足，下承托泥，带龟脚。该宝座与《仇画列女传》插画中的五屏式宝座相比，结构基本一致，坐宽尺寸比例也极为相似，只是彭牙结构更为突出，宝座下部的底座和插画宝座的底座也极其相似，但内收齐平后，少了踏脚的功能。

图 2.42 清中期黄花梨五围屏百宝嵌大宝座 图 2.43 晚清剔红云龙百花纹宝座

图 2.44 为明末清初剔红夔龙捧寿纹宝座，高 102 厘米，座面长 101.5 厘米，宽 67.5 厘米，北京故宫博物院藏品。剔红宝座，通体饰缠枝花纹，搭脑凸出呈拱形饰卷曲纹，靠背透雕夔龙捧寿纹，两侧扶手透雕夔龙纹。座面木板硬屉，冰盘沿边抹线脚，座面边抹雕回纹。座下有束腰，雕连续万字纹，束腰下带托腮，直牙条，鼓腿彭牙，内翻珠式足，下承托泥。该宝座与《仇画列女传》插画中的三屏式宝座相比，结构基本一致，坐宽尺寸比例也极为相似，特别是彭牙与托泥。

图 2.45 为清早期紫檀九屏风螭龙聚宝盆拐子纹大宝座，高 118 厘米，座面长 109 厘米，宽 75 厘米，北京颐和园藏品。木胎黑漆描金，卷书式搭脑，靠背板三段攒成，上段落膛踩鼓，下段饰壶门式亮脚，两旁由拐子式扶手围拖，座面木板硬屉，上下对称边抹线脚，有束腰，腿间牙条呈壶门式，曲线婉转自如，鼓腿彭牙，腿足向内大弧度兜转，下承托泥，带龟脚。该宝座与《仇画列女传》插画中的宝座相比，更加注重面与线的结合，插画中的宝座在椅披的装饰下，基本是以上面下线的结构呈现。

图 2.44 明末清初剔红夔龙捧寿纹宝座

图 2.45 清早期紫檀九屏风螭龙聚宝盆拐子纹大宝座

（二）卧具类

卧具是人类最重要的休息家具，由“席”转变而来，泛指为人们提供休息的一类家具。以形制结构作为区分，将床面以上部分无其他构造的卧具，以“榻”来命名；将床面上结构装有三面围子的卧具，以“罗汉床”命名；将床之四角安装有立柱，立柱下方以围子相接，并且柱顶装有承顶的卧具，以“架子床”命名。《仇画列女传》中对榻和架子床的描绘较多，对罗汉床的描绘几乎没有。

1. 榻

榻，不同于床，其样式一般为长度比床稍短，宽度为床的 1/2 左右，与床相比，整体显得瘦长，榻的造型很丰富，无围子结构，以织物或者竹棕藤编制屉面铺盖。榻可用于室内的卧室、书房，也可用于室外亭榭内。根据榻的结构，可分为有束腰式与无束腰式，有束腰式榻以方材、鼓腿彭牙内翻马蹄足式样为常见；无束腰榻则以圆材直足居多，一般又以裹腿圆足结构常见，圆足间一般又多以矮老罗锅枨或矮老直枨连接。

《仇画列女传》中描写了大量带托泥式榻。这些榻一般以出现在大厅和卧室中居多，榻上铺有棕榈、竹子和藤条等天然材质编成的屉面，一般又以棕绳编织成屉面的下层结构，这样的结构受力强，又富有弹性，再用竹篾或藤条编织屉面的上层结构，触感光滑，又非常透气。插画中出现频率较高的榻分为两种，即无束腰直足榻与有束腰鼓腿彭牙托泥榻。鼓腿彭牙托泥榻，面下有束腰，常为饰壶门式牙条、素直牙条等形制，装饰朴素简洁，常仅饰有少量透雕或浮雕花纹，卷一太王妃太姜厅堂中的榻面下镂出花纹曲线牙条。而无束腰直足榻，多为低矮长方形，下为简约装饰风格的马蹄足（表 2.8）。

表 2.8 《仇画列女传》中的榻

卷目	人物	家具	使用场合	图例
卷一	太王妃太姜	有束腰鼓腿彭牙托泥榻	厅堂	
卷二	鲁黔娄妻	无束腰带托泥榻	厅堂	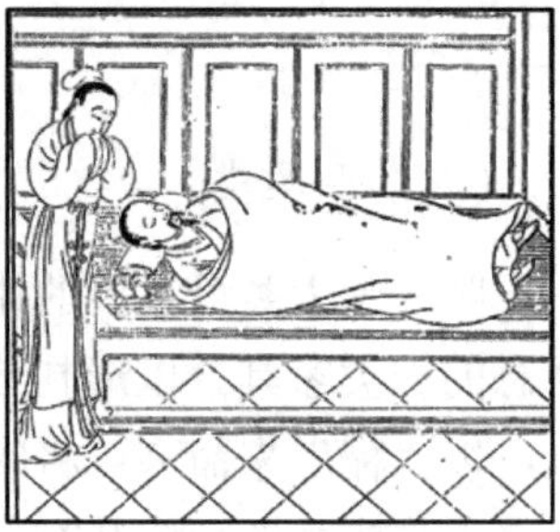

续表

卷目	人物	家具	使用场合	图例
卷七	李贞孝女	无束腰直腿马蹄足榻	厅堂	
卷十	陈文龙母	有束腰带托泥床榻	厅堂	
卷十五	韩太初妻	有束腰带托泥床榻	卧室	
卷十五	程文矩妻	无束腰带托泥榻	厅堂	

图 2.46 为明代黄花梨有束腰内翻马蹄足软屉榻，高 48 厘米，长 210 厘米，宽 96 厘米，美国加利福尼亚州中国古典家具博物馆藏品。黄花梨材质，藤心座面，冰盘沿边抹线脚，面下有束腰，牙条与腿足插肩相接，内翻马蹄足。该榻和《仇画列女传》卷十陈文龙母和卷十五韩太初妻中所设

的有束腰带托泥床榻形制非常接近，和它们相比，只是该榻少了托泥结构，但显得造型更为简洁大方。

图 2.47 为明代柏木无束腰软屉内翻马蹄足榻，高 49.5 厘米，长 208 厘米，宽 104 厘米，民间私人藏品。柏木材质，藤心座面。方腿直足，垂直于地面，素直肥厚牙条，内翻马蹄足。该榻和《仇画列女传》卷七李贞孝女厅堂所设的无束腰直腿马蹄足榻形制几乎一样。

图 2.46 明代黄花梨有束腰内翻马蹄足软屉榻　图 2.47 明代柏木无束腰软屉内翻马蹄足榻

图 2.48 为明代榉木有束腰榻，高 44.5 厘米，长 203 厘米，宽 64.5 厘米，民间私人藏品。榉木材质，藤心座面，冰盘沿边抹线脚。面下有束腰，中部下垂洼堂肚牙条，牙条饰卷珠云纹，鼓腿彭牙，内翻马蹄足。该榻和《仇画列女传》卷十陈文龙母和卷十五韩太初妻中所设的有束腰带托泥床榻形制非常接近，和它们相比，只是该榻少了托泥结构，但腿足相比较而言，略显粗壮。

图 2.49 为明代榉木束腰软屉内翻马蹄足榻，高 48 厘米，长 197 厘米，宽 55 厘米，民间私人藏品。榉木材质，藤心座面，冰盘沿边抹线脚。面下有高束腰，鼓腿彭牙，内翻马蹄足。该榻和《仇画列女传》卷十陈文龙母和卷十五韩太初妻中所设的有束腰带托泥床榻形制非常接近，和它们相比，只是该榻少了托泥结构，但腿足相比较而言，略显粗壮。

图 2.48 明代榉木有束腰榻　图 2.49 明代榉木束腰软屉内翻马蹄足榻

图 2.50 为明代榆木子母软屉榻，高 78 厘米，长 200 厘米，宽 102 厘米，民间私人藏品。榆木材质，藤心座面。方腿直足，素直牙条，内翻云纹马蹄足，下承圆珠带托泥。该榻与《仇画列女传》卷二鲁黔娄妻厅堂所设的无束

腰带托泥榻形制几乎一样，只是马蹄足装饰和所承结构可能略有不同。

图 2.51 为明晚期黄花梨四面平八足榻，高 46 厘米，长 199 厘米，宽 116 厘米，民间私人藏品。黄花梨材质，藤心座面。面下用立材分成三格，下承托泥。该榻与《仇画列女传》卷二鲁黔娄妻厅堂所设的无束腰带托泥榻形制大体一致，只多了四个腿足结构，而且腿足粗壮很多。

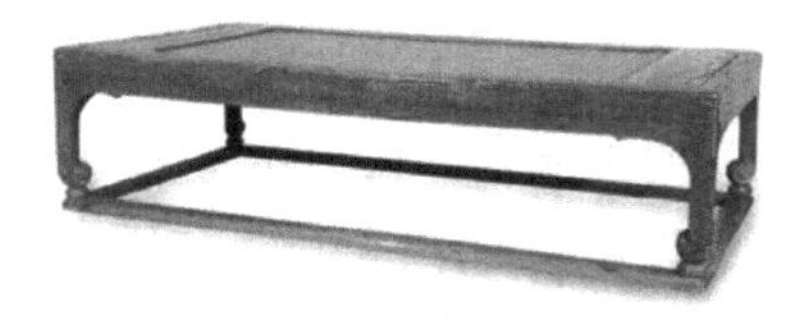

图 2.50 明代榆木子母软屉榻　　图 2.51 明晚期黄花梨四面平八足榻

图 2.52 为晚清红木嵌铜缠枝花纹床，高 109.5 厘米，长 188 厘米，宽 154 厘米，北京故宫博物院藏品。红木材质，靠背、扶手做成七屏式围子，正中搭脑较高，向扶手两侧依次递减，围子内嵌铜制缠枝纹西番莲及万字纹。藤心座面，上下对称边抹线脚。面下有束腰，束腰下承托腮浮雕缠枝花纹，壶门式牙条浮雕夔龙纹，鼓腿彭牙，内翻马蹄足，足踩圆珠，下承托泥。该床的下半部结构与《仇画列女传》卷一太王妃太姜所设的有束腰鼓腿彭牙带托泥榻形制非常接近，二者装饰极为相似。

图 2.53 为晚清红木雕三多纹床，高 96 厘米，长 206 厘米，宽 110 厘米，北京故宫博物院藏品。紫檀材质，靠背、扶手做成七屏式围子，正中搭脑较高，向扶手两侧依次递减，围子内镶木板，分别浮雕佛手、寿桃、石榴纹，寓意“多福”“多寿”“多子”。藤心座面，冰盘沿边抹线脚。面下有束腰，分段饰绦环板，下承托腮。素直牙条与腿足交接处锼出卷云纹，鼓腿彭牙，内翻马蹄足，下承托泥。该床的下半部结构与《仇画列女传》插画中的有束腰托泥榻形制非常接近，只是腿足更为粗壮有力。

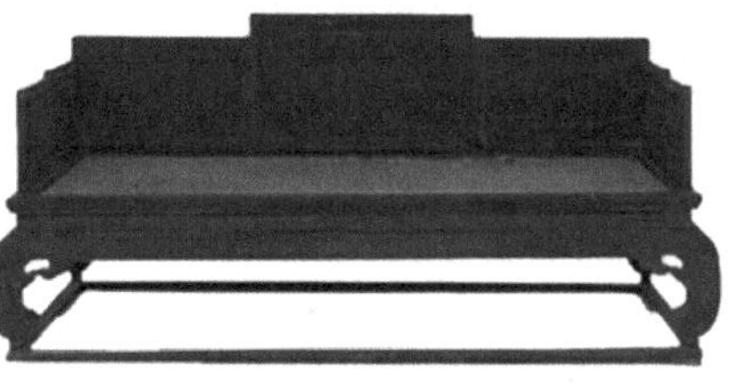

图 2.52 晚清红木嵌铜缠枝花纹床　　图 2.53 晚清红木雕三多纹床

图 2.54 为清代紫檀夔龙纹床，高 109 厘米，长 200 厘米，宽 93 厘米，北京故宫博物院藏品。紫檀材质，靠背、扶手做成七屏风式围子，正中搭脑较高，向扶手两侧依次递减，围子浮雕夔龙纹。藤心座面，冰盘沿边抹线脚。面下有束腰，束腰上下各起阳线，中部下垂洼堂肚牙条，牙条雕玉宝珠纹，方腿直足，外起阳线，内翻回纹马蹄足，下承托泥。该床的下半部结构与《仇画列女传》插画中的有束腰托泥榻形制非常接近，只是中部牙条增加了装饰。

图 2.55 为清中期紫檀木雕夔龙纹床，高 92.5 厘米，长 200 厘米，宽 103.5 厘米，北京故宫博物院藏品。紫檀材质，靠背、扶手做成七屏式围子，正中搭脑较高，向扶手两侧依次递减，围子用短材攒成拐子纹，拐子纹内镶嵌透雕薄木板夔龙纹花牙。藤心座面，冰盘沿边抹线脚。面下有束腰，牙条中部下垂洼堂肚浮雕卷草纹，方腿直足，内翻马蹄足，下承托泥。该床的下半部结构与《仇画列女传》插画中的有束腰托泥榻形制非常接近，只是腿足更为粗壮。

图 2.54　清代紫檀夔龙纹床

图 2.55　清中期紫檀木雕夔龙纹床

2. 架子床

架子床为四脚安装有立柱结构，带有承顶的卧具。柱子位于床的四角，柱子包围的三面都设有围栏。围栏的形状丰富，且大部分的几何图案都是用小木料攒接而成。围子常饰花纹，其题材多取自山水花鸟、历史故事或民间传说，床牙多饰龙纹或螭纹等。架子床上端的楣板部分覆有盖，俗称“承尘”。床抽屉两侧的上层有胡椒眼形或六边形藤席，下层为棕榈编织抽屉面或单层棕色抽屉。抽屉表面多用细竹篾或软藤条编织而成。此外，受季节性气候变化的影响，为保证暖和，床屉多采用木板、藤席相结合的形式，上面常铺以厚实柔软的床垫。架子床的结构精巧、造型丰富，其装饰风格可简洁精巧，亦可美轮美奂。

《仇画列女传》里的架子床大多是没有门围子的四柱架子床，围子主要为独板围子、攒接绦环板围子，腿足以鼓腿彭牙式为主，足间饰云纹、花纹牙条，足端下踩托泥。其中架子床的形制具体包括四面封闭式和有束腰鼓腿彭牙托泥式。《仇画列女传》卷七王孝女与卷十一临川梁氏插画场景中的架子床形制与《金瓶梅词话》中描述的黑漆描金暖床形制相似：四面平式结构，立柱围子用短材攒成三格栏板或方形纹嵌板，面下攒接四格方形纹嵌板，整体装饰简洁典雅。《仇画列女传》卷十五叶节妇插画场景中的四柱式架子床为束腰式，四周无围子，床身下部分设计有壶门券口牙子，带有托泥的鼓腿彭牙马蹄足（表 2.9）。

表 2.9 《仇画列女传》中的架子床

卷目	人物	家具	使用场合	图例
卷七	王孝女	独板围子封闭式 架子床	卧室	
卷九	坚正节妇	不带门围子带托泥 四柱式架子床	卧室	
卷十一	临川梁氏	绦环板围子封闭式 架子床	卧室	

续表

卷目	人物	家具	使用场合	图例
卷十五	张友妻	不带门围子带托泥四柱式架子床	卧室	
卷十五	叶节妇	不带门围子带托泥四柱式架子床	卧室	
卷十六	罗懋明母	独板围子带托泥四柱式架子床	卧室	
卷十六	熊烈女	绦环板围子四柱式架子床	卧室	

图 2.56 为清早期榆木大漆架子床，高 215 厘米，长 208 厘米，宽 129 厘米，民间私人藏品。榆木材质，床面嵌木板硬屉，上下对称，边抹线脚。床面下有束腰，内翻马蹄足。该床与《仇画列女传》卷十六熊烈女卧室中的绦环板围子四柱式架子床形制相似，只是少了托泥结构。

图 2.57 为明代榉木开光架子床，高 205 厘米，长 216 厘米，宽 144 厘米，民间私人藏品。榉木材质，藤屉床面，上下对称，边抹线脚。床面上有四角立柱，围子装绦环板饰委角透光，顶架上装五格绦环板装饰与围子一致。床面下有束腰，鼓腿彭牙，内翻大挖马蹄足。该床与《仇画列女传》卷十六熊烈女卧室中的绦环板围子四柱式架子床形制相似，只是围子结构为装绦环板饰委角透光结构，且脚下少了托泥结构。

图 2.56 清早期榆木大漆架子床

图 2.57 明代榉木开光架子床

图 2.58 为清早期紫檀六柱大架子床，高 230 厘米，长 227 厘米，宽 179 厘米，民间私人藏品。紫檀材质，藤屉床面，冰盘沿边抹线脚。床面上有四角立柱，立柱围子用万字图案，围子上安卡子花。顶架上装三格绦环板浮雕纹饰，顶架下装牙条饰卷草纹。床面下束腰，壶门式牙条，鼓腿彭牙。该床与《仇画列女传》中的带围子四柱式架子床形制相似，只是围子结构为万字图案结构，且脚下少了托泥结构。

图 2.59 为明代楠木架子床，高 222 厘米，长 235 厘米，宽 160 厘米，民间私人藏品。楠木材质，藤屉床面，冰盘沿边抹线脚。床面上有四角立柱，立柱围子用短料攒成万字图案，顶架上装绦环板，顶架下装牙条。床面下有束腰，鼓腿彭牙。该床与《仇画列女传》中的带围子四柱式架子床形制相似，只是脚下少了托泥，且围子结构为图案形式，而插画中一般为绦环板或无围子。

图 2.60 为明代黄花梨拔步床，高 227 厘米，床面长 207 厘米，宽 141 厘米，床高 208 厘米，美国纳尔逊艺术博物馆藏品。黄花梨材质，拔步床，

藤屉床面，冰盘沿边抹线脚。床面上有四角立柱，上有顶架，立柱围子用短料攒成连续的万字图案，顶架装七格绦环板饰海棠式开光。素直牙条腿，内翻马蹄足。该拔步床的内设结构与《仇画列女传》中的带围子四柱式架子床形制相似，只是书中架子床的围子结构为图案形式。

图 2.61 为明万历黄花梨刻诗文苍松葡萄图四柱架子床，高 202 厘米，长 204.5 厘米，宽 118.5 厘米，民间私人藏品。黄花梨架子床，四柱，侧脚明显，床顶喷出较多，平沿，有古拙意趣。柱、顶、挂檐皆方材，素面。右侧方柱朝左侧刻孙克弘铭文。柱间上方四面装挂檐，中镶绦环板，正面浮雕鱼门洞开光，其余三侧为素板。床座三面装围子，攒框卧平安装板心，三面分别刻叶昆书《夜坐记》、黄枢题铭、宋旭画松、张昆画葡萄，书法刻画精细，运刀如笔，颇显法度，图画则生动大方，神态生动。该床与《仇画列女传》中的带围子四柱式架子床形制相似，特别是与围子结构为插画的绦环板结构极为相似，只是该床的脚下少了托泥结构。

图 2.58　清早期紫檀六柱大架子床

图 2.59　明代楠木架子床

图 2.60　明代黄花梨拔步床

图 2.61　明万历黄花梨刻诗文苍松葡萄图四柱架子床

3. 脚踏

脚踏，通常同床榻、宝座一起使用，方便使用者上下床榻和宝座，有方形、圆形、长方形、海棠形等多种样式。《仇画列女传》里以束腰马蹄足脚踏、鼓腿彭牙式脚踏两种样式出现得最为频繁，脚踏下踩的托泥往往与宝座搭配设计，宝座整体装饰略显繁缛，经常用雕刻有莲花纹或是云纹的卷云形券口牙子、素壶门券口牙子来进行装饰，而与床榻一起使用的脚踏则较为素雅，多为无束腰内翻马蹄足加下踩托泥的形制（表 2.10）。

表 2.10 《仇画列女传》中的脚踏

卷目	人物	家具	使用场合	图例
卷一	王季妃太任	无束腰带托泥方形脚踏	殿厅	
卷二	齐伤槐女	无束腰海棠形脚踏	衙署	
卷三	楚武邓曼	无束腰内翻马蹄足方形脚踏	殿厅	
卷四	韩舍人妻	有束腰马蹄足脚踏	户外高台	

续表

卷目	人物	家具	使用场合	图例
卷七	荀灌	有束腰带托泥圆形脚踏	厅堂	
卷十四	宁王娄妃	有束腰带托泥方形脚踏	殿堂	
卷十五	草市孙氏	无束腰带托泥长方形脚踏	卧室	

图 2.62 为清中期榉木双龙罗汉床及脚踏，床高 88 厘米，长 200 厘米，宽 92 厘米；脚踏高 34 厘米，长 56 厘米，宽 28 厘米，民间私人藏品。榉木材质，靠背、扶手做成三面围子，正中搭脑较高，向扶手两侧依次递减，围子饰双龙纹。藤屉座面，冰盘沿边抹线脚。面下有束腰，鼓腿彭牙，内翻马蹄足。该脚踏为无束腰内翻马蹄足结构，脚踏面两节格栅，起到装饰和透气的作用。该脚踏与《仇画列女传》卷十五草市孙氏卧室所设脚踏形制相似，均为无束腰结构，只是该脚踏少了托泥结构，脚踏正面牙子也少了装饰。

图 2.63 为清中期红木素围子罗汉床及脚踏，床高 93 厘米，长 214 厘米，宽 129 厘米，民间私人藏品。红木材质，扶手、靠背做成三面围子，正中搭脑较高，向扶手两侧依次递减。藤心座面，冰盘沿边抹线脚，面下有束腰，束腰下承托腮，三弯腿，外翻卷云纹翻马蹄足。该脚踏为四面平无束腰结构，正面腿间有罗锅枨装饰。《仇画列女传》中体量大的脚踏，整体置于宝座或座椅下方，体量小的脚踏则单独设于坐具前方，这里的脚踏恰似插画中大型脚踏的缩小版，只是少了托泥结构。

图 2.62 清中期榉木双龙罗汉床及脚踏 图 2.63 清中期红木素围子罗汉床及脚踏

图 2.64 为清中期红漆描金云龙纹宝座及脚踏，床高 130 厘米，座面长 130 厘米，宽 68 厘米，北京故宫博物院藏品。通体红漆描金，靠背、扶手做成五屏式，后背三扇，左右各一扇，搭脑呈卷云纹式，座围嵌板饰云龙纹、卷草纹、蝙蝠纹，与座面板交接处透雕拐子纹亮脚。座面木板硬屉，上下对称线脚，有束腰，下承托腮，壶门式牙条及腿足饰蝙蝠纹、花卉拐子纹。回纹拐子形足，下承罗锅枨式托泥，座前附云纹脚踏，脚踏有束腰结构，踏面装饰有大卷云纹，踏脚龟足。该脚踏与《仇画列女传》卷二齐伤槐女和卷七荀灌中的脚踏形制相似，均为单线造型的踏面。

图 2.65 为明初紫檀雕荷花纹有束腰带托泥宝座及脚踏，床高 109 厘米，长 98 厘米，宽 78 厘米，北京故宫博物院藏品。紫檀材质，通体饰莲花、莲叶图案。靠背、扶手做成七屏式，后背三扇，左右各两扇，靠枕呈荷叶形。座面方中带圆，木板硬屉，冰盘沿线脚。有束腰，鼓腿彭牙，带托泥，脚踏与宝座对应为荷叶状。该脚踏亦与《仇画列女传》卷二齐伤槐女和卷七荀灌中的脚踏形制相似。

图 2.64 清中期红漆描金云龙纹宝座及脚踏 图 2.65 明初紫檀雕荷花纹有束腰带托泥宝座及脚踏

图 2.66 为明代黄花梨大圈椅及脚踏，床高 112.4 厘米，长 69.8 厘米，宽 50.9 厘米，民间私人藏品。黄花梨材质，扶手出头，雕饰卷草纹，S 形靠背板分三段攒成，上段透雕如意云头纹，中段落膛镶板，下段饰壶门式亮脚，靠背板及鹅脖两侧饰牙子，藤屉座心，冰盘沿线脚，圆足，四腿之间装壶门券口牙子，步步高管脚枨正面及侧面装素牙条，脚踏为有束腰内翻马蹄足结构，踏面平整无装饰。这里的脚踏恰似插画中大型脚踏的缩小版，只是少了托泥结构和牙子装饰。

图 2.67 为明晚期黄花梨及硬木六柱十字绦环围子架子床及脚踏，床高 238 厘米，长 228 厘米，宽 161 厘米，古斯塔夫·艾克、曾佑和夫妇藏品。黄花梨材质，藤屉床面，冰盘沿边抹线脚。床面上有四角立柱，立柱围子用短料攒成四簇云纹，顶架上装绦环板子用十字连方的形式攒成委角方格。床面下有束腰，方腿直足素直牙条，内翻马蹄足。脚踏同样为有束腰内翻马蹄足结构，这里的脚踏也恰似插画中大型脚踏的缩小版。

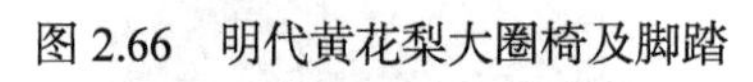

图 2.66 明代黄花梨大圈椅及脚踏

图 2.67 明晚期黄花梨及硬木六柱十字绦环围子架子床及脚踏

图 2.68 为明晚期黄花梨万字纹拔步床及脚踏，床高 231 厘米，长 219 厘米，宽 141 厘米，美国纳尔逊阿特金斯艺术博物馆藏品。黄花梨材质，拔步床，藤屉床面，冰盘沿边抹线脚。床面上有四角立柱，上有顶架，立柱围子用短料攒成连续的万字图案，顶架装七格绦环板饰海棠式开光。素直牙条腿足内翻马蹄足。脚踏为有束腰内翻马蹄足结构，马蹄足装饰有回形纹。这里的脚踏亦与插画中的脚踏造型相似。

图 2.68　明晚期黄花梨万字纹拔步床及脚踏

（三）承具类

承具指具有承载支撑功能的家具。这类家具是六大类家具中包含种类最多的一种，其造型多样，有圆有方，尺寸大小各异。它既有承载的功能，也可作装饰。承具依式样不同可分为三大类：一是承具面四角安装腿足，腿足与端面齐平者，称为桌；二是腿足缩回承具内部，而不在承具面四角，腿足不与端面齐平者，称为案；三是台面窄，高度低于或高于桌案者，称为几。

1. 桌

桌子流行于唐代，发展于宋代。宋代桌类家具在装饰技法上有了新的突破，出现了莲花托、马蹄足、云头足、束腰等装饰，以及霸王枨、罗锅枨、矮老等结构。明代以后，桌类家具得到了全方位发展，不但种类丰富，而且功能齐全。从面板形状出发，可将其分为圆桌、方桌、条桌等，面板的长宽比通常小于 2，腿足安装在桌面四角；从使用场景出发，可将其分为书桌、画桌、琴桌、酒桌、炕桌、供品桌及公案桌等；从结构出发，可分为有束腰结构和无束腰结构。束腰式桌类腿足间没有枨，通常在桌面内承安装霸王枨；如果桌子的结构是无束腰的，则通常用罗锅枨与矮老结合的方式来加固。此外，桌类形式还有四面平式，以及四条腿任意一条与椅腿两侧两根长牙条和角牙相连的三牙式等。

《仇画列女传》中桌类家具的出现频率较高，上到贵族宫殿，下至百姓住宅，都有桌类家具摆放。据笔者统计，《仇画列女传》插画中条桌、方桌所占比例较高，其余为少量的供桌、酒桌、审案桌等，其中以四面平式马蹄足脚桌居多，频频出现在厅堂、书房、厨房或室外区域，餐桌装饰通常简单典雅。《仇画列女传》卷十五邹赛贞插画场景中的四面平式条桌以卷曲的云纹牙子饰之，下踩托泥，供桌、琴桌亦是四面平式内翻马蹄足。

《仇画列女传》中画台出现的比例也比较高，以四个马蹄足造型的画台居多，如卷四和熹邓后插画场景中有一张画台，桌上有三条弯腿，带托泥，桌脚与座面之间装饰着卷草纹牙子，脚呈如意云头状。此外较多呈现的还有酒桌，其多搭配桌围使用（表 2.11）。

表 2.11 《仇画列女传》中的桌类

卷目	人物	家具	使用场合	图例
卷三	百里奚妻	四面平式琴桌	厅堂	
卷三	周主忠妾	四面平式长方桌	厅堂	
卷四	和熹邓后	有束腰三弯腿带托泥式画桌	书房	
卷五	徐淑	四面平式琴桌	书房	

续表

卷目	人物	家具	使用场合	图例
卷八	柳仲郢母	四面平式长方桌	书房	
卷九	狄梁公姊	酒桌	厅堂	
卷十三	陈淑真	四面平式琴桌	厅堂	
卷十五	邹赛贞	四面平式带托泥条桌	书房	

续表

卷目	人物	家具	使用场合	图例
卷十六	陈宙姐	有束腰马蹄足方桌	厅堂	

图 2.69 为明代黄花梨夹头榫酒桌，左图高 76 厘米，长 79 厘米，宽 57 厘米，陈梦家夫人藏品。黄花梨材质，面心嵌木板，冰盘沿边抹线脚，素直牙条，圆腿直足，带侧脚，四腿甜瓜棱式，四腿之间两侧各装两根横枨，牙条与腿足用夹头榫相接。该酒桌和《仇画列女传》卷九狄梁公姊厅堂所设酒桌形制几乎一致，只是该酒桌桌面略窄且少了插画中的拦酒线，多了素牙条结构。右图高 81 厘米，长 110 厘米，宽 55 厘米，北京硬木家具厂藏品。黄花梨材质，面心嵌木板，冰盘沿边抹线脚，牙条两端锼出卷云，圆腿直足，带侧脚，四腿之间两侧各装两根横枨，牙条与腿足用夹头榫相接。该酒桌和《仇画列女传》卷九狄梁公姊厅堂所设的酒桌形制几乎一致，只是这里桌面略窄且少了插画中的拦酒线，多了卷云装饰牙条结构。

图 2.69 明代黄花梨夹头榫酒桌

图 2.70 为明代黄花梨两卷角牙琴桌，高 82 厘米，长 120 厘米，宽 51.8 厘米，陈梦家夫人藏品。黄花梨材质，案面嵌木板，桌面与腿足用棕角榫

连接，连接处均装两卷相抵角牙，方腿直足，内翻马蹄足。该琴桌和《仇画列女传》卷三百里奚妻厅堂、卷五徐淑书房及卷十三陈淑真厅堂所设的四面平式琴桌形制几乎一致，只是这里的桌面和腿足处多了如意角牙结构。

图 2.71 为明代黄花梨四面平霸王枨琴桌，高 82.3 厘米，长 145.5 厘米，宽 61 厘米，民间私人藏品。黄花梨材质，长桌面心嵌木板，四腿与牙条插肩相接，四腿之间装弧弯带拱尖的霸王枨，方腿直足，内翻马蹄足。该琴桌和《仇画列女传》卷三百里奚妻厅堂、卷五徐淑书房及卷十三陈淑真厅堂所设的四面平式琴桌形制极为相似，只是这里四腿之间多了霸王枨结构。

图 2.70 明代黄花梨两卷角牙琴桌

图 2.71 明代黄花梨四面平霸王枨琴桌

图 2.72 为明代黄花梨四面平琴桌，高 85.8 厘米，长 114.2 厘米，宽 45.2 厘米，香港伍嘉恩女士藏品。黄花梨材质，长桌面心嵌木板，四腿与牙条插肩相接，方腿直足，内翻马蹄足。

图 2.73 为清代红木四面平琴桌，高 82 厘米，长 117 厘米，宽 49 厘米，民间私人藏品。红木材质，长桌面心嵌木板，四腿与牙条插肩相接，方腿直足，内翻马蹄足。图 2.72 和图 2.73 中的琴桌和《仇画列女传》卷三百里奚妻厅堂、卷五徐淑书房及卷十三陈淑真厅堂所设的四面平式琴桌形制几近相同。

图 2.72 明代黄花梨四面平琴桌

图 2.73 清代红木四面平琴桌

图 2.74 为明代黄花梨四面平罗锅枨马蹄足长条桌，高 88.4 厘米，长 208.5 厘米，宽 57.2 厘米，民间私人藏品。黄花梨材质，长桌面心嵌木板，冰盘沿边抹线脚，四腿之间装罗锅枨，方腿直足，内翻马蹄足。该长条桌和《仇画列女传》卷八柳仲郢母书房所设的四面平式长方桌形制几乎一致，只是这里多了罗锅枨的装饰。

图 2.75 为明代黄花梨条桌，高 85.1 厘米，长 151.8 厘米，宽 38.3 厘米，民间私人藏品。黄花梨材质，长桌面心嵌木板，四腿与牙条插肩相接，方腿直足，内翻马蹄足。该条桌和《仇画列女传》卷十五邹赛贞书房所设四面平式带托泥条桌形制相同，只是这里少了托泥结构，和卷三周主忠妾厅堂的四面平式长方桌形制则更为接近。

图 2.76 为明代黄花梨木方桌，高 83 厘米，长 100 厘米，宽 100 厘米，北京故宫博物院藏品。桌面攒框镶板心，冰盘沿，直束腰，素牙条，四腿内安霸王枨。方直腿带侧脚收分，足端削出，内翻马蹄足。桌腿与牙条拐角处以圆弧过渡连接，线条流畅，于硬朗中见柔和。此桌造型简洁，朴素瘦劲，无刻意装饰，具有典型的明式家具特点。

图 2.77 为明末清初黄花梨有束腰霸王枨马蹄足方桌，高 81.2 厘米，长 97 厘米，宽 97 厘米，菲律宾玛丽·泰瑞莎·L. 维勒泰珍藏品。黄花梨材质，面心嵌木板，冰盘沿边抹线脚，面下有束腰，四腿之间装霸王枨，牙条与腿足边缘起阳线相接，方腿直足，内翻马蹄足。图 2.76 和图 2.77 中的方桌与《仇画列女传》卷十六陈宙姐厅堂所设的有束腰马蹄足方桌形制极为相似，只是这里束腰稍窄，且多了霸王枨结构。

图 2.74 明代黄花梨四面平罗锅枨马蹄足长条桌

图 2.75 明代黄花梨条桌

图 2.76 明代黄花梨木方桌

图 2.77 明末清初黄花梨有束腰霸王枨马蹄足方桌

图 2.78 为明代黄花梨广式方桌，高 85 厘米，长 90 厘米，宽 90 厘米，民间私人藏品。黄花梨材质，方桌面心嵌木板，上下对称边抹线脚，面下有束腰，下承托腮，四腿之间装罗锅枨，罗锅枨为透榫出头结构，牙条与腿足之间的边沿起阳线相接，方腿直足，内翻马蹄足。

图 2.79 为明代黄花梨方桌，高 86 厘米，长 92 厘米，宽 92 厘米，民间私人藏品。黄花梨材质，方桌面心嵌木板，冰盘沿边抹线脚，冰盘沿上有明榫，面下有束腰，四腿之间亦装罗锅枨，牙条与腿足和枨边沿起阳线相接。图 2.78 和图 2.79 中的方桌与《仇画列女传》卷十六陈宙姐厅堂所设的有束腰马蹄足方桌形制极为相似，也是束腰稍窄，桌面边抹与腿面更近，且多了罗锅枨结构。

图 2.78 明代黄花梨广式方桌

图 2.79 明代黄花梨方桌

图 2.80 为清代紫檀雕西番莲纹方桌，高 45 厘米，长 64 厘米，宽 64 厘米，民间私人藏品。紫檀材质，紫檀满彻，色泽黝黑，表面满布金星和绸缎纹，面心嵌木板，上下对称边抹线脚，面下有高束腰，牙板及腿足上满雕西番莲纹，精雕细琢，富丽华美。下承托腮，腿足为展腿式，束腰、托腮、牙板边缘随莲就势，自然优美，构图繁而不素；束腰上西番莲异于牙板图样，适度平面图案化的装饰连续且对称。底座造型典雅，上部装饰精美绝伦，下部直腿外翻回纹足，下承托泥。该方桌造型与《仇画列女传》卷四和熹邓后书房所设的画桌形制极为相似，只是这里的腿足不是三弯腿结构。

图 2.81 为清早期黄花梨分心花方棋桌，高 89 厘米，长 91 厘米，宽 91 厘米，香港两依藏博物馆藏品。黄花梨材质，方桌面心嵌木板，冰盘沿边抹线脚，面下有束腰，壶门式牙条，牙条中部雕饰分心花，两侧雕饰双向螭龙纹，牙板与腿足之间装螭龙纹角牙，牙条与腿足之间起阳线相接，拱肩三弯腿，外翻回纹马蹄足。该方桌造型与《仇画列女传》卷四和熹邓后书房所设画桌形制相比较，这里少了托泥结构，多了角牙装饰。

图 2.80　清代紫檀雕西番莲纹方桌

图 2.81　清早期黄花梨分心花方棋桌

2. 案

根据使用功能可将案类家具分为条案、架几案、平头案、翘头案；依据其工作场景可分为书案、画案和供案等。案类家具与桌类家具的区别在于案类家具形制较大，台面多为长方形或条形且基本不含束腰。可依据案面两端造型将案类家具细分为平头案与翘头案，而这两者中又各有插肩榫、夹头榫的做法。

《仇画列女传》中对案类的描绘较少，仅有两种情况，且都为平头案，一种为夹头榫直足直枨结构，另一种为攒花牙子带马蹄足结构。前者在《仇画列女传》中常见于书房空间，多用圆材，以素牙子为主，少量装饰馊花卷云纹角牙，两侧腿之间配双横枨，如卷三许穆夫人插画场景中有一攒花牙子平头案，该案腿、脚用榫卯连接，装饰嵌有卷云头的牙板，脚的末端是马蹄足；卷十三郑氏允端插画场景中有一夹头榫如意纹平头案，该案侧腿装饰有混面双线，四条腿向外撇，侧脚收分，案腿上有两个横枨，整体造型稳重大方，线条柔和（表 2.12）。

表 2.12 《仇画列女传》中的案类

卷目	人物	家具	使用场合	图例
卷三	许穆夫人	攒花牙子平头案	厅堂	
卷九	花蕊夫人	夹头榫如意纹平头案	皇家苑囿	
卷九	王凝妻	夹头榫平头案	厅堂	

续表

卷目	人物	家具	使用场合	图例
卷十三	郑氏允端	夹头榫如意纹平头案	书房	
卷十五	台州潘氏	夹头榫平头案	厅堂	
卷十五	韩文炳妻	夹头榫平头案	厅堂	

图 2.82 为明代黄花梨铁力面心夹头榫小画案，高 87 厘米，长 146 厘米，宽 80 厘米，南京博物院藏品。黄花梨材质，炕桌面心嵌铁力木，冰盘沿边抹线脚，面下装素直牙条，圆腿直足，腿足两侧装两根横枨。

图 2.83 为明代黄花梨夹头榫小画案，高 85.1 厘米，长 121.1 厘米，宽

73 厘米，英国牛津郡民间私人藏品。黄花梨材质。画案面心嵌木板，冰盘沿边抹线脚，牙板、腿足、案面间以夹头榫相接，面下装素直牙条，圆腿直足，带侧脚，腿足两侧各装两根横枨。

图 2.84 为明代黄花梨夹头榫画案，高 81.3 厘米，长 186.5 厘米，宽 76 厘米，美国纽约大都会艺术博物馆藏品。黄花梨材质，画案面心嵌木板，上下对称边抹线脚，冰盘沿上有明榫，腿与案面以夹头榫相接，面下装素直牙条，牙条牙头边起阳线，方腿直足，带侧脚，腿足两侧各装两根横枨。

图 2.85 为明代夹头榫楠木书案，高 79 厘米，长 196 厘米，宽 70 厘米，民间私人藏品。楠木材质，书案面心嵌木板，冰盘沿边抹线脚，腿与案面以夹头榫相接，面下装素直牙条，圆腿直足，有侧脚，腿足两侧装两根横枨。图 2.82、图 2.83、图 2.84 和图 2.85 这四件家具和《仇画列女传》中的素牙条夹头榫平头案在形制上极为相似。

图 2.82 明代黄花梨铁力面心夹头榫小画案

图 2.83 明代黄花梨夹头榫小画案

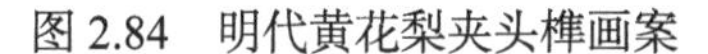

图 2.84 明代黄花梨夹头榫画案

图 2.85 明代夹头榫楠木书案

图 2.86 为明代黄花梨夹头榫书案，高 82.5 厘米，长 151 厘米，宽 69 厘米，王世襄先生藏品。黄花梨材质，书案面心嵌木板，冰盘沿边抹线脚。腿与案面用夹头榫相接，牙条、牙头一木连作，牙头锼出卷云纹衔圆珠。

方腿直足，带侧脚，四腿之间装横枨，枨内嵌木板。

图 2.87 为明代黄花梨夹头榫卷云纹牙头平头案，高 84.9 厘米，长 159.7 厘米，宽 70.3 厘米，民间私人藏品。黄花梨材质，书案面心嵌木板，冰盘沿边抹线脚，腿与案面以夹头榫相接，案面下装卷云纹牙条，圆腿直足，腿足两侧各装两根横枨。图 2.86 和图 2.87 这两件家具和《仇画列女传》中的如意纹夹头榫平头案在形制上极为相似，只是牙板装饰不同。

图 2.86 明代黄花梨夹头榫书案

图 2.87 明代黄花梨夹头榫卷云纹牙头平头案

3. 几

几最早出现于西周，是为长者所打造的依凭用具。春秋时期几类家具的使用变得较为流行，隋唐时期其使用频率则有所降低。到了明代，几类家具的形制变得丰富多样，常见的有炕几、条几、花几和香几等。其中，除炕几作为低矮形家具会用于炕上或床榻上以外，其他几类家具都作为高形家具使用，高度一般高于桌案；条几一般以卷舒式造型居多，多用于置放古琴；花几一般置于厅堂四角或厅堂中心条案的两侧；香几用于放置香炉。几面造型多样，常见的有圆形、方形及海棠形等，腿足式样为三至五足不等。几类家具在文人雅士眼中历来都是高洁典雅的形象，受到上流阶层的青睐，是一种气质雅趣的室内家具。

《仇画列女传》中描绘的几类家具较少，多为花几，尤以圆形花几居多，且带束腰托泥。圆形花几中腿足式样较多的为三足和五足。整体造型风格简单，四个支腿笔直，并安装托泥，肩部装饰较少，少量花几饰有卷云纹牙条，如卷四光烈阴后插画场景中房间转角处有一方香几，马蹄足有束腰，上方置有一荷花花瓶，下方为拐子纹壶门牙板；卷十一吴贺母插画场景中有一高束腰带托泥圆香几置于厅堂墙角处，束腰处装饰有铲地浮雕如意云头纹、壶门式牙条饰卷草纹，三足内翻马蹄足下踩托泥，几面上摆有花瓶（表 2.13）。

表 2.13 《仇画列女传》中的几类

卷目	人物	家具	使用场合	图例
卷四	光烈阴后	有束腰马蹄足方香几	厅堂	
卷九	坚正节妇	四面平式小方几	卧室	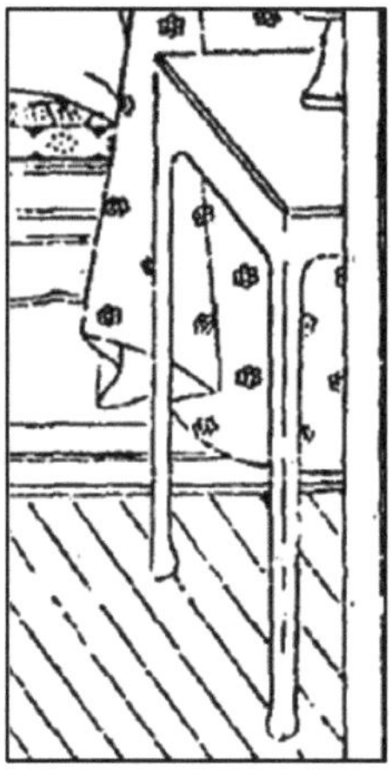
卷十一	吴贺母	高束腰带托泥圆香几	厅堂	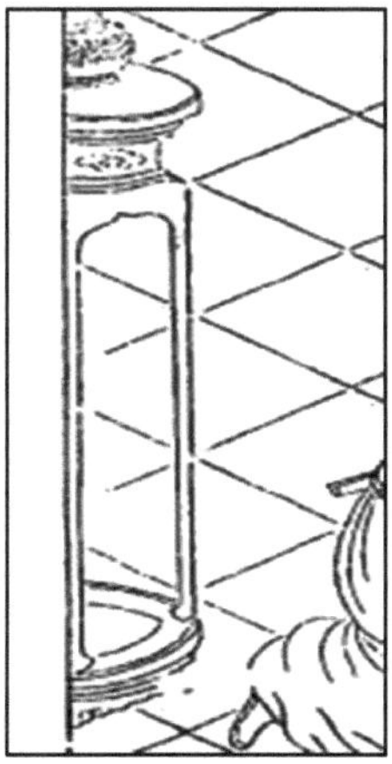

续表

卷目	人物	家具	使用场合	图例
卷十三	郑氏允端	高束腰带托泥圆香几	书房	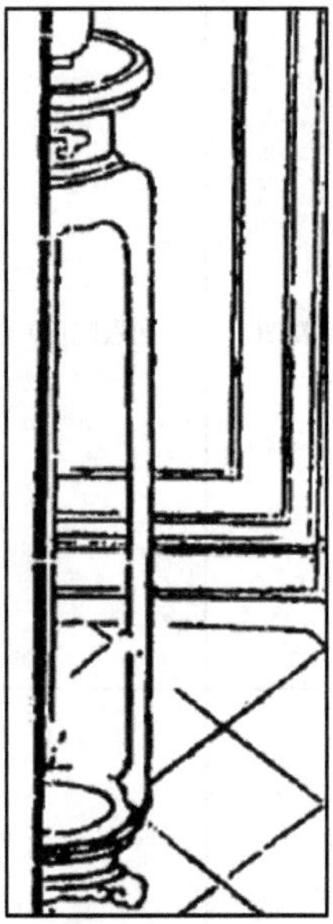
卷十五	叶节妇	四面平式小方几	厅堂	
卷十五	邹赛贞	高束腰带托泥圆香几	书房	

图 2.88 为明代黄花梨四面平小方香几，高 82.7 厘米，长 36.8 厘米，宽 36.8 厘米，霍艾博士藏品。黄花梨材质，四面平齐，方腿直足，素直牙条，内翻马蹄足。该几和《仇画列女传》卷九坚正节妇卧室、卷十五叶节妇厅堂所设的四面平式小方几形制相似。

图 2.89 为明晚期黄花梨马蹄足彩纹石面香几，高 83 厘米，长 79 厘米，宽 35 厘米，香港攻玉山房藏品。黄花梨材质，几面呈方形，面心嵌石板，冰盘沿边抹线脚，面下有束腰，方腿直足素直牙条，内翻马蹄足。该几亦和《仇画列女传》卷四光烈阴后厅堂所设的方香几形制相似。

图 2.88 明代黄花梨四面平小方香几

图 2.89 明晚期黄花梨马蹄足彩纹石面香几

图 2.90 为明晚期黄花梨方几，高 83.8 厘米，长 44.4 厘米，宽 44.2 厘米，民间私人藏品。黄花梨材质，几面呈方形，冰盘沿边抹线脚，面下有束腰，四腿之间装抽屉，方腿直足素直牙条，内翻马蹄足。该香几和《仇画列女传》卷四光烈阴后厅堂所设的香几形制相似，只是这里多出了抽屉结构。

图 2.91 为明末清初黄花梨香几，高 85.7 厘米，长 51.4 厘米，宽 41.6 厘米，民间私人藏品。黄花梨材质，四面呈方形，冰盘沿边抹线脚，面下有束腰。壶门式牙条，浮雕卷草纹，三弯腿，外翻马蹄足。该香几和《仇画列女传》中的香几形制相似，只是腿足和牙板装饰更为复杂，插画中的香几多为直腿和素牙板结构。

图 2.92 为明宣德黑漆彩绘嵌螺钿龙戏珠纹香几，高 82 厘米，面径 38 厘米，北京故宫博物院藏品。通体髹黑漆彩绘，几面呈海棠式，嵌螺钿彩绘龙戏珠纹，边抹上面及正面饰折枝花卉纹。面下有束腰，束腰上浅浮雕如意云头纹、彩绘折枝花纹。牙条与腿足形成壶门式券口，腿上部嵌螺钿彩绘龙戏珠纹，下部彩绘折枝花纹。内翻象鼻式足，下承圆形须弥式底座。该香几和《仇画列女传》中的高束腰香几形制相似，只是腿足略有不同，插画中的香几多为直腿，且香几底部中多为托泥结构。

图 2.90 明晚期黄花梨方几

图 2.91 明末清初黄花梨香几

图 2.92 明宣德黑漆彩绘嵌螺钿龙戏珠纹香几

图 2.93 为明末清初黄花梨五足圆高香几，高 106 厘米，长 38.2 厘米，宽 48.5 厘米，杨耀先生藏品。黄花梨材质，几面呈圆形，嵌木板硬屉，冰盘沿边抹线脚，束腰外弧，壶门式牙条饰卷草纹，木条腿中部锼出云纹，牙条与三条腿插肩相接，拱肩，三弯腿，外翻透雕卷草纹足，下踩圆珠，下承托泥，带龟脚。该香几和《仇画列女传》中的高束腰香几形制相似，只是腿足略有不同，插画中的香几多为直腿，内翻马蹄足，少装饰。

图 2.94 为明末清初黄花梨五足带台座香几，高 97 厘米，面径 41 厘米，美国加利福尼亚州中国古典家具博物馆藏品。黄花梨材质，几面呈圆形，面下有束腰，分五段，刻海棠式窄长凹槽，上下有托腮。壶门式牙条，与五条腿插肩相接，鼓腿彭牙，外翻卷珠足，下承须弥座，带龟脚。该香几和《仇画列女传》中的高束腰香几形制相似，只是腿足略有不同，插画中的香几多为直腿，且下承托泥而非须弥座。

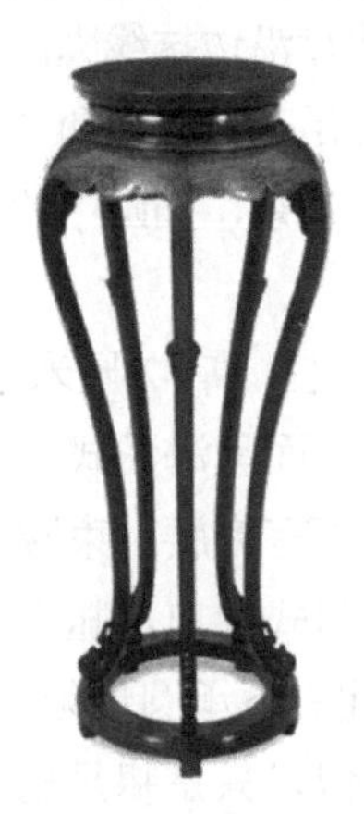

图 2.93 明末清初黄花梨五足圆高香几

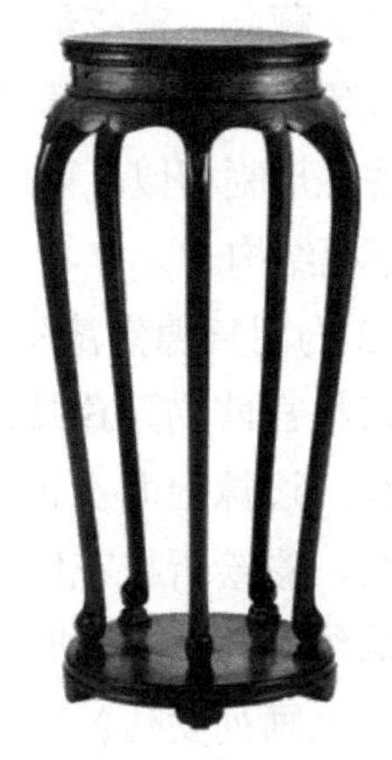

图 2.94 明末清初黄花梨五足带台座香几

图 2.95 为明代黄花梨三足圆香几，高 95.3 厘米，面径 45 厘米，菲律宾玛丽·泰瑞莎·L. 维勒泰珍藏品。几面呈圆形，嵌木板硬屉，冰盘沿边抹线脚，面下有束腰。壶门式牙条浮雕卷草纹。蜻蜓腿，足端浮雕花草纹，下承托泥。

图 2.96 为明代黄花梨三足香几，高 89.3 厘米，面径 43.3 厘米，王世襄先生藏品。黄花梨材质，几面呈圆形，嵌木板硬屉，冰盘沿边抹线脚，有束腰，牙条饰卷草纹，牙条与三条腿插肩相接，拱肩，三弯腿，外翻卷云纹足，似蜻蜓腿，下承托泥，带龟脚。图 2.95 和图 2.96 中的香几和《仇画列女传》中的高束腰香几形制相似，只是腿足略有不同，插画中的香几多为直腿，且腿足和牙板少装饰。

图 2.95 明代黄花梨三足圆香几

图 2.96 明代黄花梨三足香几

（四）庋具类

庋具指具有收纳、储存功能的储物类家具，包括橱、柜、箱等大的储藏器物，以及盒、匣等小的储藏器物。箱、柜都为长方体家具，两者的区别在于箱带盖向上开，而柜带门向外开，此外还有盒、匣等。其中箱与盒的使用场景灵活多变，在卧室、书房、茶室甚至户外都可看到这类家具；橱柜等家具的使用场景则较为固定，一般放置于备餐、用餐之地。盒的体积较小，常用于储存一些小型器物，如古代女性所用的妆奁。而明式橱、柜的区别在于体量大小和长宽高之间的比例，橱类较小，宽大于高，橱顶为面板结构；柜类则是高大于宽，柜面也可用做桌面，板面下有抽屉结构。架格是用于放置书本等其他物件的家具。由于《仇画列女传》对庋具的描绘不多，本书主要对架格和箱奁两类家具进行分析。

1. 架格

架格是用于摆放室内陈设品的家具，这类家具通常无门，由隔板组成，方便摆设物品展示。明代的架格，四角支柱通常由立木构成，中间以横档作连接，并铺以木板。根据上面摆放的物品不同，架格的叫法也不同，用于放置书本的格架，被称为书架或书格，其格架尺寸比例遵循书本规格；而用于摆放器物的架格，被称为器物格。架格后可装板，也可以不装板，通常会装有透棂（也有三面装透棂），在板下有时会安装券口牙子作为简单装饰。架格有时也会置于室内起分隔空间的作用，同时因其自身的装饰性，对空间有美化的作用。《仇画列女传》卷十五邹赛贞插画场景中的书斋窗边，有一件三层式书架，其底部隔板与立柱之间装饰有卷云状牙头，整体框架做工精细，比例适宜，造型简单大方，具有典型的明式家具特征（表 2.14）。

表 2.14 《仇画列女传》中的架格

卷目	人物	家具	使用场合	图例
卷十	罗夫人	架格	厨房	
卷十五	邹赛贞	三层式书架	书房	

图 2.97 为明代黄花梨品字栏杆架格，高 177.5 厘米，长 98 厘米，宽 46 厘米，王世襄先生藏品。黄花梨材质，架格四面平式，分三层，边沿大洼线脚，四面均敞开，每层左右两侧和后背均装品字棂格栏杆，后背栏杆上装三个双环形卡子花，侧面只装一个。第二层隔板下装两个抽屉，门板

上浮雕螭纹。方腿直足，四腿之间装壶门式牙条。该架格与《仇画列女传》卷十五邹赛贞书房的三层式书架功能相同，只是这里的架格多了抽屉结构，形式更为丰富，装饰更为复杂。

图 2.98 为明代黄花梨透空后背架格，高 168 厘米，长 107 厘米，宽 45 厘米，陈梦家夫人藏品。黄花梨材质，架格四面平式，分两层，正面及两侧开敞，装壶门式牙子，背面攒接波纹式棂格。圆腿直足，四腿之间有素直牙条，牙头饰卷草纹。该架格与《仇画列女传》卷十五邹赛贞书房的三层式书架功能相同，只是这里的架格空间更加宽大，且也多了抽屉结构，装饰更为复杂。

图 2.99 为明代黄花梨三层架格，高 188 厘米，长 103 厘米，宽 43.6 厘米，陈梦家夫人藏品。黄花梨材质，架格四面平式，分三层，三面均敞开。第二层隔板下装两个抽屉，门板上装铜吊牌。方腿直足，四腿之间装罗锅枨。该架格与《仇画列女传》卷十五邹赛贞书房的三层式书架功能相同、形制相似，只是这里的架格多了抽屉和罗锅枨结构。

图 2.97 明代黄花梨品字栏杆架格

图 2.98 明代黄花梨透空后背架格

图 2.99 明代黄花梨三层架格

图 2.100 为明代黄花梨几腿式架格，高 129 厘米，长 91 厘米，宽 40 厘米，王世襄先生藏品。黄花梨材质，架格几腿式，柜帽上下对称边抹线脚，架体分三层，正面及两侧开敞，正面装云纹角牙，两侧装素直券口。背面攒框分六格，面心嵌板。第二层下面装两个抽屉，门板上装铜吊牌。该架格的上半部（左图）与《仇画列女传》卷十五邹赛贞书房的三层式书架功能相同、形制相似，只是这里的架格多了抽屉和角牙结构。

图 2.100　明代黄花梨几腿式架格

注：左图缺几腿，为架格上半部；右图为架格的整体形态

图 2.101 为明代紫檀直棂架格，架格长 100.3 厘米，宽 48.2 厘米，高 132 厘米，通高 179 厘米，陈梦家夫人藏品，图示为一对架格中的一件。此类家具的制作颇为考究，为专供摆放图书及文玩之用，北京匠师仍采用其民间俗称“气死猫”的结构形式。架格由上下部叠加而成，下设几座。上部分为三层，后设背板，正面有带木轴的直棂门两扇。直棂分三段，中间则以两道扁方框作为间隔，侧面的透棂做法与前面相同。架格下面的几座设抽屉两个，下设屉板，中部则留有空间，屉板下安素牙头。架格除了后背、屉板及抽屉内部材料用铁力木之外，其余部分皆为上好紫檀，选料考究。整体造型整齐圆浑，做工精绝。该架格与《仇画列女传》卷十罗夫人厨房所设的架格装饰手法接近。这类造型在中国南方的橱柜家具多有使用，一来碗筷放置其中透气易干；二来食物放进去，可防猫等小动物偷食。

图 2.102 为晚明紫檀直棂步步紧门透棂架格，高 186 厘米，长 109 厘米，宽 39.5 厘米，北京故宫博物院藏品。架格由方材构成，分为四层置物。中间两层的后背和两侧都为直棂结构，正中间亦用直棂分隔开来，由此形成了田字形方格图案。每格都由近似于“步步紧”的灯笼框图案的透棂门构成，灵活方便，可装可卸。架格的最上、最下两层造型通透，仅设隔板，再无其他结构。该家具由优质紫檀料制成。两个中层如果放置图书，有时会糊以薄纱，卷帙缃缥，饶有雅趣。架格的整体造型大方灵动，唯有正面底层使用了两块相当宽的角牙，而未能令人惬意。该架格与《仇画列女传》卷十罗夫人厨房所设的架格装饰手法接近，罗夫人厨房所设的架格亦如图 2.101 明代紫檀直棂架格一样，在南方由柴木制成，作为厨房架格来使用。

图 2.101 明代紫檀直棂架格

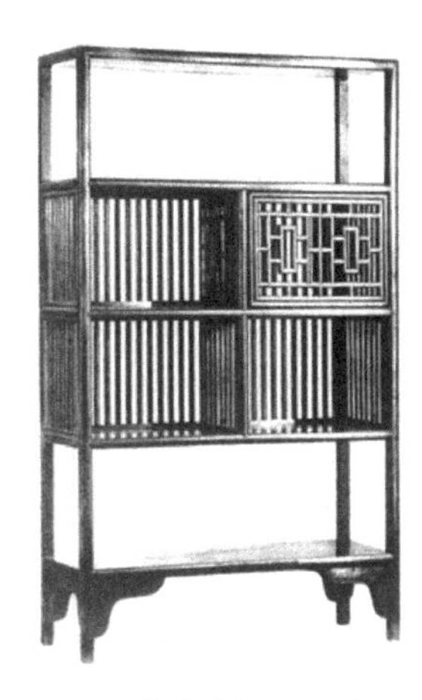

图 2.102 晚明紫檀直棂步步紧门透棂架格

2. 箱奁

箱奁体积较大，为板式结构，盖子由上方打开，多用于储存衣物、被褥等物件。面叶、提环、铜锁等装饰部位多用铜材制作。根据内部储存物件的不同，可分为衣箱和药箱等。与衣箱相比，药箱拥有更多的抽屉，从正面打开，便于存放不同类型的药物。例如，《仇画列女传》卷九泾阳李氏插画场景中的衣箱和卷十六沙溪鲍氏插画场景中的药箱相比，衣箱的深度较深，顶部覆盖以平顶，箱子正面装饰长方形委角面叶，两侧装饰花边提环，面叶、提环皆为铜质（表 2.15）。

表 2.15 《仇画列女传》中的箱奁

卷目	人物	家具	使用场合	图例
卷六	鲍宣妻	衣箱	户外	
卷六	吴许升妻	小箱	户外	

续表

卷目	人物	家具	使用场合	图例
卷八	侯氏才美	箱	户外	
卷九	泾阳李氏	衣箱	庭院	
卷十	章穆郭后	箱	厅堂	
卷十二	宏吉剌后	衣箱	殿厅	
卷十六	沙溪鲍氏	药箱	厅堂	

图 2.103 为明代紫檀龙戏珠纹箱，高 32.5 厘米，长 85.5 厘米，宽 62.5 厘米，北京故宫博物院藏品。紫檀材质，箱上开盖，合口处安装圆形面叶及牌子，正面阴刻江崖海水纹、双龙戏珠纹并散布朵云，两侧面中央阴刻博古纹和花卉纹。该箱和《仇画列女传》中的箱子形制相似，该箱的江崖海水纹装饰与插画中的屏风，以及其他配饰物件的装饰图案类似。

图 2.104 为清初黄花梨衣箱，高 30.73 厘米，长 52 厘米，宽 33 厘米，美国加利福尼亚州中国古典家具博物馆藏品。据《鲁班经匠家镜》记载，此类箱可称为衣笼或衣箱，《鲁班经匠家镜》的插画中，衣笼、衣箱均有“车脚”（即底座），按传世实物，箱具大者始有底座，小箱为了便于重叠着放，故不设。可能《鲁班经匠家镜》为了示人车脚的式样，所以小箱也加上了底座。该箱和《仇画列女传》中出现的衣箱形制极为相似。

图 2.103 明代紫檀龙戏珠纹箱

图 2.104 清初黄花梨衣箱

图 2.105 为明代黄花梨小箱，左图高 15.4 厘米，长 38.1 厘米，宽 22.4 厘米，民间私人藏品。黄花梨材质，材美工良，立墙四角用铜页包裹，正面圆面页，拍子云头形，铜活平镶，更觉简洁平整。结构与衣箱一致。《水浒传》梁山泊分金大买市的章节插画中，描绘了各路英雄拆伙分金时的情景，图中可见多件大小箱子。中图高 14.9 厘米，长 40 厘米，宽 22.2 厘米，香港嘉木堂藏品。同是小箱，但采用方铜面页，方形手提环，铜页全用厚片，更觉小箱厚重，厚片铜活亦能起较强的加固作用，以承载重物。右图高 18.7 厘米，长 42 厘米，宽 24 厘米，王世襄先生藏品。它可代表明代小箱的基本形式。小箱全身光素，只在盖口及箱口起两道灯草线，此线有加厚作用，因盖口踩出口子后，裹皮减薄，外皮如不起线加厚，便欠坚实，故此线不仅是为了装饰，更有加固作用。起线工艺也是小箱的常见做法。立墙四角用铜叶包裹，盖顶四角镶钉云纹铜饰件。正面圆面页，拍子云头形。以上铜饰件均卧槽平镶。两侧面安提环。这三个小箱和《仇画列女传》卷六吴许升妻的小箱形制极为相似，只是这里多了铜包角装饰，少了底座。

图 2.105 明代黄花梨小箱

图 2.106 为明代黄花梨带底座衣箱，高 53 厘米，长 81 厘米，宽 56 厘

米，香港伍嘉恩女士藏品。该箱是硬木制传世衣箱中较大的案例。衣箱为一般日用家具，用珍贵木材制成的不多，所以黄花梨衣箱是不常见的明式家具种类。衣箱全身光素，只在盖口及箱口起两道饱满的阳线，此线加大了盖面与箱身接触点的面积，有加固作用，不是单为装饰而设。立墙四角与盖顶沿边用白铜片包裹，正面镶方形面叶，拍子云头形，两侧面安提环，该箱下设底座。因底座结构是活动的，所以在传世衣箱中保留原有底座的例子十分少见。该箱和《仇画列女传》中出现的衣箱形制极为相似，特别是和卷九泾阳李氏庭院中出现的衣箱极为相似。

图 2.106　明代黄花梨带底座衣箱

图 2.107 为明代黄花梨成对衣箱，单个衣箱高 45.9 厘米，长 76.4 厘米，宽 48.8 厘米，民间私人藏品。不设底座，盖口箱口接处不起阳线。黄铜面叶莲瓣形，铜片只包裹箱盖四角与箱身四角上部。其他基本与图 2.108 的黄花梨衣箱相同，难得的是能成对留存至今，实属罕见。这对黄花梨衣箱和《仇画列女传》中出现的衣箱形制极为相似，特别是那些没有底座、装饰简洁的衣箱。

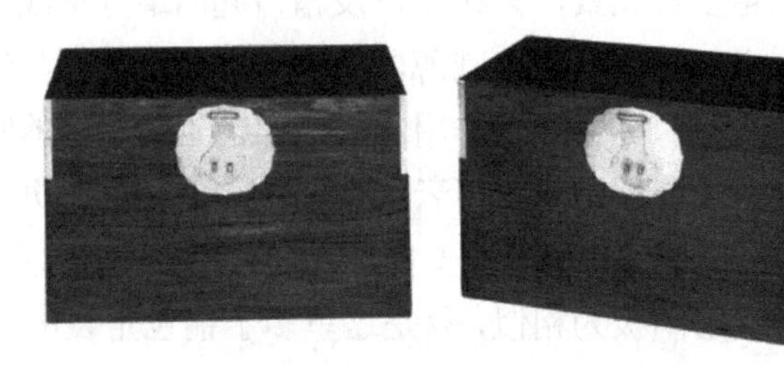

图 2.107　明代黄花梨成对衣箱

图 2.108 为明代经书箱，高 40.5 厘米，长 86.5 厘米，宽 42 厘米，民间私人藏品。该经书箱整体髹红漆，内部髹黑漆，内部翻盖用金漆书蒙汉两文“秘密经第二十一卷”，表示该经书箱主要为藏经书而定制，箱下设底座，对箱体起加固和保护作用，两侧装铜提手，方便携带。该箱与《仇画列女传》卷八侯氏才美的户外书箱在形制和功能上极为相似，只是多了

一个底座。插画中可见经书箱内的书画卷被摆放得整整齐齐。

图 2.109 为明洪武戗金龙纹朱漆盝顶衣箱，高 58.5 厘米，长 61.5 厘米，宽 58.5 厘米，山东博物馆藏品。通体木胎髹朱漆，柜体外部饰嵌螺钿文人衣锦还乡图案。柜上开盖，盖上饰嵌螺钿庭院戏婴图，装插销管住盖门间插栓。柜内抽屉面板饰嵌螺钿植物花卉纹。两侧装金属把手，装铜合页、面叶、牌子及钮头，柜下装底座，嵌螺钿植物花卉纹。该箱与《仇画列女传》中出现的衣箱形制相近，尺寸比例专为装衣物而设计。

图 2.108　明代经书箱

图 2.109　明洪武戗金龙纹朱漆盝顶衣箱

（五）架具类

架具是以支撑、承托、放置物品为功能的家具。架具种类丰富，造型各异，使用场合多样，是生活的必备家具，主要有衣架、镜架、灯架、面盆架和火盆架等。《仇画列女传》中对架具的描写较少，仅在卷一卫灵夫人和卷五梁寡高行插画场景中各描绘了一副灯架和镜架（表 2.16）。

表 2.16　《仇画列女传》中的架具

卷目	人物	家具	使用场合	图例
卷一	卫灵夫人	灯架	户外	

续表

卷目	人物	家具	使用场合	图例
卷五	梁寡高行	镜架	卧室	

1. 灯架

灯架指放置烛火油灯的架具，通常为底座与立柱相结合的形式，上方托有放置烛火的托盘。灯架最早出现于西夏，以青铜为材料，一直到明代都以灯架为放置灯火的照明用器具。常见的灯架有固定式和升降式，固定式灯架主要采用两墩交叉的坐墩，中立灯杆，其四个侧面均有一站牙以防止它倒下；升降式灯架则主要采用插屏底座，为使灯杆能在灯架垂直框架内的直槽里上下来回滑动，便将横杠置于灯杆下部。《仇画列女传》卷一卫灵夫人插画场景中，侍从手执一灯架，灯架上端置有一承托烛火的烛台，下端没有底座，蜡盘下方通过花牙与立柱相连；蜡盘上方定有蜡烛，两侧的立杆在上端用横杆连接，外部围有灯罩，整体造型简洁美观。

图 2.110 为明代黄花梨三足灯台，高 162 厘米，底座最宽 33 厘米，美国加利福尼亚州中国古典家具博物馆藏品。三足或四足着地的明代灯台极为罕见，明代版画中偶有描绘，如《丹桂记》插画中有三足灯台一具，《灵宝刀》插画中有四足灯台一具，但其用材细且体形高，似为金属制品，非铁即铜，不是木制灯台。图 2.110 是当前所知，唯一一具可定为明制的黄花梨三足灯台，造型相当古拙。足肩雕龙头，龙头将腿足含在口中，自此微弯而下，又翻卷成花叶，缠裹着圆球。足底雕荷叶俯莲，以花面着地，腿足上端用三块錾海水纹铜片加帽钉联结钉牢，下部用三角形木片与腿足榫卯相交。三足之上覆以圆形板片。三角及圆形板片均中开圆孔，树植灯杆，灯杆顶安圆盘以承灯罩，盘下装饰三块挂牙透雕草龙。

明代家具的主要构件均为榫卯结合，少数家具使用金属饰件连接，如圆后背交椅。以此判断，用铜片来连接三腿足，恐非此种灯台的常规做法。该灯台如果去除下部的三足结构，则与《仇画列女传》卷一卫灵夫人侍从所持灯架在结构形式上非常相似。

图 2.111 为明代黄花梨升降式灯台，高 144 厘米，长 30.5 厘米，宽 24.9

厘米，美国加利福尼亚州中国古典家具博物馆藏品。灯台下部采用座屏的造型，左右墩木上植立柱，前后用站牙抵夹，柱间施横枨，柱枨均打洼。墩木间施横枨三道，嵌装透雕绦环板两块。其下又有开长孔的绦环板和披水牙子，共计绦环板三块。这不仅多于一般的升降式灯台，甚至多于一般的座屏，造型复杂而结构牢固。

两根立柱顶端和罗锅形的横梁相连，其下还有横枨。横梁与横枨均正中开圆孔，中插灯杆。灯杆下安横木，成倒T字形。横木两端纳入两根立柱内侧的长槽中。故灯杆可上提或下落，随意调整高度，用下按或上推细腰活楔塞紧的办法将灯杆固定。灯杆上端安委角方盘，上承蜡烛及灯笼，盘下有倒挂花牙四块。灯台多成对，惟传世年久而只存其一。该灯台的底座构造与其他灯台颇有不同，雕工不俗，且完整无缺，属存世佳器。该灯台如果去除升降架结构，则与《仇画列女传》卷一卫灵夫人侍从所持灯架在结构形式上非常相似。

图 2.110 明代黄花梨三足灯台

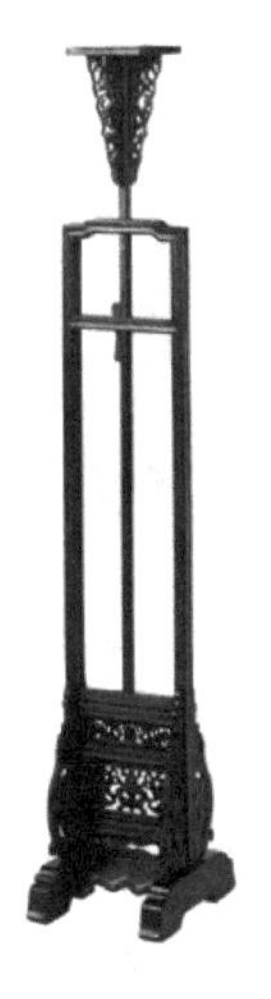

图 2.111 明代黄花梨升降式灯台

图 2.112 为明代黄花梨固定式灯台，高 152.4 厘米，美国纳尔逊艺术博物馆藏品。固定式灯台多用两个墩子十字相交作为坐墩，正中树灯杆，站牙从四面抵夹，使其直立不倾仄，该灯台的结构与衣架和座屏相同，由两块墩子纵横相交一处，整体光素少装饰，线条简洁大气，体现了这一类灯台的基本形式。该灯台如果去除底部的结构，则与《仇画列女传》卷一卫灵夫人侍从所持灯架在结构形式上非常相似。

图 2.113 为清初黄花梨升降式灯台，高 121.9 厘米，美国纳尔逊艺术博

物馆藏品。灯台的底座采用座屏的样式，墩子、站牙、倒挂花牙及架子正中横梁下的绦环板，都是清一色的拐子纹样，装饰整体统一，灯杆下的横木构成了丁字形，横木两端出榫装饰，纳入到底座内侧的长槽内，横木则可升降自如，又不会滑出槽口，灯杆从木框横梁的圆孔穿出，孔旁设有木楔，木楔可以挤塞固定，调整灯杆的高度，和古代的兵器架升降操作类似。该灯台如果去除下部升降架结构，亦与《仇画列女传》卷一卫灵夫人侍从所持灯架在结构形式上非常相似。

图 2.112　明代黄花梨固定式灯台　　　图 2.113　清初黄花梨升降式灯台

2. 镜架

镜架为人们放置铜镜的器具。手持式镜架最早出现于秦汉时期，后逐渐演变为支架的形式。宋代，镜架发展为斜靠于架上的结构，一般放置于桌面或地面。到明代，其造型演变为精致的镜支和交椅式镜架。镜支造型较为简约，虽然其普及度较高，但后世流传下来的镜架较少。交椅式镜架造型与交椅相似，但前者体形较小。《仇画列女传》卷五梁寡高行卧室中有一镜架摆放在四面平式条桌之上，该镜支造型朴素，可折叠，铜镜依靠在镜子之上，两者相互映衬。

结合传世的镜台来看，明及清前期的镜台主要有三种形式：一是折叠式，俗称拍子式，从宋代流行的镜架演变而来；二是宝座式，在宋代扶手椅镜台的基础上增加抽屉而成；三是五屏风式，把座屏搬到镜台上来，这种形式流行最晚，传世最多。

图 2.114 为常州南宋墓出土镜箱，通称“官皮箱”，高 12.5 厘米，长 16.7 厘米，宽 11.5 厘米，常州博物馆藏品。平盘与抽屉相结合的形式，不仅造型文气，也可以放镜子及梳妆用具，该镜架造型简洁，与《仇画列女传》卷五梁寡高行卧室中的镜架在功能上有异曲同工之妙。

图 2.114 常州南宋墓出土镜箱
注：右图为镜架支起情况，缺箱盖

图 2.115 为明代黄花梨折叠式镜台，支起高 60 厘米、放平高 25.5 厘米，长 49 厘米，宽 49 厘米，王世襄先生藏品。镜台上层的边框内是支架铜镜的背板，可平放，也可支起来形成约 60 度角的斜面，背板下端有一个可以上下移动的荷叶托，用来放置不同尺寸的铜镜。中间方格以云纹角牙装饰四周，中心通透，以配合铜镜镜钮的凸起。该镜台造型清雅不俗，与《仇画列女传》卷五梁寡高行卧室中的镜架功能是一样的。

图 2.115 明代黄花梨折叠式镜台

图 2.116 为明代黄花梨宝座式镜台，高 52 厘米，宽 43 厘米，深 28 厘米，王世襄先生藏品。和图 2.115 的折叠式镜台比较，从造型和雕饰来看，此镜台年代较早，极有可能是明中期的产物。镜台有五个小抽屉，抽屉前

脸为折枝花卉浮雕图案，抽屉背板刻斜万字纹，侧板为兽纹浮雕，台座上面的后背和扶手为两面做透雕板。正中背板为两个凤凰背身回头图案，形象生动，惟妙惟肖，扶手透雕石榴图案，一片硕果累累，生机盎然的景致。台面正中原有专为支撑铜镜而设的装置，可能因为年代久远而遗失。该镜台造型华丽大方，与《仇画列女传》卷五梁寡高行卧室中的镜架功能是一样的。

图 2.117 为清代黄花梨五屏风式镜台，高 72 厘米，宽 55.5 厘米，深 36.5 厘米，民间私人藏品。镜台下设两扇门，内有三个小抽屉，台上四角安四个望柱栏杆，中设五扇式围屏，屏风角榫插台面，稳固可靠，装卸自如，中扇最高，向两边递减，各扇有搭脑出头，为圆雕龙头。最上面的绦环板为云龙纹浮雕，屏风前为支架铜镜之处，可惜该支架早已丢失，镜台前面亦可见残缺。该镜台造型雍容大气，与《仇画列女传》卷五梁寡高行卧室中的镜架功能是一样的。

图 2.116　明代黄花梨宝座式镜台

图 2.117　清代黄花梨五屏风式镜台

（六）屏具类

屏具是指具有隔断、遮蔽作用的家具，对我国古代室内布局产生了重要的影响。屏风最开始用于朝堂上，为皇帝专用，而后发展并渐渐融入百姓的日常生活之中，成为人们日常生活的重要组成部分。明代之后，屏具种类更为齐全，且工艺更为精良。根据屏风的装饰工艺，可分为髹漆屏风、刺绣屏风和彩绘屏风等；根据屏风的结构，可分为座屏、折屏、砚屏、炕屏和挂屏等。屏风题材丰富多样，多选用花鸟山水、民间传说、历史典故或文学名著等。在《仇画列女传》中，屏风出现得十分频繁，其中最常见的是座屏和折屏。

1. 座屏

座屏也称插屏式屏风，通过将单独的几个屏风插进底座制成，以单个屏风样式、三片或五片屏风组合的样式为常见。座屏较多采用方材来制作边框，底座采用两块纵向的厚木墩子立于立柱的正中。立柱通过安装横枨相连，中间部分镶嵌有绦环板，下端饰有披水牙子。座屏通常放置在宫厅或官邸厅堂中央，在不同场所设立的位置较为固定，差异较小。

《仇画列女传》中描绘的座屏大多为单扇式，插屏边框多采用打洼工艺，披水牙子或简化或省略，壶瓶牙子多用卷云状。屏芯装饰的题材内容丰富，作品中常见的有山水及江崖海水图，边框常用彩绘或髹饰工艺进行装饰。横枨中的绦环板常用的装饰方式有彩绘、浮雕等，形式丰富、雍容大气。《仇画列女传》卷三楚武邓曼的殿堂中设有一幅独扇江崖海水座屏，上部分为隔板心，下部分为三块方向的绦环板。立柱饰卷云站牙抵夹，下部饰有卷草披水牙子。卷三楚武邓曼插画中的座屏与卷十二赵孟頫母插画场景中所描绘的山水座屏相比，屏风的整体造型简单朴素，横枨所有的绦环板都避免了雕刻图案。而在卷十三叶正甫妻插画场景中，座屏绦环板基本都雕刻着环形卷草纹样（表 2.17）。

表 2.17 《仇画列女传》中的座屏

卷目	人物	家具	使用场合	图例
卷二	鲁敬季姜	独扇式俏梅图座屏	厅堂	

续表

卷目	人物	家具	使用场合	图例
卷三	楚武邓曼	独扇式江崖海水图座屏	殿堂	
卷七	卫敬瑜妻	独扇式劲竹奇石图座屏	庭院	
卷七	李贞孝女	独扇式潇湘图座屏	厅堂	
卷十二	赵孟頫母	独扇式竹兰君子图座屏	厅堂	
卷十二	李茂德妻	独扇式高山图座屏	厅堂	

续表

卷目	人物	家具	使用场合	图例
卷十三	叶正甫妻	独扇式江崖海水图座屏	厅堂	
卷十五	姚少师姊	独扇式梅花图座屏	厅堂	

图 2.118 为明代黄花梨木嵌玻璃仕女图插屏，高 245.5 厘米，长 150 厘米，宽 78 厘米，北京故宫博物院藏品。屏风用边抹作大框，中间以子框隔出屏芯，四周镶透雕螭纹绦环板，底座用两块厚木雕抱鼓墩，上竖立柱，仰覆莲柱头，以站牙抵夹。立柱间安横枨两根，以短柱中分，两旁装透雕螭纹绦环板。枨下安八字披水牙，上雕螭纹。屏芯的玻璃可拆卸，左图绘仕女观宝图，庭院中一仕女坐在扶手椅上，在观看另一侍从手中的古玩；右图绘仕女赏花图，亦为仕女端坐于庭院中，所坐的圈椅造型别致，既有浑圆饱满的体态，又有婀娜多姿的线条，上圈椅下坐墩的结构非常少见，只见仕女手持方才折下的粉红茶花，细细品玩后，又呈现出若有所思的状态，身旁还有一娇艳欲滴的深红茶花正在陶瓷盆中怒放。

此屏风为一对，体形较大，雕工精美，虽为乾隆时利用明代的屏风木架配装玻璃画组合而成，但显得十分得体，庄重美观。这对座屏与《仇画列女传》中的座屏形制相似，只是这对座屏的底座更显厚重，而插画中的座屏多素面绦环板装饰，屏芯的装饰题材也略有不同。

图 2.118 明代黄花梨木嵌玻璃仕女图插屏

图 2.119 为明代紫檀螭纹插屏式座屏，高 110.2 厘米，长 65 厘米，宽 36.5 厘米，民间私人藏品。紫檀材质，四周浮雕螭纹，站牙间绦环板以短柱分成两格，透雕螭龙纹，抱鼓墩子浮雕卷草垂云纹，顶端刻莲纹，墩子之间装壶门式牙条，透雕螭龙纹。该座屏亦与《仇画列女传》中的座屏形制相似，只是该座屏底座更显厚重，整体高度略矮。

图 2.120 为明末清初黄花梨嵌大理石插屏式座屏，连座高 214 厘米，底长 181 厘米，宽 106 厘米，美国加利福尼亚州中国古典家具博物馆藏品。黄花梨材质，屏芯嵌大理石，四周嵌透雕螭纹绦环板，站牙间绦环板有两层，以短柱分成三格和两格，透雕螭纹，抱鼓墩子为铁力木，墩子之间装壶门式牙条，浮雕双螭捧寿纹。该座屏与《仇画列女传》中的座屏相比较底座更显厚重，屏芯的装饰虽为大理石，但图案与插画中的高山大川题材颇有几分相似。

图 2.119 明代紫檀螭纹插屏式座屏

图 2.120 明末清初黄花梨嵌大理石插屏式座屏

图 2.121 为清中期紫檀框漆嵌虬角访友图座屏，高 115 厘米，长 84.5 厘米，宽 38.5 厘米，民间私人藏品。紫檀材质，屏芯髹漆，饰山水人物画。只见雪后初晴，水路浩渺，两岸山势嶙峋，在山岩松柏中，掩映着一方雅亭，一白发老者风度翩翩地据桌而坐，另一老者信步出亭，热情地迎接着桥上的访客，访客随行的童子紧抱着古琴跟在主人身后。边框嵌团寿字和蝠纹，屏芯下装绦环板，浮雕拐子纹、西番莲纹、蝠纹。墩子之间饰拐子纹披水牙板，浮雕螭龙纹、西番莲纹、打洼寿字纹。雕饰图案精细工整，打磨滑亮，为典型的乾隆工紫檀器具。该座屏与《仇画列女传》卷七李贞孝女厅堂所设的独扇式潇湘图座屏颇为相似，只是整体高度略矮。

图 2.122 为清代银杏木雕人物故事座屏，连座高 232 厘米，底座长 122 厘米，宽 84 厘米，上海博物馆藏品。银杏木材质，屏芯落堂嵌板，边框下装小屏芯，雕人物故事图，小屏芯四周嵌绦环板，透雕花卉纹。花瓶式立柱下承墩子，墩子之间装下垂洼堂肚牙条卷云纹。该座屏屏芯描绘的题材与《仇画列女传》插画中描绘的题材相比，略显繁复。该座屏高度较高，上下两部分拆解单独来看，其形制更与插画中出现的座屏接近。

图 2.121 清中期紫檀框漆嵌虬角访友图座屏 图 2.122 清代银杏木雕人物故事座屏

图 2.123 为清乾隆御制紫檀工红酸枝嵌百宝背黑漆描金玉堂富贵大座屏，高 114.5 厘米，长 122.5 厘米，宽 42.2 厘米，民间私人藏品。紫檀材质，屏芯嵌牡丹花鸟图，边框浮雕福寿纹，嵌玉雕飞蝠。站牙浮雕缠枝花卉纹，站牙之间装绦环板，墩子之间装披水牙子，绦环板和披水牙子上亦均装饰有浮雕缠枝花卉纹。该座屏与《仇画列女传》中的座屏相比，整体高度略矮，下部底座稍显笨重，但屏芯装饰的题材却与插画中出现的题材相似，如卷十五姚少师姊厅堂的独扇式梅花图座屏，均为花卉题材。

图 2.124 为清乾隆黄花梨木边座嵌瀏鶒木染牙山水楼阁图屏，高 209 厘米，长 234 厘米，宽 54 厘米，北京故宫博物院藏品。黄花梨材质，又嵌以瀏鶒木、染牙及玉石雕镂的山水人物等。独座式，边框雕回纹打洼起线。屏芯为天青色釉地，镶嵌雕瀏鶒木、染牙及玉雕山石树木、楼阁亭桥、云水、人物等。屏框底部以回纹站牙相抵，下有须弥座。屏座浮雕勾莲纹，两端十字形云纹足。该屏风工精料细，屏芯所绘制画面上山林蓊郁，飞泉流涧，云雾缥缈间掩映着一座座富丽堂皇的殿宇楼榭，山道上、楼台中，有人正缓步而行。该屏风是清乾隆时木雕镶嵌中的精品，与《仇画列女传》中的座屏相比，该座屏外框和底座的装饰过于复杂，但屏芯的装饰图案却与插画中出现的密林深山、亭台楼阁神似。

图 2.123　清乾隆御制紫檀工红酸枝嵌百宝背黑漆描金玉堂富贵大座屏

图 2.124　清乾隆黄花梨木边座嵌瀏鶒木染牙山水楼阁图屏

图 2.125 为清乾隆碧玉雕老子出关图插屏，高 32.3 厘米，长 25.5 厘米，宽 10.2 厘米，民间私人藏品。此为小座屏，屏芯嵌碧玉板，浮雕老子出关图，该插屏的装饰题材与《仇画列女传》座屏的装饰题材有异曲同工之妙，屏芯下装绦环板透雕卷草纹，墩子之间装壶门式牙条。

图 2.126 为清早期黑漆洒螺钿百宝嵌石榴纹插屏，高 42 厘米，长 36 厘米，宽 18 厘米，北京故宫博物院藏品。此为小座屏，通体髹黑漆，屏芯嵌木雕梅树、竹枝，螺钿梅花，背面嵌竹雕朱色竹枝，该插屏装饰的梅竹题材与《仇画列女传》中座屏的常见装饰题材颇为相似。框与座一体，屏芯下装云头卡子花，墩子之间装洼堂肚牙条。

图 2.125 清乾隆碧玉雕老子出关图插屏

图 2.126 清早期黑漆洒螺钿百宝嵌石榴纹插屏

2. 折屏

折屏泛指可折叠的屏风，又名落地屏风。折屏扇数多为偶数且用挂钩连接，便于拆合，最为常见的是六扇折屏或八扇折屏。简单折屏样式为底部无足的落地式结构。相对复杂的折屏样式为两足落地的屏扇，且边框间安装有绦环板，四抹、五抹、六抹的折屏样式较为普遍。板心部用糊纸绢与雕刻花纹的方式做装点。由于折屏的体形较为庞大，一般无固定安置的位置，较多摆设于厅堂。

《仇画列女传》中描绘的折屏以三扇折屏和五扇折屏两种形式较为常见，折屏均不设底足，直接落地，以屏芯题材的不同来区别彼此的称呼。《仇画列女传》常见的屏芯题材为山水画、梅兰竹松等类型。折屏整体造型简约，装饰素雅，如卷一齐田稽母厅堂所设的三扇式高山图折屏，以及卷八唐夫人厅堂所设的五扇式高山图折屏（表 2.18）。

表 2.18 《仇画列女传》中的折屏

卷目	人物	家具	使用场合	图例
卷一	王季妃太任	五扇式梅兰竹牡丹图折屏	厅堂	

续表

卷目	人物	家具	使用场合	图例
卷一	齐田稷母	三扇式高山图折屏	厅堂	
卷二	齐义继母	三扇式江崖海水图折屏	衙署	
卷二	齐伤槐女	五扇式秋林高山图折屏	衙署	
卷二	晋赵衰妻	五扇式江崖海水图折屏	庭院	
卷三	晋范氏母	三扇式秋林图折屏	厅堂	

续表

卷目	人物	家具	使用场合	图例
卷五	隽不疑母	三扇式秋林图折屏	厅堂	
卷七	郑善果母	五扇式江崖海水图折屏	衙署	
卷八	唐夫人	五扇式高山图折屏	厅堂	
卷十	冯贤妃	三扇式江崖海水图折屏	厅堂	

续表

卷目	人物	家具	使用场合	图例
卷十一	包孝肃媳	独扇式江崖海水图落地屏风	厅堂	

图 2.127 为清早期黄花梨五抹十二扇围屏，高 305 厘米，每扇长 54 厘米，总长 648 厘米，宽 2.7 厘米，民间私人藏品。黄花梨材质，屏风分十二扇，每扇分三部分。上为绦环板透雕福庆纹，中部为屏芯，可嵌书画屏条。下部分为三段，上为绦环板透雕花卉纹，中为裙板透雕福庆纹，下为牙板，浮雕螭纹。方腿直足。该围屏与《仇画列女传》中的多扇式折屏颇为相似，只是该围屏的扇数更多，扇面更窄，且插画中的折屏多为直接落地，造型更为简洁大方。

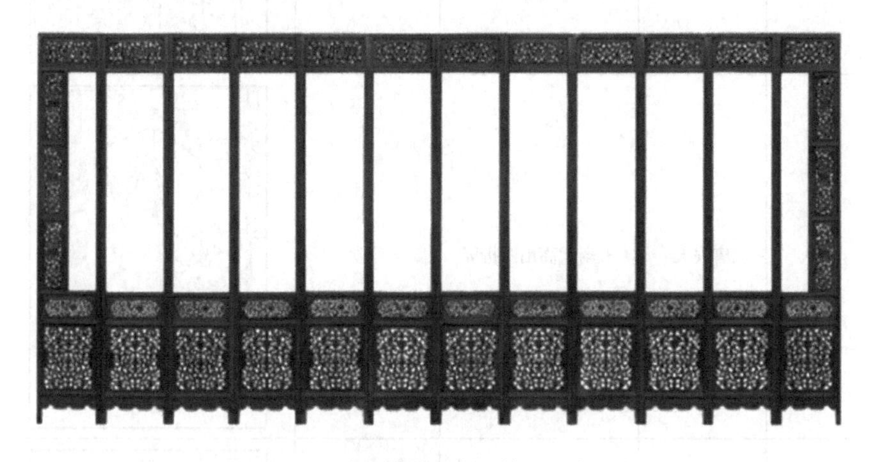

图 2.127　清早期黄花梨五抹十二扇围屏

图 2.128 为明末清初黄花梨螭龙捧寿纹隔扇围屏，高 320 厘米，总长 680 厘米，每扇长 56 厘米，宽 2.8 厘米，民间私人藏品。黄花梨材质，屏风分十二扇，每扇分三部分，上为绦环板透雕螭龙捧寿纹，中部为屏芯，可嵌书画屏条。下部分为三段：上为绦环板；中为裙板，皆透雕螭龙捧寿纹；下为牙板，浮雕卷草纹。方腿直足。该围屏与《仇画列女传》中的多扇式折屏形制颇为接近，只是插画中的折屏扇数偏少。

图 2.128 明末清初黄花梨螭龙捧寿纹隔扇围屏

图 2.129 为清乾隆御制紫檀掐丝珐琅蓝地百宝嵌四季花卉屏风，高 201 厘米，长 340 厘米，宽 2.6 厘米，民间私人藏品。紫檀材质，屏风分八扇，屏芯饰百宝嵌四季花卉，上下装绦环板嵌花板，饰珐琅、螭龙云蝠纹。裙板雕“博古”纹饰，背面雕夔龙纹。方腿直足，两腿之间装洼堂肚牙条，饰珐琅、螭龙云蝠纹。该屏风与《仇画列女传》中的多扇式折屏形制也颇为接近，屏芯题材与卷一王季妃太任厅堂所设的五扇式梅兰竹牡丹图折屏极为相似，均含吉祥四季花卉图案。

图 2.130 为清乾隆紫檀框明黄色地双面缂丝仙山楼阁五扇屏风，高 261 厘米，长 237 厘米，宽 2.4 厘米，民间私人藏品。紫檀材质，屏风分五扇，屏芯嵌明黄色双面缂丝山水楼阁图，画面布局工整庄重，颜色浓淡相宜，只见云雾袅绕于山间，楼阁亭台掩映于葱郁的林木之中，小桥流水，仙鹤安详恬静，观之，宛如置身于美轮美奂的人间仙境。这里的绘画意境与仇英笔下的江崖海水图、秋林高山图亦有神韵相通的感觉，眉板、中腰和裙板嵌明黄色双面缂丝缠枝牡丹图、菊花图、八宝图和福庆图。

图 2.129 清乾隆御制紫檀掐丝珐琅蓝地百宝嵌四季花卉屏风

图 2.130 清乾隆紫檀框明黄色地双面缂丝仙山楼阁五扇屏风

图 2.131 为清中期紫檀木边座嵌珐琅五伦图屏风，高 294 厘米，长 395 厘米，底座宽 60 厘米，北京故宫博物院藏品。屏风共五扇，中间一扇最高大，由中间向两侧递减。紫檀木框，顶镂雕流云蝠磬纹帽，两边为雕花站牙，下置须弥式紫檀木底座。屏芯以錾胎珐琅技法起线刻山水树木花鸟纹，五扇分别饰凤凰、仙鹤、鸳鸯、鹡鸰、莺五种禽鸟图案，对应表现了君臣、父子、夫妇、长幼、朋友等五种人物间的伦理关系。

屏风虽为五扇，但组合在一起时又似一幅完整画面，远山近景，一条山溪横穿于画面的左右，构思巧妙，其工艺反映了清中期广州的制屏风格。该屏风是珐琅家具制品中的一件重器。如果去除屏风上面的顶镂雕流云蝠磬纹帽和两边的雕花站牙及下面的须弥式紫檀木底座，该屏风的结构则和画家仇英笔下的围屏高度一致，其装饰题材与卷一王季妃太任厅堂所设的五扇式梅兰竹牡丹图折屏极为相似。

图 2.132 为清乾隆紫檀木边座嵌黄杨木雕云龙纹屏风，高 306 厘米，底长 356 厘米，宽 45 厘米，北京故宫博物院藏品。紫檀材质，八字三屏式。光素边框，凸雕夔凤纹三联毗庐帽及站牙，勾莲蕉叶纹八字式须弥座。屏芯以紫檀雕云纹底，嵌黄杨木雕龙戏珠纹，双勾万字方格锦纹边。黄杨木雕龙纹，与紫檀木所雕云纹形成色差，使云龙表现得更加生动。使用时置于宝座之后。此屏风出自宫廷造办处，做工极精，堪称乾隆时期的家具精品。如果去除屏风的上下结构，单留中间三个边框部分结构，可以感知其与《仇画列女传》中的三折落地屏风的相似性。

图 2.133 为清代红木金漆嵌象牙座屏，连座高 125.5 厘米，底长 359 厘米，底座宽 29 厘米，上海博物馆藏品。红木材质，屏芯髹漆嵌象牙、玉石，下部浮雕云纹、蝙蝠纹。站牙浮雕龙纹，灵芝纹，下设浮雕莲纹沿板三联木座，足端饰如意云头纹。如果去除屏风的下部结构，单留上面五个边框部分结构，其装饰的兰石牡丹图、兰竹石榴图、喜鹊报瑞图，以及这几者的组合，可以感知其与《仇画列女传》中的五折落地屏风的相似性。

图 2.134 为清乾隆紫檀木边座百宝嵌花卉图屏风，高 237 厘米，其中屏高 204 厘米，座高 33 厘米，通宽 304 厘米，其中中屏宽 48 厘米，侧屏宽 38 厘米，北京故宫博物院藏品。此屏为九联八字式，光素紫檀木边框，嵌凿绳纹铜钱。屏芯米黄色，分联镶嵌各色玉石花卉，每联首均刻乾隆题诗。屏每联上下端饰紫檀木雕开光勾莲花纹，并各附紫檀木雕如意纹边开光勾莲毗卢帽，下设紫檀雕开光勾莲沿板三联木座，黑漆描金云蝠纹屏背。细看屏芯装饰，可见其中的兰石、牡丹、兰竹、石榴、喜鹊与《仇画列女传》中的装饰主题极为相似。

图 2.131　清中期紫檀木边座嵌珐琅五伦图屏风

图 2.132　清乾隆紫檀木边座嵌黄杨木雕云龙纹屏风

图 2.133　清代红木金漆嵌象牙座屏

图 2.134　清乾隆紫檀木边座百宝嵌花卉图屏风

《仇画列女传》中共有 196 幅插画绘有家具的形态，画家仇英对家具种类描绘得丰富多彩，对家具造型刻画得精妙绝伦。《仇画列女传》中家具作品共计 496 件，不同类型家具一起构成了一幅美轮美奂、引人入胜的巨幅明代家具谱系图。

第三节　《仇画列女传》中的家具装饰

家具装饰，从某种意义上来说就是对家具的“修饰”和“装扮”，也可以理解为家具结构造型之外的美化。《仇画列女传》插画中描绘了各色家具，在家具细节的表达上，展现出了形形色色的装饰方式。结合家具的装饰形态，可以将《仇画列女传》中的家具装饰分为基础装饰和附加装饰，这里的基础装饰又以各色线脚和雕刻为主；附加装饰则以镶嵌和附属构件为主。

一、基础装饰

（一）线脚

装饰线脚在家具装饰中起着关键的作用，通常用于边抹、枨子和腿足等部位。边抹指家具结构中的大边和抹头，通过攒边的方法将它们制作成边框，即椅凳、桌案与床榻的面。边抹线脚主要分为两大类：一类为上下不对称的冰盘沿线脚（表 2.19），另一类为上下对称的边抹线脚（表 2.20）。

表 2.19 《仇画列女传》中的家具装饰线脚（一）

冰盘沿线脚（上下不对称）	场景图	细节图	场景图	细节图	场景图	细节图

表 2.20 《仇画列女传》中的家具装饰线脚（二）

边抹线脚 （上下对称）	场景图	细节图	场景图	细节图	场景图	细节图
	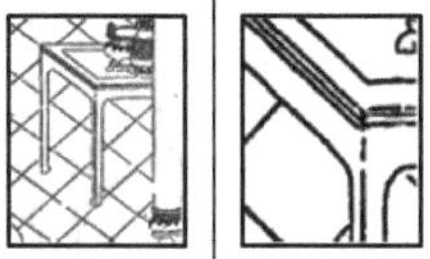					

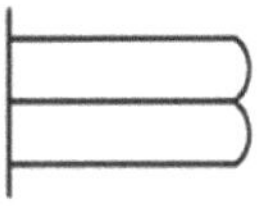						

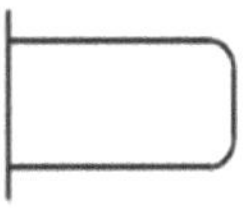	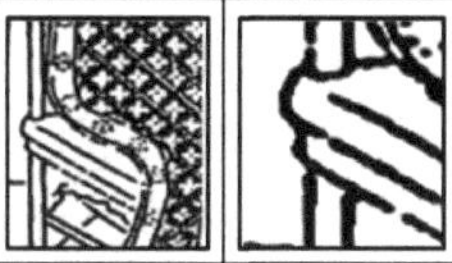		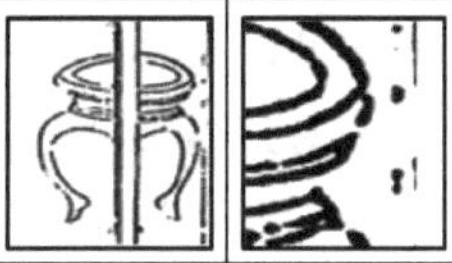			

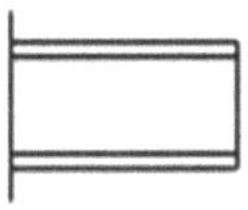			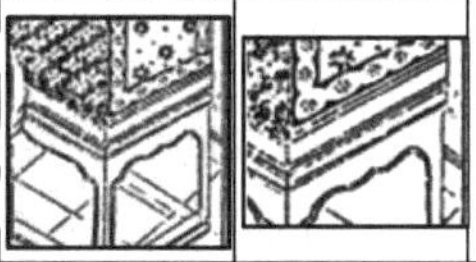			

续表

边抹线脚（上下对称）	场景图	细节图	场景图	细节图	场景图	细节图
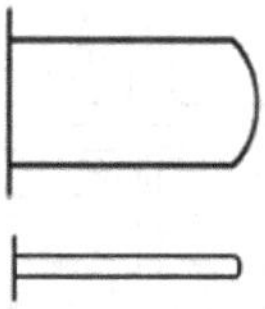						

（二）雕刻

1. 雕刻技法

雕刻工艺是我国传统家具的一种装饰技术，其历史悠久，雕刻工艺的装饰题材包罗万象。雕刻工艺的重点是如何体现雕刻对象的形象特征，把对象刻画得形象生动。明代以后，家具的雕刻装饰工艺逐渐成熟，这在明式家具中多有体现，雕刻工匠简练精干的技法，以灵动、挺拔的线条勾画出层次分明、栩栩如生的雕刻造型。家具中多采用浮雕、透雕、线雕、圆雕等手法来进行装饰，从插画中的家具装饰来看，雕刻装饰在家具上的应用频率较高。

浮雕的雕刻技法表现为雕刻的目标图案略高于雕刻的背景平面。根据所雕刻图样的深浅，可以分为浅浮雕与高浮雕两类。《仇画列女传》插画作品中的浮雕手法出现频率较高，浮雕的雕刻部位主要位于宝座的三个围面、床榻的腿部、靠背椅背板、屏风绦环板表面、花几束腰等位置，如卷八崔玄暐母的大厅区域中，有一靠背椅的靠背板上端落塘处，就雕刻有如意云头纹，这是当时的一种常见风格。如意柄端似人手指，本为一种挠痒器物，因如人意而得此雅名，民间按此形转化为如意纹样，寓意称心如意。与祥云纹共用，寓意为吉祥如意。再如，卷十昭宪杜后插画场景中三屏式宝座的三面屏扇皆刻牡丹，牡丹花富丽堂皇、国色天香，这里喻指杜后的身份显赫、母仪天下，边框刻如意云头纹；卷十三郑氏允端书房角落放一高腰四足圆花几，其高束腰处雕如意云纹。

透雕是一种立体的雕刻形式，采用阳透雕或阴透雕的形式将雕刻图案镂空，结合其他雕刻工艺，可产生强烈的层次感。透雕多出现在家具牙板、绦环板、围栏和屏风屏芯等部位的装饰中，其工艺效果具有极佳的观赏性。

例如，《仇画列女传》卷七李贞孝女有一平头案，案下的花牙饰卷云纹就结合透雕工艺与浮雕工艺。两种雕刻工艺一表一里，相互呼应，寥寥几笔就把花牙的卷云纹体现得活灵活现。

线刻也可称作线雕，是通过不同的阴线与阳线来进行造型的雕刻技法。线雕雕刻工艺较为简单，雕刻画面整体立体效果较弱。《仇画列女传》中线刻使用得较少，卷十五姚少师姊插画场景中，单扇座屏的绦环板上有用线雕雕刻出的海水图案，只见波涛翻滚、海水连连，其间溅起无数浪花。

圆雕为被雕刻对象无背景，工匠一般都是基于三维空间关系来进行雕刻的技法，使雕刻对象的每一个角度都可以获得不同的视觉体验。圆雕在古代家具中的应用较为普遍，一般用于家具的装饰件，如端头、立柱头、腿足、底座等。《仇画列女传》中圆雕工艺表现在椅类及四出头官帽椅式宝座扶手端头上，插画中的圆雕形象为如意云头（表 2.21）。

表 2.21 《仇画列女传》中的家具雕刻技法

卷目	人物	雕刻技法	图例	插画中的雕刻图例
卷一	齐女傅母	圆雕		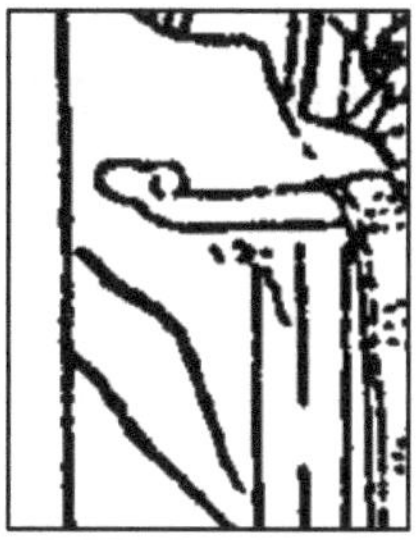
卷七	李贞孝女	透雕		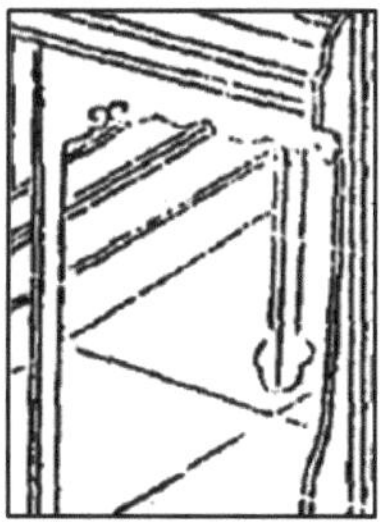
卷十	昭宪杜后	浮雕	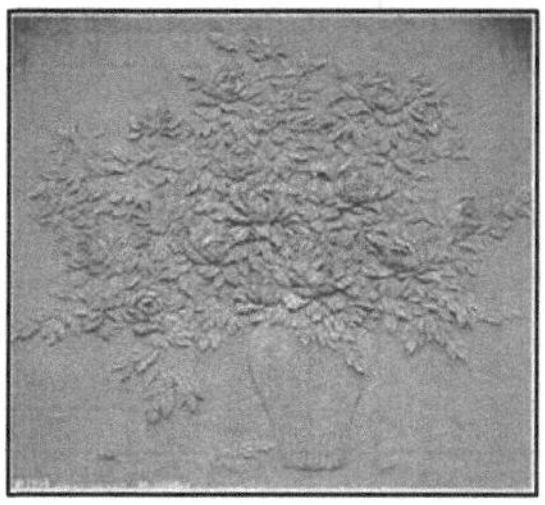	

续表

卷目	人物	雕刻技法	图例	插画中的雕刻图例
卷十	花蕊夫人	线刻		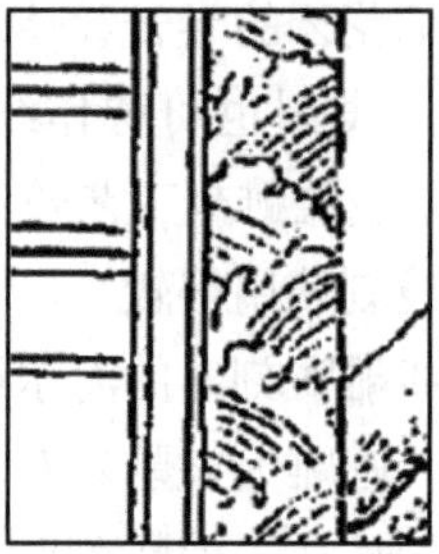

2. 雕刻题材

家具雕刻中所采用的题材丰富多彩，一般来说，都是以中国传统设计中的各类装饰纹样为主。明式家具常用的装饰题材包括植物花卉、飞禽走兽、吉祥图案、山水人物等类别。《仇画列女传》插画中使用的装饰纹样多以植物花卉、山水人物为主，此外，还有少量家具装饰着吉祥图案和飞鸟走兽纹样（表 2.22）。

表 2.22 《仇画列女传》中的家具装饰纹样

装饰题材	装饰图案	卷目	人物	图例	纹样
植物花卉	梅花	卷三	百里奚妻	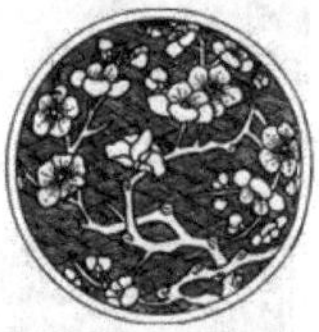	
	兰草	卷七	倪贞女	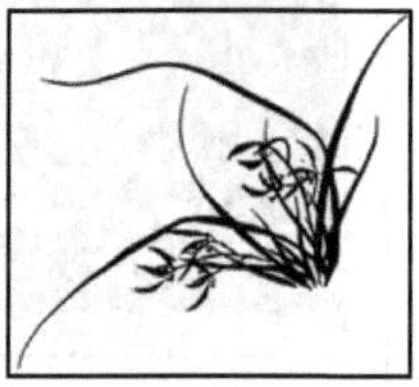	
	竹子	卷十一	陈堂前		

续表

装饰题材	装饰图案	卷目	人物	图例	纹样
植物花卉	松树	卷一	太王妃太姜	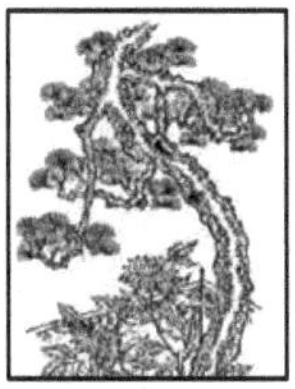	
	牡丹	卷六	燕段后		
	卷草纹	卷十	贤穆公主		
飞禽走兽	仙鹤	卷十三	宁贞节女		
吉祥图案	云纹	卷七	寡妇清	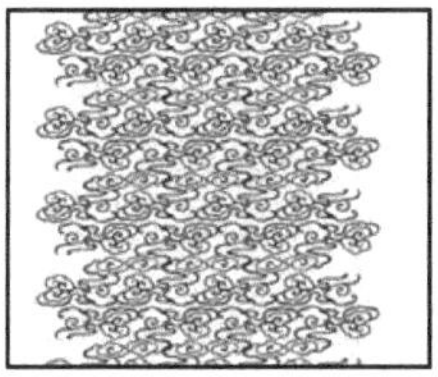	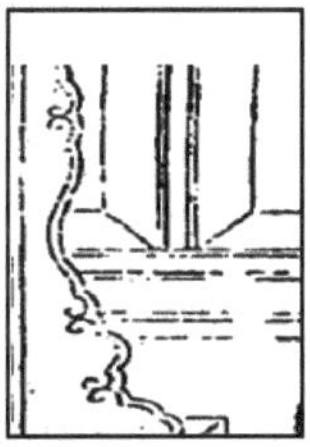
	回纹	卷六	刘长卿妻	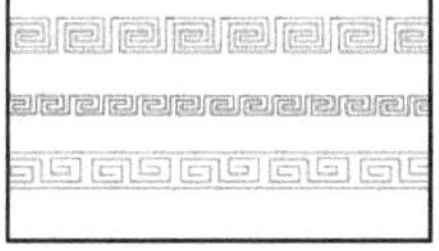	

续表

装饰题材	装饰图案	卷目	人物	图例	纹样
吉祥图案	如意纹	卷八	崔玄暐母	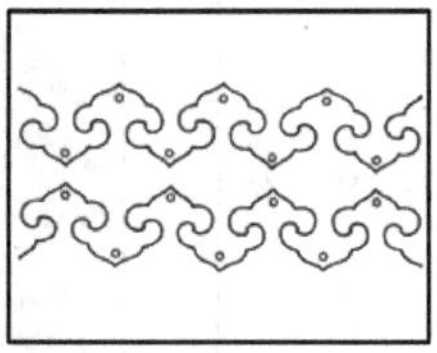	
	龟背纹	卷七	李贞孝女	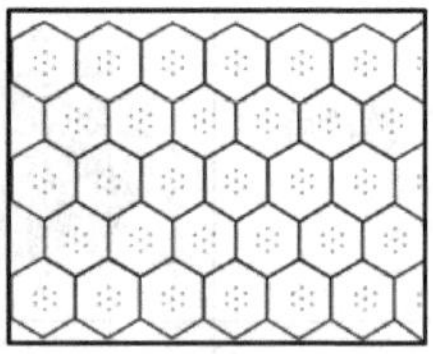	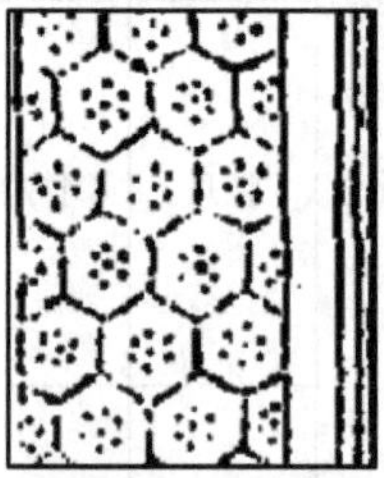
	江崖海水纹	卷三	息君夫人		
山水人物	山水、人物	卷三 晋范氏母			

如表 2.22 所示，《仇画列女传》插画中出现的装饰纹样，基本上涵盖了明式家具常用的装饰题材。

第一，植物花卉纹样题材。在家具上装饰的植物花卉类纹饰具有较为久远的使用历史，不同的花卉品种代表不同的吉祥寓意，这些纹样与家具结合在一起，使家具气质变得儒雅而高贵。明式家具的植物花卉纹样较多使用石榴、葡萄、忍冬、莲花、牡丹、松竹梅兰等题材。据笔者统计，《仇画列女传》中家具使用的植物花卉类纹饰中，以松竹梅兰四君子纹样、牡丹纹样居多，还有一部分家具采用的是卷草纹及忍冬纹。

1）松竹梅兰四君子纹样。松树因其四季常青而被视作长寿的象征。竹子因其坚韧，被古人赋予高洁情操的含义，以此来象征人的气节高尚；此外，由于竹子生长速度很快，也用于比喻子孙满堂。梅花，暗香疏影，多盛开于腊月寒冬，象征冰肌玉骨、坚贞不屈的精神，梅花也因其五瓣花瓣的造型，寓意五福。兰花因其纯洁清丽，经常被形容隐于市朝的君子。松竹梅兰四君子纹样在《仇画列女传》中出现频率较高，或在王宫贵族宅邸厅堂中，或在士绅大夫屋舍卧室中，皆可见松竹梅兰四君子纹饰的屏风摆放。

2）牡丹纹样。百花之王牡丹，雍容华贵，有国色天香之美誉，寓意富贵吉祥。牡丹与其他花卉组合搭配，可以代表不同的象征意义，如与桃花、寿石搭配，代表长寿富贵；与水仙搭配，代表神仙高贵。牡丹纹样通常运用在屏风屏芯、宝座屏扇等部位，如《仇画列女传》卷十昭宪杜后插画场景中的列屏式宝座上，三面围子通体雕刻牡丹纹，寓意杜太后身份贵不可言。

3）卷草纹。卷草纹是指藤蔓植物卷曲经过艺术提炼加工而成的连续图案，又名缠枝纹和万寿藤，是一种在明式家具中非常常见的吉祥图案，最早源自汉代，南北朝和唐朝开始盛行，其装饰图案通常多以两卷一束的形式出现，造型婉约多姿，富节律动感，为广大人民所喜爱，明代缠枝花纹造型严谨工整，华丽大方，经常与各色家具线脚呼应装饰。《仇画列女传》中椅类家具及柜架类家具的券口处常装饰有卷草纹，或在桌案类家具及床榻类家具的牙子处刻有卷草纹。

第二，飞禽走兽题材。主要有瑞兽纹、龙凤纹、麒麟纹、饕餮纹、鹤纹、蝙蝠纹等。

1）瑞兽纹。人们对瑞兽纹有着特殊的偏爱。在传统的动物图案中，有一类现实生活中没有的瑞兽，它们的造型非牛非马、似狮似虎，如独角兽、翼鹿等，这些瑞兽形象充分展现了我国劳动人民的智慧，它们的出现与我国很多民间传说有关，寓意驱邪、祈福的美好愿望。

2）龙凤纹、麒麟纹、饕餮纹三种纹样在居民建筑和家具装饰上使用较多，其中使用最频繁的是龙凤纹，寓意龙凤呈祥、夫妻生活幸福，其他常见的还有螭龙纹、夔龙纹、拐子龙纹等。还有一类是生活中常见的，如鱼纹、鹤纹、鹿纹、蝙蝠纹等，或取其生命力旺盛，或取其造型优雅，或取其名称谐音寓意，这些纹样也被简化加工至吉祥图案中，《仇画列女传》对这类动物纹样的刻画得较少，仅在卷十三宁贞节女中，仙鹤纹样饰于屏芯处。我国古代将仙鹤作为吉祥鸟的代表，仙鹤纹代表高寿，其造型样式较多，多用于明代家具装饰，有单独使用的，也有配合灵芝纹、松树纹、鹿纹来表达万事亨通、福寿延年、飞黄腾达的寓意；卷十三宁贞节女插画场景中仙鹤展翅云海纹座屏中，只见仙鹤的翅膀展开，在汹涌的海面上翱翔，四周是环绕的祥云。似乎此刻的仙鹤就是那坚贞不屈的女主人化身，无论外部环境怎样变化，其依然能够保持自身高尚的道德情操。

第三，吉祥图案题材。吉祥图案是我国古人从各类题材中创作出的代表吉祥的装饰符号，这种图案最早出现在商周时期的家具上，到了明代更是盛极一时，甚至出现了“图必有意，意必吉祥”的说法。其中云纹、回纹、如意纹、龟背纹、江崖海水纹、万字纹等纹样，一定程度上融合了当时文人雅士的情趣，并广泛运用于明式家具的装饰之中。《仇画列女传》中家具的吉祥图案纹样十分常见，以云纹和如意纹相结合的纹样出现次数最多，在形式和寓意上都是绝佳的搭配。

1）云纹。云纹在明式家具中的使用较为流行，云纹有吉祥如意、高升等寓意，多出现在椅背、家具牙板和牙角等装饰部位中。云纹造型卷曲起伏，给人以行云流水、轻柔飘逸的感觉，常与如意纹、龙纹结合出现。《仇画列女传》中运用较多的形式为牙板处饰卷云纹、角牙处饰卷云如意纹及插屏屏芯处线刻祥云纹等。

2）回纹。回纹的造型即“回”字的形象变化，以内外两层连续横竖折线构成，寓意吉祥富贵、长长久久。回纹的呈现形式多样，既有以单体形式或二方连续形式组成的带状图案，也有以四方连续成组的图案纹样。除此之外，偶尔也会通过“∽”形一正一反连续组合，构成更生动活泼的纹饰。明代的玉器、瓷器对回纹使用较多，回纹在家具中的运用多出现于椅凳类和床榻类的牙子及束腰部位，此外在屏风绦环板处也运用了回纹，如《仇画列女传》卷六刘长卿妻插画场景中的坐墩，上覆云锦凳套，两侧饰回纹图案；再如卷二齐伤槐女插画场景中，丞相晏子踩了一个有着连续“∽”形回纹的莲花形踏板牙子，说明当时回纹在家具上的装饰相当流行。

3）如意纹。如意由古时候的挠痒工具转化而来，因名词的谐音近似如意，故代表称心如意。如意图案、卷云图案常与花瓶、牡丹等图案结合，寓意安康如意和繁荣如意。如意纹在明式家具中的装饰挡板、柜橱家具的金属活件装饰上较为常见，如《仇画列女传》卷三黎庄夫人插画场景中的灯挂椅，在其搭脑端头处便刻有如意云头纹；再如卷十六沙溪鲍氏插画场景中有一只药箱，其正面部分采用铜制如意纹面叶的装饰配件。

4）龟背纹。龟背纹的造型是由六角形状连续组合而成，也称为锁纹。龟是四灵兽之一，取龟长寿的含义来代表长命百岁的寓意。龟背最初用于占卜，后成为祥瑞纹饰的一类，并被人们所崇尚。龟背纹多用于建筑窗棂或瓷器等日常用品的表面装饰上。《仇画列女传》卷四隽不疑母、卷五王陵母、插画场景中均有将龟背纹饰于表面的坐墩；卷七李贞孝女插画场景中有一独扇式座屏，龟背纹装饰于座屏两侧边框处，图案立体清晰。

5）江崖海水纹。《仇画列女传》装饰有江崖海水纹的家具中，图案形象为一块岩石矗立在汹涌的海浪中，表达了对年长老人福山寿海的祝福和社稷江山长治久安的寓意。江崖海水纹周围时常围绕祥云图样，并点缀仙鹤、双龙形象作为装饰，是家具中常用的装饰纹样。江崖海水纹在传世的青花瓷与龙袍服饰中都较为常见。该图案常出现于龙袍及官服的袖口或下摆位置，与龙纹等纹样交相辉映。《仇画列女传》中的屏风也常以江崖海水纹做装饰，如卷三息君夫人插画场景中的屏风就有类似的装饰纹样。

6）万字纹。万字纹的造型为“卍”形，最初为一种宗教符号（最早出现于印度、波斯、希腊与埃及等地区），后随佛教传入中国，“卍”形图案运用到家具上的意义为吉祥之意。万字纹的变形方式多样，造型五花八门，通常会将其纹样的四端延长并进行创造，其装饰多出现于椅背、家具挡板、架子床围子之类的部件中，《仇画列女传》中的万字纹，多运用在坐墩两侧，以连续排列形式呈现，整体造型大气，具有极强的装饰效果。

第四，山水人物题材。以山水及人物为主要内容的装饰图案多出现于屏风上，多以山水乡居、林间小舍、秀水明山作为题材进行创作。例如，《仇画列女传》卷七皇甫谧母厅堂中设一件体形较大的独扇潇湘图座屏，该座屏屏芯处装饰图案似乎是模仿了五代董源的潇湘图，图中柔美平缓的山峦，水光潋滟的湖面，传达出一幅宁静致远和悠闲自得的意境；再如卷三晋范氏母在一块三扇折叠式屏风中间，屏芯疑似装饰着一幅北宋范宽的溪山行旅图，画面描绘了挺拔的山峰、茂密的树木，给人以震撼的视觉体验。

二、附加装饰

（一）镶嵌

镶嵌装饰分包镶装饰和填嵌装饰。包镶装饰指利用木材或其他材料形成的各种图案贴面，由于《仇画列女传》中对相关技法的展现较少，故不做具体分析。填嵌装饰指使用木块、金属、螺钿等材料，并将这些颜色材质各不相同的物料组合成山水花鸟造型、草木造型、人物造型或其他有祥瑞含义的花纹图案，然后将其嵌入到已经挖好的沟槽中，便完成了整套工艺流程。此外，根据嵌入材料的不同，最后所用到的表面处理工艺也会不同，具体可分为突起、磨光和线刻等做法。常见的填嵌装饰工艺有嵌大理石、嵌螺钿、嵌木和嵌百宝等。《仇画列女传》中有一个三段式攒框，在靠背板中段，落有塘嵌木板，木板上的图案装饰体现了镶嵌工艺。例如，卷十三叶正甫妻插画场景中，殿内设有屏风一座，其横枨、纵枨上镶嵌绦环板，表面饰环形卷草纹（表 2.23）。

表 2.23 《仇画列女传》中的家具镶嵌技法

卷目	故事	镶嵌技法	图例	插画中的镶嵌图例
卷八	崔玄旿母	镶嵌		
卷十三	叶正甫妻	镶嵌		

（二）附属构件

明代家具的制作中，有三大附属用材：一是石材；二是藤皮类、丝绒类、线绳类的编织品；三是铜铁类饰件。它们不仅是家具的构成部件，而且起到了重要的装饰作用。《仇画列女传》中涉及的附属构件主要有金属构件、动物毛皮和织物等。其中，金属构件常见于箱体和柜体，材质一般以黄铜为主，也有部分为铁质，如果是活动的铜件，如合页、拉手等，则被称为“铜活件”，如卷六鲍宣妻中的衣箱和卷十六沙溪鲍氏中厅堂的药箱上就装有铜活件。箱盖和箱体利用金属构件起到上下闭合的作用，侧面金属把手方便人们提拉搬运。在插画中对椅凳类家具的描绘上，家具上覆盖着装饰类纹样的织物或动物毛皮。由此可见，在明代居室陈设中为了提高家具的舒适度，常在家具上覆盖软质物体（表 2.24）。

表 2.24 《仇画列女传》中的家具附属构件

附属构件类别	卷目	人物	图例	插画中的家具
金属构件	卷六	鲍宣妻		
	卷十六	沙溪鲍氏		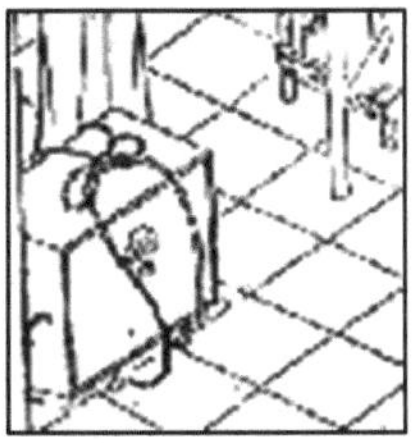
动物毛皮	卷七	荀灌		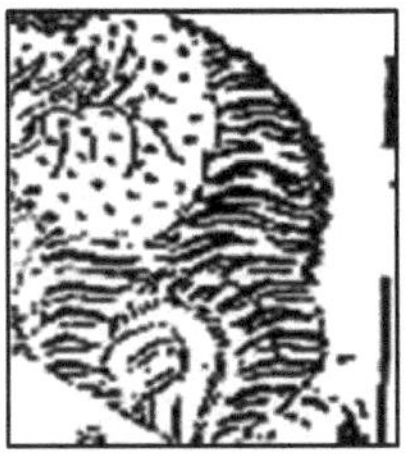
	卷二	鲁敬季姜		
织物	卷一	齐女傅母		

续表

附属构件类别	卷目	人物	图例	插画中的家具
织物	卷二	齐管妾婧	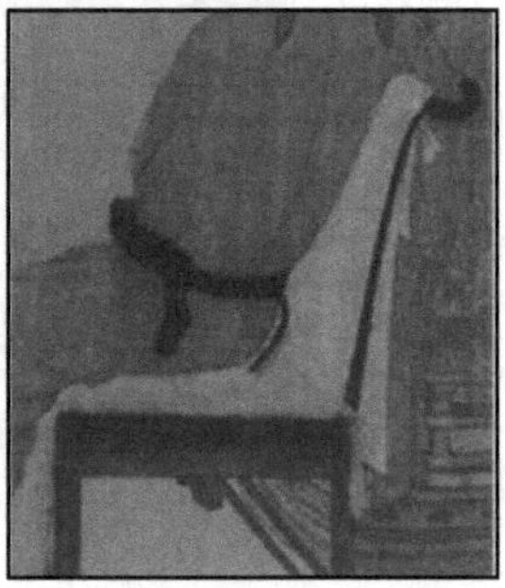	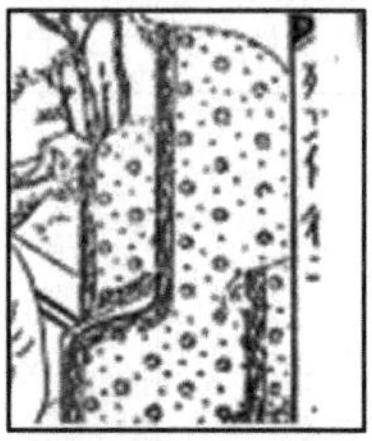
	卷一	齐田稷母		
	卷一	齐孝孟姬		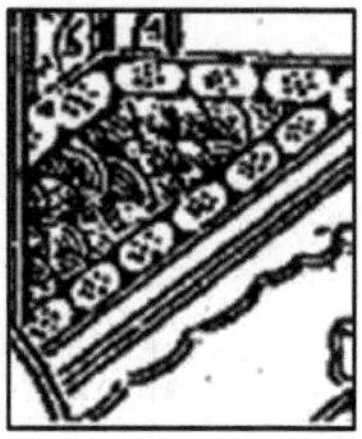

由上可见，《仇画列女传》插画中丰富多彩的家具装饰技法主要以线脚、雕刻、镶嵌及附属构件装饰为主，家具装饰的纹样与题材更是形色丰富、不拘一格，或是植物花卉，或是飞禽走兽，或是吉祥图案，或是山水人物，这些精彩纷呈的装饰图案，不仅反映了明代家具所特有的精巧装饰风格，还从侧面呈现出不同使用人群的审美情趣，为读者进一步地解读《列女传》的人物个性和故事情节提供了帮助。

第四节　《仇画列女传》与仇英《清明上河图》及同时期其他插画刻本的比较

明中期开始，画家创作插画绘本热情日渐高涨，产生了许多经典的戏曲小说刻本。下面，笔者将对《仇画列女传》与仇英的其他画作，以及该时期其他人创作的经典刻本插画进行比较分析，并对该时期插画作品里的家具发展状况及所处场景做详细解读，以期这些刻本可以呈现出自明朝中期以来家具的发展全貌。

一、仇英其他作品中的家具

仇英一生中创作了众多匠心独具的作品，凭借早期与藏品家的接触交流，他获得了临摹前代名迹的宝贵机会，通过刻苦地学习前辈画家的优秀技法，仇英自身的绘画技艺得到了极大提升。这个过程中，最具代表性的就是仇英临摹的北宋绘画大师张择端的不朽名作《清明上河图》。下面，本书将以仇英临摹的《清明上河图》（下简称仇卷）为研究基础，对画中各场景内的家具进行统计分析。

仇卷全卷长为9870毫米，高为305毫米，其卷脚处有署名“仇英实父制”，以及“十洲”“仇英之印”的印章图案。仇卷在张择端原作的构图基础上，以清明节苏州城的真实情况为主线，以青色和平涂的手法，勾勒出了明代苏州城的繁华景象。仇卷中共刻画了2200名形态各异人物角色，如此恢宏壮阔的历史风俗巨作，不仅彰显出了仇英高超的绘画技巧，也反映了仇英对现实社会的细致观察，仇卷中包含大量不同场景的描绘，涵盖了身份各异的人物及其使用的家具。作品背后蕴藏珍贵的学术研究价值，如此丰富的图形资料为研究明式家具提供了强大助力。[①]

（一）仇卷中家具的基本概况

仇卷恢宏的场景中包含极其丰富的家具使用情形，就像一座资源丰富的矿山，吸引着我们去挖掘，作品中的主要人物是普通人，这将有助于我们了解明代苏州地区的各类家具风格。据笔者统计，画中家具共317件，包括椅凳类、桌案类、柜架类、床榻类和其他类，其形态五花八门、多种多样（表2.25）。

表2.25 仇卷中的家具统计

项目	椅凳类		桌案类		柜架类		床榻类		其他类		
	凳类/把	椅类/把	桌类/张	案几类/件	柜类/件	架格类/张	床类/张	榻类/张	屏风类/座	箱类/个	橱类/个
数目	77	14	52	12	82	64	3	2	4	5	2
占比/%	24.3	4.4	16.4	3.8	25.9	20.2	0.9	0.6	1.3	1.6	0.6

① 文阳、袁进东、黄亚：《仇英版〈清明上河图〉中的明式家具浅析》，《家具与室内装饰》2016年第2期。

仇卷中常见的椅凳类家具为凳类和椅类，凳类家具占仇卷所有家具中的 24.3%，其中条凳的出现频率最高，主要为店铺、看戏、木匠所使用，还有少量为弈棋、青楼弹唱使用。店铺类条凳是条凳中使用率最高的，造型有长有短，多为长方形凳面。这体现了条凳在彼时百姓日常生活中的流行程度。仇卷中共有 14 把椅子，包括交椅、圈椅、扶手椅和灯挂椅等，此外，仇卷中还有 2 把面板较厚的条椅，长数米。柜架类家具有 146 件之多，多以店铺柜台、架格及少量的圆角柜形式呈现。桌案类家具出现的次数占所有出现家具总数的 16.4%，在酒馆、茶棚场所中使用较多，部分用于私塾与寺庙场景中，其造型大多是条桌或半桌，一般桌面较长，面下无束腰，腿部为直腿方材的形制较为常见。案几类家具共 12 件，在书房、厅堂空间中以画案与平头案的形式呈现。另外，仇卷中还描绘有少量屏风、架子床与配有脚踏的三屏式罗汉床。总体看来，在仇卷描绘的百姓生活情景里，架格、条凳与条桌是当时最为流行的家具。

（二）仇卷中经典场景内的家具分析

仇卷画面场景始于苏州东郊的村庄，经过集镇和虹桥，慢慢进入城市中心区，最后过渡到西郊，止于水中台榭，展现了整个苏州城当时的市井生活。仇卷将戏台、婚嫁、市集等众多生活场景进行了细致刻画，整体效果规模宏大、生机勃勃。尤其是画中场景各具特色，不相雷同。本书选取了几个有代表性的场景，将对画中人物是如何使用家具的，展开详细的分析。

1. 乡间品戏时所用的家具

该场景主要刻画了苏州东部城郊地区，村口草台社戏的情景。画中人物多为周边村民，画中出现的家具样式以功能为主，无过多装饰，大多造型简洁清秀、朴实无华，较多选用直足方材的形式。

场景中画有众多男性在观看社戏表演，有些男人甚至站在了长方形的凳子上，凳子的造型又长又厚，腿和脚均为方材制成，凳子的两边都有横枨。远处栅栏外的妇女和儿童因为距离舞台太远，只好也站在条凳上。该条凳造型简单，凳面两端平齐，面下无束腰，腿与凳面用夹头榫相接，类似小案。另外，还有一个人肩扛条凳，行色匆匆，正准备进入场内看社戏，生怕错过了精彩片段（图 2.135）。

图 2.135 乡间村头草台社戏场景

2. 乡绅住宅中的家具

该场景主要刻画了城郊婚娶迎亲的热闹场面，画中细致地描绘了明代中期老百姓婚庆嫁娶的热闹景象。只见画面中上部分有一座精致的小庭院，院里边的室内布置和装饰工艺手法十分考究，与一般乡下的村民住宅相比，这里的家具外观造型别致，注重雕饰，很可能为乡绅的宅邸。

画面中庭院二楼阳台处摆放有三个坐墩，以一圈朱栏围绕在阳台周边。瓷绣墩表面用青釉装饰，配合卷云图案，整体造型优雅。在一楼的书房里，有一张画案，上面放置有信、香炉和花瓶，摆放得井井有条。该画案迎窗而设，案体以夹头榫组合，直腿安装两根横枨，整体简洁轻巧。由此可见，明代乡绅所用家具的装饰风格朴素大方，室内陈设也相对朴素，传递出“翰墨飘香”的气息（图 2.136）。

图 2.136 城郊婚娶迎亲场景

3. 寺院中的家具

画面描绘的是一河边寺庙，只见古刹青松环绕、祈烟袅袅，三名曼妙仕女在富丽堂皇的大殿前虔诚站立，正在做着烧香前的准备，该寺院屋顶的四处檐角上装饰有秩序井然的脊兽。大厅之中主要展现的是明代寺院中以供奉为目的的宗教家具，家具的布置注重室内特殊氛围的营造，造型更是典雅大方，家具表面通常会加以髹饰，以提升家具的档次。

中间壶门大厅内的桌子上供放着香炉和烛台。整体气质古朴典雅，桌面呈长方形，面下无束腰，桌面下饰长条形牙条，方腿直足（图 2.137）。

图 2.137　寺院祭拜焚香场景

4. 商贩店铺中的家具

画面中的虹桥处，车水马龙、人如潮涌，宾客四方云集而来，一批专事服装日用买卖的摊位前矗立着“零剪绫罗”“换纹银酒器”的旗子。摊位中的家具上摆放着首饰、银器与绫罗等商品，家具种类多为简易架格和柜台，其造型多注重功能，装饰较少，整体造型理性简洁。该画为我们描绘了我国早期商业展示家具的形态。

细看发现店铺中的柜台面板结构较厚，通体长度偏长，高度恰好匹配了摊贩的身高，整体造型符合人机工学的需要，拾取收纳极为方便，有时以一软饰垂挂其他装饰物件。家具台面上则摆着形形色色的商品，琳琅满目，其中一个棚子里挂着“各种金银首饰”，虹桥边附近还有一个圆角柜，柜子侧面覆盖着一块做工独特的攒框单板（图 2.138）。

图 2.138 虹桥上摊位场景

5. 木工作坊里的家具

画面描绘有制作古琴和家具的场景，在画中一屋檐下挂有“太古冰弦”和“斫琴”匾额，可见当时的古琴市场极好，也许家里稍有条件的人会购置古琴，或抚琴，或摆设，既可增加生活情趣，又可烘托居处雅室的品位。店铺一侧的家具作坊里，一木匠双手执刨，正专心致志地打造一把上好的春凳，其身后放着已经做好的鼓腿彭牙架子床与圆角柜等家具。从这个热火朝天的木器制作场景中可以直观地感受到，这一时期的小木作匠人敢于大胆地在木工坊内做家具，展示自己的小木作技艺，不仅所做家具种类丰富，而且家具制作工艺精良，造型简洁大方。木匠师傅临街制器，毫不回避，也显示出匠人对自身手艺的自信和在商业上的诚信无欺。

那张正在制作的春凳，其整体造型类似小榻，通体素面无装饰，用简洁木板材料制成面芯，方腿支撑。店面内墙竖有一个经典的明式圆角柜。柜门处用四根木头分成三段来攒框装板，底部箱子的面板是一个攒框单板。柜体侧脚逐渐加大，柜膛加深。底枨设置了一个素牙板。柜内置两抽屉。整体造型做工熟练精到，家具通体平衡稳固、造型线条干净利落。家具店铺的右侧有一无门围子的四柱式架子床，三面处的围子使用简单的竖材直棂攒接，相同的棱格也用于挂檐，使家具造型整体统一。床的腿呈四角分布，床面下有束腰，中间安装鼓腿彭牙，床腿脚底饰有内翻马蹄足。床的整体风格古朴典雅，具有端活有度、繁简相间的造型特点，反映了当时文人较高的审美水准（图 2.139）。

图 2.139　木工家具作坊场景

6. 士大夫住宅中的家具

该场景中有一门上挂“环翠”匾额的厅堂，厅堂内部装饰豪华。士大夫在家具样式的选择上，尤其注重家具结构的严谨性，家具整体样式雅致，不落俗套，多使用自然材质，装饰朴素大方。士大夫将自己对天人合一思想的感悟与家具创作融会贯通，成为明代家具审美意识的代表。

厅堂大门处摆放着一座巨型屏风，屏风前置有一张髹红漆的八仙桌，桌上摆放有香炉、花瓶等器物。该八仙桌采用束腰结构，喷面式，桌面面芯采用大理石结构，桌的下部为内翻马蹄足装饰。主人公着粉红色长袍，头部配以飘逸头饰，显得风度翩翩、神采飞扬，此刻正与访客于桥上欣赏河畔的美景。在右侧的会客厅里，有三把圈椅。椅子后面有一张画桌，桌子上摆放有花瓶、香炉和水壶。墙上装饰着一幅水墨兰竹画。圈椅扶手不出头，与鹅脖结构直接连接。椅子背板为标准单板，整体造型朴素，面下无束腰。四腿之间装管脚枨，两侧腿分别装两根管脚枨。画桌整体宽长，面下无束腰，足端内翻马蹄足。这两种家具造型均具有典型的明式家具特征（图 2.140）。

图 2.140 士大夫游园场景

（三）小结

从士大夫的深家大宅到乡绅的精致小舍，从车水马龙的酒店茶棚到人流如织的商摊门铺，画家仇英对其中的家具陈设、铺陈格调都进行了细致的绘制，仇卷全面且准确地给我们呈现了苏州地区当时的家具陈设状况，以及明中期苏州城的繁华景象。仇卷是我国古代绘画史上具有承前启后地位的风俗巨制，为人们研究明代中后期的生活习俗提供了充分而翔实的资料，为后人进一步了解当时家具的使用及室内陈设布置方式，提供了重要参考。

二、明代其他插画刻本中的家具

明代是我国插画发展的黄金时期，该时期的插画作品如雨后春笋般涌现，刻印技术也借此良机得到了空前发展。插画创作的主题多种多样，涵盖小说、歌剧、宗教和教育读物等。明万历年间，画家创作戏曲插画的热情高涨，优质作品源源不断地涌现，呈现出一片欣欣向荣的盛况。此外，插画直观的表现手法使读物变得更加通俗易懂，越来越多的画家开始参与到插画的绘制中来，他们不断提升插画技法，使插画在绘画语言与题材的选择上变得更加有深度，并因此在市井小侩、文人雅士中受到极大欢迎。《西厢记》《琵琶记》《牡丹亭》等作为中国戏曲艺术中的瑰宝，自问世起，书坊之间皆争相为其绘制插画，并不断地进行刊印。在整理相关插画刻本的过程中，笔者从闵齐伋的《西厢记》（以下简称闵氏《西厢记》）、王文衡的《重订慕容喈琵琶记》（以下简称王氏《重订慕容喈琵琶记》）和王思任的《王思任批评本牡丹亭》（以下简称《牡丹亭》点评本）等画册中，收集到了精美的插画，并对插画中描绘的各种家具形式进行了比较分析。

（一）闵氏《西厢记》、王氏《重订慕容喈琵琶记》与《牡丹亭》点评本

闵氏《西厢记》是指明代崇祯年间，闵齐伋出版的《西厢记》彩色套印插画版，据笔者统计，该书共有 21 幅插画，且其构图巧妙，色彩清雅，画中物件五花八门，形态各异，描绘手法十分丰富，堪称《西厢记》插画中的最佳品，填补了中国古代戏曲版画彩色套印本的空白。插画中的家具涵盖椅凳类、桌案类、屏风类、床榻类等类型，共计 28 件。

王氏《重订慕容喈琵琶记》套印插画，于明朝万历年间由乌程凌濛初审，由吴门木刻画家王文衡作画，后由郑圣卿刻字。据笔者统计，该书共有 4 卷 21 幅插画，插画中场景布局严谨，线描精致优美，人物神情到位，建筑及花草树木形象生动，独具特色。插画中的家具涵盖椅凳类、桌案类、柜架类等类型，共计 15 件。

《牡丹亭》点评本是晚明著名文学家王思任对《牡丹亭》的点评。该书的插画作者不详。据笔者统计，该书共有 67 幅插画，总体刻画精致，所有插画都配以相关曲文，构图和布局精致，生动的人物形象和所处的环境与当时的实际情况很接近。该书是《牡丹亭》绘图中最好的画册，插图中的家具种类繁多，功能齐全，涵盖椅凳类、桌案类、屏风类、床榻类等家具类型，共计 60 件。

（二）凌氏《琵琶记》、闵氏《西厢记》及《牡丹亭》点评本中的家具比较

笔者首先对凌氏（即凌濛初）《琵琶记》、闵氏《西厢记》、《牡丹亭》点评本等戏曲插画点评本中刻画的家具数据进行提取，然后进一步对各插画作品中的家具进行分类，最后对每一件绘制的家具进行研究分析（表 2.26）。

表 2.26 凌氏《琵琶记》、闵氏《西厢记》及《牡丹亭》点评本中家具对比列表

项目		凌氏《琵琶记》	闵氏《西厢记》	《牡丹亭》点评本
插画/幅		21	21	67
所含家具数/件		15	28	60
凳类	图例		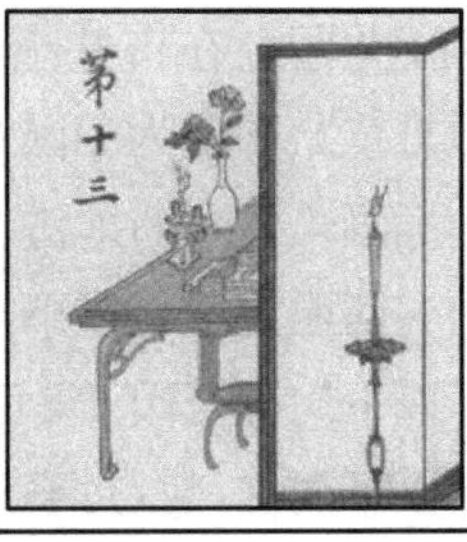	

续表

项目		凌氏《琵琶记》	闵氏《西厢记》	《牡丹亭》点评本
凳类	分析	此为有束腰圆凳，鼓腿彭牙式方腿，牙子镂成壶门曲线形券口轮廓	此为有束腰圆凳，鼓腿彭牙马蹄足，通体光素	此为有束腰圆凳，鼓腿彭牙式方腿，凳面面板起洼线
靠背椅	图例			
	分析	此为灯挂椅，圆腿，搭脑上拱，两端出头，靠背板为光素独板，座面攒框落膛面板，腿间设直枨，高低错落，此灯挂椅形体简易，气韵不凡	此为灯挂椅，圆腿，搭脑笔直，后背独板宽大，后腿与靠背板曲线相协调统一；椅面装硬屉板，面下装素牙板；左右两侧腿间均各设两根直枨，脚踏下装有素牙条	此为灯挂椅，圆腿，搭脑中段略微上拱，靠背板为三段攒框式靠背板，上段落膛起方形纹，中段为攒框独板，下段装素牙板；座面为打槽平镶面心板；面下装素券口牙条，腿间装步步高赶枨，脚踏下装窄牙条
坐墩	图例	—		
	分析	—	疑为石墩，覆有素色花布凳套，墩的上下两端设鼓钉，墩的腹部装一象鼻形提环	此墩的腹部刻有海水纹，两端则刻有直线几何纹样
平头案	图例			—
	分析	此为夹头榫平头案，腿足圆材，上端嵌夹耳形牙头素面牙条；侧面腿足间安两根圆形横枨	此平头案边抹中间打洼线，腿足圆材，案面下安耳形牙头素面牙条；侧面腿足间安两圆形横枨	—

续表

项目		凌氏《琵琶记》	闵氏《西厢记》	《牡丹亭》点评本
条桌	图例		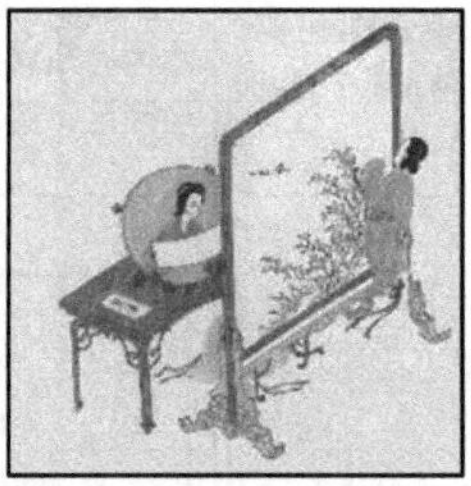	
	分析	此为有束腰长条桌，下设兜转俊俏的鼓腿彭牙式马蹄足，形制简练	此为窄束腰长方桌，四足侧脚明显，足端挖成矮扁棱角犀利的马蹄足，极为劲峭；腿足与牙子间安有锼成卷草纹形角牙，牙子边沿起阳线延伸至腿足	右侧条桌桌面置有烛台等祭祀用品的为四面平式条桌，下踩马蹄足，四足侧脚收分，牙子边沿其阳线至腿足；左侧条桌前端覆有团花锦缎桌围，四面平式，腿角与桌面之间装有霸王枨
架子床	图例	—		
	分析	—	此为不带门围子的四柱架子床，三面围子分成两截，下端为攒框中空绦环板围子，上端为直棂式围子，挂檐绦环板与三面围子相同；高束腰，牙子呈壶门曲线形	此处亦为不带门围子四柱式架子床，三面围子分为两截，下端为海棠式开光绦环板，上端仅由几根短柱装绦环板
座屏	图例	—	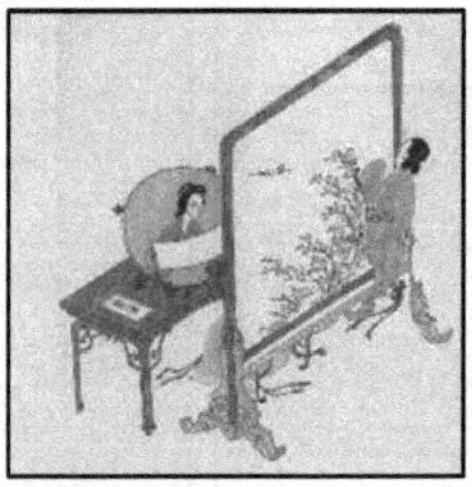	
	分析	—	此为独扇式座屏，边框打洼线，雕有梅花纹和卷云形站牙夹抵在立柱两侧，下端饰以披水牙子	此为独扇式座屏，卷云形站牙夹抵在立柱两侧，下设有披水牙子，边框与横枨之间设绦环板，面板刻龟背纹

续表

项目		凌氏《琵琶记》	闵氏《西厢记》	《牡丹亭》点评本
折屏	图例	—		
	分析	—	此为八扇单屏配置而成的四抹折叠床屏，下设绦环板，中间雕以卷草纹。屏芯所绘为火珠祥云海水江崖图案	疑为三扇式落地折屏，未设底足，直接着地；屏芯为江崖海水图案

纵观上述三书中所绘制的家具，我们可以感知画家对生活细节的观察，结合自身高超的绘画技法，融会贯通地进行了高于生活的插画艺术创作。上述三书中的家具造型风格、手法、题材类型基本类似，只是闵氏《西厢记》的家具装饰与另外两本刻本的家具装饰差别明显，闵氏《西厢记》描绘的家具装饰更加华丽丰富，另两本则崇尚装饰简单，不事雕琢。由此可知至明代中后期时，人们开始追求烦琐的家具装饰，尤其是雕刻纹样的使用增多。

笔者运用对比分析的方法，对仇卷、王氏《重订慕容喈琵琶记》、闵氏《西厢记》及《牡丹亭》点评本等著名的明中晚期戏曲剧刻本中的家具进行了统计分析，重点对家具的造型结构和表面装饰进行了较为深入的剖析，并结合刻本中出现的家具数量与家具使用的环境一起研究，希望能够借此从侧面验证《仇画列女传》中所描绘家具的真实性及代表性。

《仇画列女传》作为一本包含310幅插画的鸿篇巨制，极有可能是仇英的无心之作，但却不经意地将明中晚期家具种类形制、装饰题材、装饰手法和室内布局陈设等的信息呈现在后人眼前。《仇画列女传》中的家具兼具写实和写意两种手法，充分体现了画家仇英的非凡创造性；结合仇英的其他绘画作品和明代其他画家的插画刻本一起来研究家具，有助于我们科学准确地了解那个时代的家具体系，具有特殊的研究意义。

第三章 《仇画列女传》中的布局陈设

第一节 整体空间布局

中国传统木构架建筑结构和装饰特征决定了民居的空间布局，民居非常明确地划分出了各类功能区域，这些功能区域规划又为传统的室内空间构造设计做了铺垫。在中国传统文化中有这样两种观念：儒道互补和阴阳五行相生相克。在这两种观念的影响下，明代的传统室内空间布局，仍然延续着前代传统民居的设计原则，即讲究空间布局的贯穿主轴、主从有序，以严谨的中轴对称平面布局来呈现二重性互补的格局。一方面，体现出空间布局的主从分明；另一方面，在空间布局的统一中寻求变化，具体体现为空间布局的一定程度的非对称性，即具有和谐均奇、宁静庄重风格特征的区域和具有自由生动、形式多变风格特征的区域之间的相互渗透。这样的风格特征也逐渐成为中国传统室内空间陈设的重要特点。

在明代，就大型建筑来说，特别是在那些注重礼法等级制度的建筑空间中，处于主流地位的建筑空间布局都是以对称均衡布局为主。庞大的建筑群因其空间的层层递进、左右铺展，以及贯穿其中的轴线，而显得错落有致，如宫殿、祠堂及住宅正厅堂等建筑的布局。在故宫太和殿，皇帝宝座就布置在太和殿室内的中轴线上，同时也位于整个故宫的中轴线乃至整个北京城的中轴线上面。相比之下，许多“非正式空间”则以一种形象生动、自在随和的非对称结构为主，如园林建筑之中的生活和休闲娱乐区域。

明朝时期，长江中下游以南民居住宅的布局大多符合封建礼制、家族观念，这些建筑的布局不仅严格遵循着宗族的法则与制度，也严格参照了经典儒学所崇尚的男尊女卑及长幼先后的尊卑关系，这些宅第的布局，阶级分明，规模庞大的建筑大都使用相似的样式与结构，各种类型的房屋在很多方面有着相对统一的施工方法和阶级规定，如建筑方位、室内装潢及房屋结构样式等。居住宅第建筑总体构造严格缜密，大多为长方形，并以中轴为对称轴进行布局，整体效果既内外有别，又符合礼制规范。住宅的正堂屋中线、屏壁及主客的正位，以及按照中心位置来对称排布的中堂、对联和牌匾等，共同构成了堂屋的中轴线，此轴线同样也是整个房子乃至整座宅院的中轴线，宾客座位的排序依照主客坐正位，宾客的座椅东西两向逐次展开的原则进行。规模稍小的民居布局则是由外向内，一般先是门第，然后再经过茶堂、大厅与楼厅，房屋与房屋之间用天井进行隔断，进入任意房间之前都会看到天井。在楼厅之后，大多使用建造的墙来营造花园，并以此作为建筑的界限。坐落于正中轴线上的房屋，被称为正落。两旁的建筑物，被称为边落。花房和书房一般都建在边落，并在后面建造庖屋和下房，表明在明代室内住房结构之中，已经融合进了传统的住宅观念和优秀的住宅建筑艺术。

一、厅堂注重对称均衡

在传统住宅中，最关键的居民生活区域便是厅堂。大多时候，厅堂都会以西南朝向为主，借此来向长辈和来宾传递崇敬之情。计成曾在《园冶》一书中写过这样一句话："古者之堂，自半已前，虚之为堂。堂者，当也。谓当正向阳之屋，以取堂堂高显之义。"[①]

受儒家文化的影响，一个家族的荣耀和名誉，都会在厅堂空间的布局与结构中得到充分体现，陈设环境往往能够凸显出主人及其家族的社会地位。明清时期的厅堂空间成为家庭之中崇尚礼法、尊重神权的场所，厅堂在整个空间结构中的等级地位经过长期的历史演变，逐渐成为家庭精神的中心。

计成曾观点鲜明地提出："须量地广窄，四间亦可，四间半亦可，再不能展舒，三间半亦可。"[②]表明在当时关于厅堂的建设方面，已经有了非常明确的规范。此外，根据《营造法原》的相关记载，我们可以了解到传统民居中的很多类型都可以按照建筑的结构和建造形式的不同来分类，如以方木料做梁的扁厅、以圆木料为架的圆堂；厅堂中以隔扇或者门罩其间的鸳鸯厅；由两个大小基本相同的厅堂所组成的对照厅和花式厅；厅堂形似游船，寓意家人一帆风顺的船厅；厅堂形似海棠花，寓意家族团结聚力的海棠厅；厅堂形似花篮，寓意家庭富贵荣华的花篮厅；等等。到了清代，厅堂的功能配套齐全，造型更是多种多样。根据厅堂承担的功能，可将其分为三大类，即正规礼仪厅堂、起居室厅堂和休闲娱乐厅堂。当然，在空间具体布置时，也出现过兼容两种乃至三种功能的情况，究其原因是空间的规模太小，不得已而为之，由此也体现出中国古代民居的布局是随机变化的。[③]

明代用于礼仪功能的厅堂布局相对固定，通常集成了多种用途，不论是地域不同，还是南北生活习惯及习俗有差异，其室内的布局都达成了高度

---

①（明）计成著，李世葵、刘金鹏编著：《园冶》，北京，中华书局，2011年，第79页。

②（明）计成著，李世葵、刘金鹏编著：《园冶》，北京，中华书局，2011年，第80页。

③（清）姚承祖著，张至刚增编，刘敦桢校阅：《营造法原》，北京，建筑工程出版社，1959年。

一致，椅、匾额、方桌、对联、茶几等小型木制品和条案通常出现在厅堂内，瓶、镜或其他暗示主人尊贵身份的器物大多放置在条案上，渲染出一种庄严的室内氛围。家具大多以左右对称、均衡和谐的形式放置。厅堂大多属于正房，主要进行一日三餐、招待宾客、家庭祭祀和长幼教谕等活动，与侧房相比，其实际高度略高一些，并且有着比较大的开间与门窗，整体显得宽敞透亮。为与厅堂的整体气质相匹配，厅堂中家具的规格一般都比较大，表面装饰一般采用端庄大气的风格，匾额和书画也通常使用较大的尺寸。厅堂的布局结构可渲染出一种典雅庄重的氛围，彰显出中国传统厅堂的公共性和社会特性。在传统的室内布局中，为追求儒学所推崇的中庸思想和道家学派中天人合一的观念，人们经常采用突出对称的陈设形式及居中的布局结构，这不仅满足了当时人们的审美和情感需求，也符合当时社会道德伦理的需要。

明代厅堂的室内陈设有着一定的原则，比如家具如何组合，该放置在哪些地方，这都是相对固定的，通常人们进门便会看到的屏壁是整个室内空间的视觉中心。室内布局与家具的摆放一般以中堂为中心，进行对称式布置，条案、方桌和扶手椅依次摆放在屏壁前面，而“椅+几”的组合分列于中轴线两边，其组合的数量大多为两对、四对和六对，屏壁上放置着中堂画、匾额及对联，花瓶和镜子均摆放在条案之上，整体满足均衡、庄严与宁静的需求，表现出长幼有序、主次有别的原则，充分表明了当时的封建礼制思想对室内家居陈设的巨大影响。由于社会下层人民崇尚上层阶级的生活方式，众多市民开始效仿权贵居住宅第的陈设与布局方式，这种对称布局的场景可以从明朝宰相王鳌的宅邸惠和堂中看到（图 3.1）。《仇画列女传》卷十五解祯亮妻插画场景中厅堂（图 3.2）及书房（图 3.3）的陈设即遵循了对称原则，以厅堂为例，一面独扇式屏风置于厅堂前，屏风之前设一把靠背椅，椅前摆一张四面平式条桌。

图 3.1　王鳌的宅邸惠和堂

图 3.2 《仇画列女传》卷十五解祯亮妻插画场景中的厅堂

图 3.3 《仇画列女传》卷十五解祯亮妻插画场景中的书房

二、书房、卧室灵活随性

与厅堂相比，一些非正式空间的陈设与布局相对比较自由，更加讲究实用和主人自身个性表达，这种情况在明代文人的居室中尤为常见，如卧室和书房中，主人为营造一种与众不同的情境，通常配置有各种古玩书画、园艺盆栽，优秀的艺术品与观赏植物放置在一起，相辅相成、相映成趣，表达出主人对于日常生活的热爱。而且这些布局陈设还会根据具体的空间规格、寒暑节气和放置繁简来进行规划，在满足基本使用功能的同时也满足了人们“各有所宜”的需求，力图达到协调统一、宜居宜人的效果。

在传统住宅文化中，传统类型民居住宅最核心、最关键的区域便是卧室。卧室是人们睡眠休息的场所，在陈设布局过程中，需要考虑到人身体和精神的需求。卧室的空间布局受气候条件及地理环境的影响，南北方差异较大，因此在室内陈设方面会有所不同。在明代，北方的卧室一般处于北屋明间的两侧，厢房通常位于内院和东西耳房的两旁，在格局较大的四合院中，厢房则坐落于正房的后面，而且院内还建有后罩房式楼供女眷居住。此外，根据家庭成员的不同身份，卧室的安排也不尽相同，家中的长辈或者家族的大家长一般在北屋明间的两侧或东西耳房之中居住，而家中的晚辈则按照性别居住，其中男性住在东边的厢房之中，女性则住在西边的厢房之中。在南方，以三合院为单位的院落群是十分常见的建筑样式，坐落于院落群中轴线上的是厅堂，厅堂两侧的房间一般用作睡眠休息。例如，苏州十全街阶头巷的张氏宅院，该建筑群落以中轴线进行布局，当人从大门进入时，首先映入眼帘的是轿厅和客厅，再往里走，便是正房，正房两旁有三间房，是专门供家族中年长的人或者长辈居住的，经过庭院，可以看到很多的房间，那些便是女眷的休息区域。女厅一共六间房，其中五明一暗，东边和西边的房间相互连接，在其两侧有着各式建筑结构，如廊檐和花墙漏窗，这便给女眷提供了一个纳凉避暑的空间，同时也是女眷休闲娱乐的场所。由上可见，在明代，南北方庭院中的卧室位置大多一致，都是以整个院子的中轴线为中心来布局，而正房东西两侧的房间则是按照长幼尊卑的原则排序。

明代南北方的室内陈设区别明显，北方人有在炕上睡眠起居的习惯，因此在北方，火炕是必不可少的，而为了配合火炕的功能，炕上一般会放置一些小型家具，如炕桌和炕柜。相较之下，南方不使用火炕，以床榻为主，床榻周围会放置大量的家具，如梳妆台、衣橱、方桌、圆凳等。这些家具大都为框架结构，这是因为南方多雨，卧室中易出现潮湿的情况，而框架结构的家具有利于通风防潮。明朝中后期，南方民居中放置的床一般有两种：一种为架子床，其中四柱床和六柱床的普及度较高，二者的区别在于，前者是床由四根柱子做支架，后者是床由六根柱子做支架，且架上的用品也有着细微的差别。由于气候的差异，架子床大多会采用透气性不同的帷幔；由于室内会产生灰尘，所以床顶部会放置一个仰尘。另一种是拔步床，床榻的高度相较于架子床会高一些，床的正前方大多摆放着托座，人们日常起居需要依靠托座来完成。但是无论如何布局，卧室的陈设布局都是以自然典雅的风格样式为主，并以满足人们生活起居需求为原则。

书房也称为书斋，是供文人雅士阅读温习典籍的场所，同时兼具琴棋书画等文化活动的功能。书房不仅是求学、修身的空间，也是寄托文人士大夫梦想的地方。在名人大家的影响下，书房的地位日渐提升，在住宅体系中的重要程度，仅次于厅堂和卧室。

在明代，北方院落的北房旁便坐落着书房，书房的朝向一般坐北朝南，或者是在另外有两三间房的院子里，将靠墙或靠窗的一面设置为书房。在书房中，墙窗敞开，竹质帘挂置在窗檐之下。在北方四合院建筑结构中，北室两侧有明室和耳室，这些空间的地面比北室高，同时，北室旁有个侧门，专供人出入，非常便利。在耳室、翼室山墙、院墙之间有一块开放的空间，可以种植花草，由此来构成书房前边的景观空间。在江南地区，传统民居中的书房一般处于角落的位置，或位于天井旁或庭院的一角，或独立于庭院的一侧，往往通过蜿蜒小径才能到达。

明代书房常见的陈设有用来读书学习的书桌和椅子、用来藏书的书柜和书箱、用来休息的床榻、用来摆放书本和其他物品的床头小几、用来喝茶小憩的凳子和壁桌，以及几把冬天用的炉子，种类非常丰富。彼时人们通常在书房左边放置一座床榻，在塌下安排一个滚脚凳，而位于床头的位置布置一个小几，饰以铜花装饰的古董尊置于小几之上，偶尔还放置一个哥窑花瓶，在开花时节，将花枝插满花瓶，让花香充盈整个房间，在没有花的时候，人们便会放置一些蒲石，用来收集朝露，以达到清目的功效。或者放置一鼎香炉，释放清香；或在墙上悬挂一把古琴，琴下放置一张小几，如果能是吴中云林几的样式就再好不过了；或者在墙上挂一幅画，放置在书房中的画作，山水画是最适合的一类，花草树木也是可以的，但是鸟兽画和人物画就很少放置在书房之中。墙上可以悬挂壁瓶，一年四季都可以插花，旁边放着六张吴兴凳，一张禅椅，还有一些小件物品，比如一个拂尘、一个粽叶编织而成的扫帚，或一件竹如意。右侧放置一个书架，书架上摆放着四书五经。明代书房陈设，整体布局明朗，中心位置突出，迎面而来的都是书卷气息。《仇画列女传》卷十五邹赛贞书房中，带托泥条案与靠背椅成组地摆放在书房中轴线上，后面放着一面扇形的屏风，条案的右侧摆放着一个书架，书房右边放置一张高束腰花几。该书房清晰地规划了功能区，中心位置突出，形成了错落有致的布局。

第二节　家具陈设制度

为了营造良好的室内环境氛围，家具的使用搭配十分关键，家具的布局陈设及家具的组合搭配，都将影响到室内环境的整体气氛与风格。

一、主次尊卑有序

明朝社会等级制度森严，传统的封建礼制规范处处体现在人们的日常生活之中，甚至室内布局及家具陈设，也必须遵循相应的封建礼制。因为身份和社会地位的差异，家具的布置和家具的形制材料也相应地会有所不同，如文人士大夫和平民家中的室内家具陈设便不同，虽然两者之间审美的差异会造成室内布局和陈设的不同，但究其根本原因，还是因为他们之间政治和经济地位的差异，他们将所追求的人格、高贵品格和特殊情趣都映射在室内布局与装饰中。同样，朝廷官员的级别不同，所使用的坐具也会不同，等级制度甚至还影响到了椅子的使用和摆放，如这一时期的交椅只提供给地位高的人使用；具有用餐功能的桌椅很多时候会按照实际需求来进行摆放。

由于文人士大夫与平民的审美情趣不同，坐具所彰显出的身份地位也就有了差异。为了渲染一种自然随性、典雅大方的气氛，文人士大夫在书房家具造型款式的选择上，大多采用灯挂椅和官帽椅两种类型，并且经常用小品、字画等作为装饰物，来搭配家具使用，达到交相辉映的效果。平民的坐具大多为各种木质椅子和坐墩，质朴实用，当然，这主要受其自身审美趣味和家庭收入的影响。笔者将《仇画列女传》中文人士大夫与平民的坐具类家具使用情况进行了比较分析，具体如表 3.1 所示。

表 3.1　《仇画列女传》中文人士大夫与平民坐具类家具使用对比　单位：件

项目	圈椅	灯挂椅	靠背椅	坐墩	凳类
文人士大夫	11	4	9	22	14
平民	—	—	1	16	16
总计	11	4	10	38	30

从表 3.1 中可以看出，文人士大夫所使用的家具种类非常多样化，有圈椅、灯挂椅、靠背椅、坐墩、凳类等；平民所使用的家具种类，较文人士大夫少，且多为坐墩类、凳类。在文人活动中，正宾所使用的坐具种类十分多样，有榻类、椅类、凳类等；对等者所使用的家具主要以凳类为主，有时也会使用椅类；从者（身份卑微者）所使用的家具次数以凳类最为频繁。

在同一时间和空间维度内，随着主客地位的不同，空间中家具的摆放布局需要遵守尊卑贵贱的原则。例如，明代用来宴请宾客的厅堂通常在其正中位置放置一面屏风，地面上的其他家具需按照主客的地位及身份，及时调整位置与布局。《仇画列女传》卷十六沙溪鲍氏中，作为一个宾客，大夫的座位是一把靠背椅，且这个座位还摆放在客厅的尊贵位置上，主人则坐于绣墩，借此来表达对客人的尊敬与崇仰之情。笔者将《仇画列女传》插画中主者（身份尊贵者）和从者对于坐具类的使用情况进行了比较分析，具体如表 3.2 所示。

表 3.2 《仇画列女传》中主者与从者坐具类家具使用对比

项目	坐墩	凳类	靠背椅	扶手椅	圈椅	宝座
主者/件	18	26	11	10	22	11
使用频率/%	18.4	26.5	11.2	10.2	22.4	11.2
从者/件	25	20	—	—	—	—
使用频率/%	55.6	44.4	—	—	—	—

注：因四舍五入出现偏差，加和不等于100%

从表 3.2 中可以看出，主者坐具使用种类十分丰富，从者使用的坐具种类则较为单一，他们使用频率最高的是坐墩及凳类家具。笔者将《仇画列女传》中身份等级与坐具类家具使用频率进行了整理（图 3.4），从图 3.4 中可以得出，坐具类使用情况与身份地位成正比，等级越高，坐具样式就越高级。

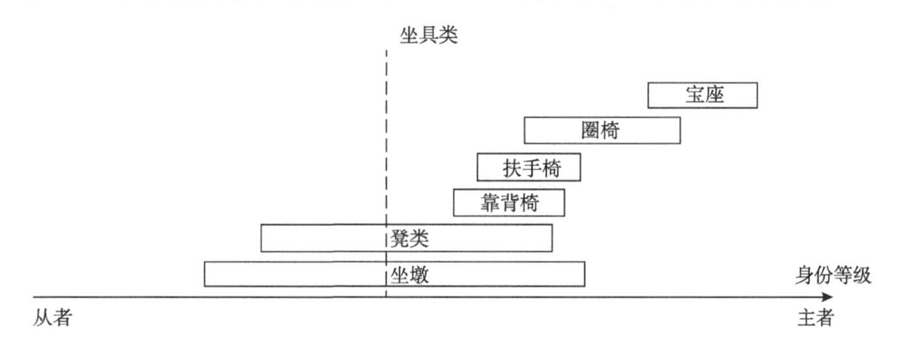

图 3.4 《仇画列女传》中身份等级与坐具类家具使用频率关系图

注：框的长度表示该类坐具使用频率的高低

二、成套协调搭配

对于家具的陈设布局来说，最基本的要求就是满足家具对其所陈设的空间进行功能补充，充分发挥家具自身的实用性，因地制宜，实事求是地确定好家具在室内空间中的位置。文震亨在《长物志》中关于室内家具的布局结构是这样描述的："面南设卧榻一，榻后不留半室，人所不至，以置薰笼、衣架、盥匜、厢奁、书灯之属，榻前仅置一小几，不设一物，小方杌二，小橱一。"[①]在室内空间中，接待宾客的场所通常是厅堂，这一规律在《仇画列女传》的插画中经常看到。明代厅堂布局一般在客厅中轴线位置摆放一面屏风，桌椅及其他家具的位置及布局则根据实际需要来调整，因此明代家具的移动比较频繁。虽然在室内空间中没有单独的饭厅设计，但人们

①（明）文震亨著，赵菁编：《长物志》，北京，金城出版社，2010 年，第 334 页。

吃饭一般都会在堂屋进行。另外，堂屋还是会客的场所，因此堂屋的陈设布局也有着一定的规律，如人们用餐时会将桌椅放置于堂屋正中心，用餐结束后，便需要马上移走家具；而且自家吃饭和宴请宾客时的家具摆放，也不尽相同，宴客需要根据宾客的数量，来选择场所及考虑使用家具的规格和数量。

由于室内空间陈设中功能区域区分得较为明确，因此不同空间的家具摆放出现了不同系列组合搭配方式，一双或一组的家具搭配组合方式时有出现。在明代，不同功能需求的空间布局陈设已经有了比较稳定的搭配组合，譬如类似“条案+方桌+椅子”的搭配方式，无论是在厅堂，还是在内室，都可以采用这种家具搭配组合方式。另外，还有几类常见的家具搭配组合方式，如书房中“书案+椅子”的搭配方式；卧房中“架子床+脚踏+小方几”的搭配方式；宫廷殿堂中“宝座+脚踏”的搭配方式。明朝中晚期至清前期，家具搭配组合方式更加多样化，如厅堂靠墙中间处往往陈设大型屏风，屏风前面安放条案，条案前面放置桌子和一对椅子，中央的卷轴画悬挂在条案之上，画的两旁一般都贴着对联。在书房，一般会有几类这样的家具，如用于学习读书的书案、椅凳，藏书的书柜，以及放置古董或者小玩意的博古架，等等。在北方的卧室之中，有专供睡眠休息的火炕，火炕上会搭配使用炕桌、炕柜等家具。当然除去火炕和架子床之外，卧室还会放置其他家具，如放置外衣的衣架、存放衣物或者其他物品的立柜和可供休息的墩与凳。另外，茶几、花架、桌等小件家具的应用也十分常见，使用者或者主人可根据不同需求对这些家具进行搭配组合，且不受传统室内陈设规则的约束。在明朝，将茶几放在两把椅子中间的固定组合比较少见，到了清朝，这种组合才开始渐渐被大众所接受，而且屏风原本在厅堂之中并不常见，后来才逐渐变成了明代厅堂中的必需品和常见物。

不仅家具之间有着固定的搭配方式，家具和软饰品之间的组合也很常见，如坐具类家具上盖着椅披、围子或者凳套等软饰品，这些软饰品不仅可以增强坐具的实用性和舒适性，还可以渲染协调统一室内空间氛围。家具和软饰品的组合，可以满足主人的情感和审美需求。到了节庆日或进行民俗欢庆活动的时候，主人通常会使用既满足实用性又符合当时氛围的家具及装饰来增加气氛，如桌有桌围、桌面上有桌套、椅有椅披。遇上重大节日时，还会用上绸缎、缂丝等材料所制作而成的软饰物品，在平日里，这类规格的物品通常是不用的。例如，结婚嫁娶之时，特别是大户人家嫁女儿，为了彰显家族显贵的身份与地位，一般都会置办丰富的嫁妆，随着女儿一起去往夫家，颇为著名的是在江南宁绍地区，自古以来就有着“十里红妆嫁女儿”的习俗，其场面十分隆重。嫁妆里面几乎什么都有，如大件的桌椅家具，各类精美的软饰用品或者衣物，甚至还有纺锤和线板等纺织工具，当然这些物品一般在新婚前一天就放置在新房之中，为了渲染新房喜庆欢快的气氛，嫁妆常常采用大红色作为主要的颜色。此外，还有一些家具的摆放是随着季节的交替而变化，如冬天用于取暖的手炉、脚炉等。在古代徽州民居中，冬天为了保暖，火桶常常放置在厅堂之中，将双脚放在火桶里面，整个下半身立马变得暖和，起到保暖抗寒的作用。

第三节 陈 设 品

要想渲染出理想的室内环境氛围，首先应当考虑的是陈设品，陈设品不仅是室内环境的重要组成元素，更是室内环境的基础单元。陈设品风格迥异，造型多变，品种纷杂，不同的陈设品搭配所烘托的空间气氛也各不相同。

明朝的陈设艺术可谓自成一体，在汲取前代优秀成果的基础上，其自身的工艺造诣和艺术价值创造出了新的历史高度。根据陈设品的功能特征，可将其划分为三类：一是应用最广泛、与家具关联最密切的织物类，如覆罩类织物、寝具类织物、屏蔽类织物等；二是具有观赏性质的文房清玩类，如文房四宝、书法字画、古琴等；三是其他陈设类，如日用器皿、瓶花盆景、仪仗扇等。

中国传统文化博大精深，明代的陈设品在不断吸收转化前人智慧的同时，又融汇了同时代其他艺术门类的长处，并逐步完善。明代是中国传统室内陈设艺术的巅峰，该时期不仅有大量活跃的设计实践，文人还对当时的陈设艺术进行了卓有成效的理论总结，人们对室内陈设艺术的考量，不仅包括制作精巧的家具器物、品味高雅的清供字画和格调各异的山石盆景，还将天光云影、自然风光融入居室环境中；室内陈设艺术不仅照顾到器物等实物的“实”，也关注使用者感觉等情感上的“虚”，在注重人生理感官的同时，人的心灵情感需求也得到了满足。该时期的陈设艺术讲究审美情趣的寄托与人格建树的抒怀。总的来说，该时期的陈设艺术考量的因素有很多，其涵盖的范围，从人的外在行为渗透至人的内在心灵，从室内空间发展至室外空间，需要考虑到的方方面面都极为精细。因此，陈设品也渐渐受到了其他艺术门类的影响。

另外，除了陈设品的考量范围涉及很广外，单体陈设品也达到了极致精巧的地步，对单体陈设品与空间各层面的和谐统一关系，更是要求甚高。在室内空间陈设中，室内的装饰氛围不仅需要与室外空间的意境相吻合，而且要与家具、书法、绘画相结合，使得整体相宜适当。此外，室内陈设品之间也要讲求横纵得当、轻重合适，除物与物之外，物与人之间，也要讲求和谐相宜的关系，如室内陈设品还需与人的身材、气质等相匹配。

一、织物类

织物类陈设品是传统家居空间体系中重要的组成部分，其种类繁多，颜色形态多样，纹样灵活多变，大致可以分为三类：覆罩类织物、寝具类织物和屏蔽类织物。通常采用丝、棉、麻等天然材料，使用刺绣、缂丝、印染等工艺手法，最终呈现出丰富的装饰效果。将其覆盖或披挂在家具器物上，给人一种柔和空间的感受，同时，还可以规划或创造出新的空间布局，让室内整体环境充满绝妙的氛围感。

物质水平对消费观念的影响是巨大的，明朝是中国封建社会发展的巅峰期，人们的消费需求也随着社会的发展出现了巨大的改变，人们开始有兴趣去追求身外之物。人们对于居家生活有了新的追求——舒适和美观，开始创造精美的园林和雅致的居室，竭尽全力地将自己所处的家居变得更美观，对各种织物面料的需求倍增。该时期，朝廷在江宁、苏州、杭州建立了织布局，在其他各地也设有地方织布局，整体来看，官营织造的规模相当庞大。与此同时，民间织布业同样欣欣向荣，市街中织布机的声音不绝于耳。官织与民织的合作紧密，使得一些关于棉花种植的技术和棉花加工的技术得到了普及，并且一些关于织物后期加工的工艺如印染、刺绣等，也慢慢趋于成熟。各种纺织品的数量和品种增长飞速，以及纺织品装饰种类的不断丰富，为明代传统织物的蓬勃发展带来了积极影响。

明代建筑居室中，织物的应用十分广泛，一方面，其可以作为屏蔽饰物，用来遮挡分隔居室空间；另一方面，其可以随意被拉动挪取，使空间分割变得简单。织物渐渐变成了构筑小范围私密空间的绝佳物品。要想完成一个临时的私密空间设计，就可以通过使用织物来进行规划。例如，将木制镂空雕饰隔断，和不同颜色、质地、纹饰的帷幔进行搭配，可以大大增加居室内部空间的装饰效果，营造出似分未分、隔却非断的效果。另外，在明代小木作家具的设计中，以高足家具居多，这些家具极大地促进了桌围、坐垫、椅披等织物的开发，如在桌子周围，人们配套设计出柔软华丽的桌围。

整体来看，明代的织物类陈设品，涵盖了被褥、床帏、桌围、炕围、椅披、椅垫、门帘、窗纱、卷轴挂帐、挂屏刺绣及各种品类的毯子（如地毯、炕毯、壁毯、帘毯等）。因织物种类不同，其质地、形制、装饰也各有考究，有棉、丝、毛、麻等天然材料，有缂丝、印染、织金、刺绣等特色工艺；织物的装饰纹样方面，题材丰富多样，其中寓意吉祥如意、喜上眉梢者受到了大家的青睐。相比以前，人们越加关注装饰纹样的构图布局、造型设计、立意手法等。此外，人们还会应四季之景的改变，对织物类陈设品在家居中的摆放做出相应调整；阶级地位不同的家庭，对应的装饰数量、材料和主题亦有不同。

（一）覆罩类织物

覆罩类织物大多用于椅凳、桌案等家具，是一种以覆盖、铺设方式用于家具的软饰物品，一般铺盖在桌椅板凳的表面，或是罩套在椅背、桌脚等处，还有应用于坐垫中的，起到保护家具，使其不受污损的作用。常见的有椅披、桌围、椅套、炕毡等。椅披、桌围大多采用锦缎、缂丝、云锦、织锦等材料，大多为长方形；凳套、坐垫、炕毡、坐褥等采用的是月白缎布料和青缎布料，这些覆罩类织物属于生活日常必备品。因为织物有着调节气氛的功能，所以在过年过节时，对这类织物的使用更是额外讲究。下面重点介绍椅披、桌围和凳套。

1. 椅披

中国传统文化讲究通过细节来彰显地位，特别是传统的社会活动通常具有一定的规范性和仪式感。那么，所用器物的细节美观与否，就关乎仪式感的成败了。坐具就是最显而易见的例子。椅披、椅垫再配上传统的椅子，呈现和谐统一、刚柔并济、庄敬与安适的美学效果。椅披是指披系在椅子上的一种长方形家居装饰物，也叫锦背、椅袱等，从唐宋时期开始初显，到明清时期盛行，至民国时开始衰败，最后隐没于现代。作为椅子的养护性遮挡物，它的全长是根据椅子结构而定的，主要依据椅子的长度、座椅的表面宽度、后椅子脚的高度，三个尺寸相加而得。一般实际制作的椅披尺寸要长于相加尺寸，便于将多余的部分搭在椅子的背部。弯折处，固定时多用皮带，以使整体美观。

明朝时期的家居风格自成一派，特别是椅子的使用尤为普遍，俨然是当时的主流，椅披的使用也随之丰富起来。明代小说《金瓶梅词话》中就描述过用锦缎和貂皮做成的椅披。顾闳中的《韩熙载夜宴图》描绘的场景中也能够看到椅披的使用方法。

2. 桌围

宋朝以来，桌椅类家具得到了快速发展，桌围、桌套等装饰用品因应而生，并大量涌现，渐渐融入人们的日常生活中。桌围是一种可以遮挡桌子下面空间的织物，也叫桌帷或桌裙，其造型与床帘上的帐额有些相似，顶部有约 10 厘米的横幅作为修饰，被称作走水。部分桌围前面装饰有两条宽四五厘米，长30多厘米的垂带，与前文床帏、帷幔里提及的垂带有些类似，均为精致美丽的装饰用品。

桌围在明清时期的使用范围极广，《金瓶梅》《红楼梦》等小说中有大量关于桌围的描述。在桌围的形制上，明清时期的房间多采用四面等长的八仙桌，因此，桌围大多为方形。中国丝绸博物馆的展厅中，就展览过一条明代的方形桌围，上面织有方格和花卉纹样。但是，也有形状为长方形的桌围，显然是用来装饰长条几案的，比如北京故宫博物院的纳纱绣五彩荷花鹭鸶图桌围。《仇画列女传》卷十四宁王娄妃的厅堂中可以看到酒桌上精心布置好的织锦材质桌围，织锦为大面积的团花图案，桌围上端有约10厘米的走水横幅，桌围前面装饰有两条宽四五厘米、长30多厘米的精美垂带，在桌围的烘托下，家具整体显得极具档次（表3.3）。

3. 凳套

凳套是指垫在凳子上和坐墩上的柔软装饰品。凳套的面料一般质地柔软，用手触摸会觉得非常轻柔，让人十分想亲近。一些原本造型单调的凳类家具配上它，便会自然而含蓄地起到软化造型的效果，使家具的层次变得更加丰富，同时让人内心充满了温馨舒适的感觉。明朝时期，在严寒的冬季，虎豹毛皮和其他动物皮经常被用来做凳套，以增强冬季的舒适度，但是根据明朝制度的规定，只有等级规定允许的人，才可以使用毛皮凳套。明朝凳套装饰和图案已由宋朝简单的撞色绲边造型变得烦冗复杂，主要有回纹、圆点纹、斜方格纹、龟背纹、忍冬纹、菱形圆点纹等。《仇画列女传》卷二鲁敬季姜厅堂中绣墩的凳套为豹皮材质，既彰显了主人的身份，又增加了座位的舒适度；卷四虞美人的营帐中，坐墩上包裹了虎皮制成的凳套，看起来十分软和，可在寒冬时节用其来抵抗寒冷；卷五王陵母厅堂中绣墩的凳套为团花锦边布料，该布质材质的使用反映了她朴素节俭的生活状态（表3.3）。

表3.3 《仇画列女传》中的覆罩类织物

卷目	人物	场合	织物	图例
卷一	齐女傅母	厅堂	锦缎椅披	

续表

卷目	人物	场合	织物	图例
卷二	鲁敬季姜	厅堂	豹皮凳套	
卷三	百里奚妻	厅堂	团花锦缎椅披	
卷四	虞美人	营帐	虎皮凳套	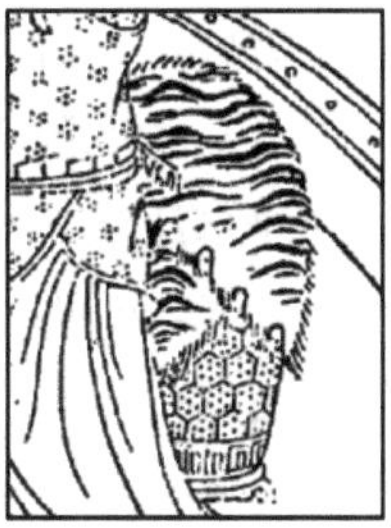
卷五	王陵母	厅堂	花布凳套	
卷十三	慈义柴氏	衙署	织锦桌围	

续表

卷目	人物	场合	织物	图例
卷十四	宁王娄妃	厅堂	织锦桌围	

图 3.5 为清乾隆红色云龙灯笼纹花缎椅披，该椅披为红色底面，椅背处饰正面龙纹，下部为海水江崖纹。座面织红蓝双色番莲团花，周围点缀祥云和蝙蝠纹，代表吉祥的美好寓意。下部装饰福山寿海、仙山阁、麒麟瑞兽等图案。海面有二龙破浪而出。整体纹饰繁复华丽，织工精湛。该椅披与《仇画列女传》中出现的椅披形制高度相近，如卷一齐女傅母厅堂中的锦缎椅披，二者只是图案主题不同。

图 3.6 为明晚期大红地缂丝龙纹椅披，该椅披大致可分为四段，最下一段为海水江崖，两侧各有相向焰肩的异兽；上部饰有五彩流云，再上部为杏叶开光，饰西番莲纹，开光外围饰以束有飘带的海螺、双磬、犀角、葫芦等图案；再往上一段为立于海水江崖之上的正面金龙，其周围遍布五彩流云；末段为仙鹤飞翔于五彩流云之中。整个椅披画面生动，用色明丽，表现了明代高超的缂丝技艺。该椅披亦与《仇画列女传》中出现的椅披形制高度相近，只是装饰题材不同。

图 3.7 为清乾隆明黄色绸绣福寿连绵坐垫面，通体呈长方形，以明黄色素绸为面，正中金线绣方框，将其分为内外两部。内部居中绣红莲，环以万字纹、蝙蝠、寿桃等图案，以寓“万福”的含义，红莲枝叶聚拢成团；外部亦满缠红白双色莲花。纹饰布局合理有序，繁而不乱，绣工精细。该坐垫面既可垫于椅凳座面，也可用于坐墩之上。

图 3.8 为清乾隆黄色满纳竹石花果团夔龙纹桌围，该桌围上方垂搭戳纱绣万字纹，其上复绣 11 个团夔龙捧寿纹，下部以黄色素纱为面，按纱眼绣竹石花果图。其石上牡丹争艳，翠竹挺拔，用色清丽，造型生动逼真。围面装饰有仙桃灵芝，以示富贵长寿，寓意吉祥。该桌围与《仇画列女传》卷十三慈义柴氏衙署、卷十四宁王娄妃厅堂中的织锦桌围在形制上基本一致，只是这里的装饰题材更为丰富。

图 3.5 清乾隆红色云龙灯笼纹花缎椅披

图 3.6 明晚期大红地缂丝龙纹椅披

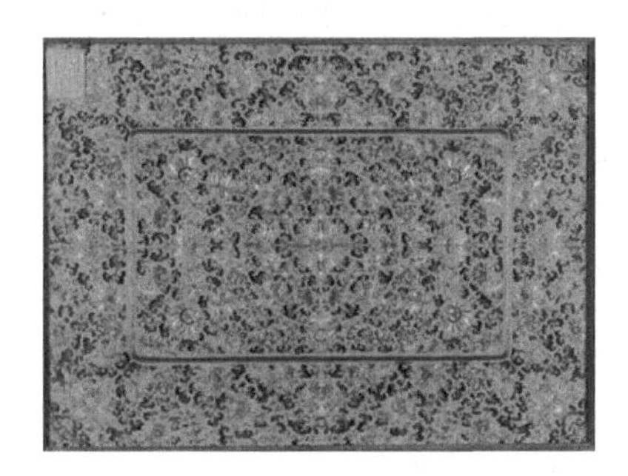

图 3.7 清乾隆明黄色绸绣福寿连绵坐垫面

图 3.8 清乾隆黄色满纳竹石花果团夔龙纹桌围

（二）寝具类织物

寝具类织物一般都是床上用品，包括被褥床单、软枕及床帏等，不仅美观，而且实用性强。寝具主要以舒适、保暖为原则，织物面上织绣各种精美图案，营造出一种典雅怡人的就寝环境，颇受人们喜爱。明朝时期，印染技术日渐发达，人们开始重视寝具的软饰搭配。织锦经常被用在床帏、软垫之上，如文震亨在《长物志》中曾提出，在被衾的品类中，西番五色氆氇材质是上品；山东蚕丝所制的绸，其耐用性和观赏性居于第二，但它并不雅致；紫花布则再低一档，虽较实用但俗气不堪。[①]人们将锦看作最雅致的被褥，椅褥将古锦列为上品，体现了明代织锦在软装饰中的广泛应用。

1. 被褥

明代被褥主要以棉布和丝织物为主要面料。明初，为了恢复社会生产力，朝廷大力推行休养生息的政策，同时推崇简朴素雅的生活作风，因此，价格低廉的棉布成为老百姓被褥床单面料的首选。后来，明代经济逐渐恢复，明中期以后，上层阶级撇弃了原来节俭的生活方式，开始用丝绸材质的织物来做寝具，并将其传播给大众。后来，价格低廉的棉花、蒲絮、芦花等逐渐成为被褥填充的常用材料。被褥是漫漫长夜里陪伴人们入睡的贴身之物，从古至今，人们不仅极其看重其使用过程中的舒适性，同时也极其关注其装饰性所传达出来的情感。

2. 软枕

明代的枕具以陶瓷枕等硬质枕具为主，但达官贵族及商贾家庭多使用软枕。在《金瓶梅》《红楼梦》等小说中，含有许多关于枕头的描写，如扣花枕头，即把各种颜色的玫瑰和芍药花瓣填充入玉色夹纱的枕头里。

明朝的软枕是用丝绸、棉布和皮革做成的。丝绸一般包括锦、缎、罗、绮、缟、绢、纱等材质。绸缎面料质地比较柔软厚实，所以制作软枕时，多用作刺绣底布。软枕的制作工艺多种多样，包括刺绣、织锦、缝贴、拔花、蜡染、扎染、手绘等，其中丰富的色彩传达着人们对美好生活向往的愿望。自古以来，刺绣和织锦就含有美好的寓意，人们将它们合称以形容美好的事物，如锦绣山河、锦花绣草、胸罗锦绣等。

《仇画列女传》卷十六罗懋明母的卧房中用的枕头是绣有花鸟样式的团枕，床上铺着一团花重锦的褥子，床上还挂着兰花纹样锦帐。整体装饰舒适而富有美感，表明主人身份属于官宦或贵族（表 3.4）。

3. 床帏

大约在宋末元初，就开始出现了床帏，到了明代，床帏已经基本定型。床帏不但有冬天驱逐寒冷、夏天遮蔽蚊蝇的实用性，且床帏上或织或绣的装饰纹样，以及其他各类附加的装饰物，很大程度上为室内居室增加了装饰效果，是当时人们居家生活的必备品。

床帏通常依附于床的四面来围设，其正面利用帐钩将其束起。床帏上部一般设有帐檐，其上装饰有编织图案和刺绣图案，或者绘一些图案加以

---

① （明）文震亨著，赵菁编：《长物志》，北京，金城出版社，2010 年，第 310 页。

装饰，看起来十分精美。在帐额底部一般会有一排流苏或两条长的飘带，丝带从帐额的底端自然落在床的边缘，从上而下，由窄至宽，下端形成三角形尖角，显得格外精致飘逸。另外，明代经济条件较好的家庭的架子床上还会设置一条床裙，以遮住床下的空间。《仇画列女传》插画场景中有较多涉及床帏的描绘（表 3.4）。

表 3.4 《仇画列女传》中的寝具类织物

卷目	人物	场合	织物	图例
卷六	夏侯令女	卧室	团花床帏、团花织锦褥子、海棠花纹床垫	
卷七	王孝女	卧室	团花床帏、兰花织锦褥子、龟背纹床垫	
卷七	魏溥妻	卧室	素床帏、几何纹床垫	
卷九	坚正节妇	卧室	团花床帏、龟背纹床垫	

续表

卷目	人物	场合	织物	图例
卷十一	临川梁氏	卧房	团花床帏、团花织锦褥子	
卷十三	惠士玄妻	卧室	素床帏、团花织锦褥子	
卷十五	叶节妇	卧室	团花床帏、团花织锦褥子、龟背纹床垫	
卷十五	韩文炳妻	卧室	素床帏、团花织锦褥子、龟背纹床垫	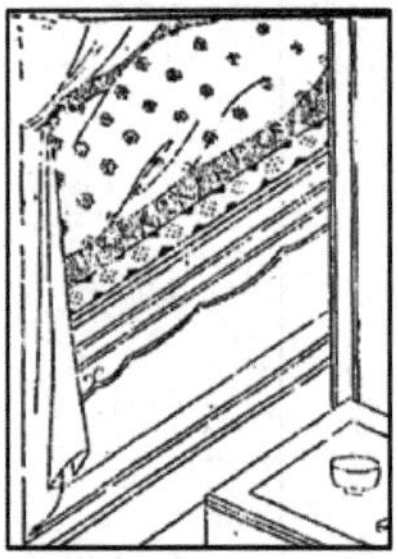
卷十五	方氏细容	卧室	团花床帏、团花织锦褥子、龟背纹床垫	

续表

卷目	人物	场合	织物	图例
卷十六	陈宙姐	卧室	团花床帏、碎花褥子、龟背纹床垫、刺绣花鸟团枕	
卷十六	罗懋明母	卧房	刺绣花鸟团枕、团花重锦褥子、兰花纹样锦帐	

图 3.9 为清乾隆戳纱绣寿山福海帷帐，该帷帐为长方形，上方垂搭宽 22 厘米，戳纱绣万字纹锦地，其上绣 11 个团夔龙捧寿形图案，团形寿字采平金法，以圆金线和片金线为绣线，再用另一种丝线把它平钉在底衬之上。帷帐以戳纱绣寿山福海图为主题，画面极其生动。帷帐的纹饰图案寓意江山万代、万寿无疆。该帷帐与《仇画列女传》卧室中出现的团花床帏形制大体一致，只是由于使用人的身份等级不同，装饰题材也会不同。

图 3.10 为清嘉庆明黄缎绣五彩金龙纹夹炕褥，该炕褥是清中期苏绣的精品，以明黄色缎为面料，以圆金线及五色绒线为绣线，绣制五色云、蝠、金龙等纹饰。炕褥的四周以涂金粉的方空纱为边饰。金彩辉映，绣工精细，花纹线条流利，生动活泼。该炕褥与《仇画列女传》卧室中出现的各色团花织锦褥子形制大体一致，也是因为使用人的身份等级不同，装饰题材也会不同。

图 3.11 为清早期缀绣彩云金龙纹妆花纱围幔，该围幔上绣两条行龙，下面装饰海水江崖纹。绣制者将预先完成的纹样内的多余部分剔出，使其形成剪纸效果，然后钉缀于围幔之上，并以金线围边，纹样给人以浮雕感的三维效果。该围幔与《仇画列女传》卧室中出现的各色团花织锦帐形制大体一致，只是装饰题材有所不同。

图 3.12 为清乾隆御用明黄缠枝莲金龙坐褥，该坐褥为长方形，明黄缎地，四围用蓝、白绣线绣出海水，海水之上用蓝色、橙色绣线绣出诸色珍宝。坐褥中心用金线盘出五条金龙，居中一条正龙，正龙两侧各有两条行

龙，以正龙为中心作对称状分布。在空隙中，用各色绣线绣出缠枝勾莲纹与龙身相缠绕。该坐褥与《仇画列女传》卧室中出现的龟背纹床垫在使用功能上是相同的，二者形制大体一致，在装饰题材方面，因使用人的身份等级不同，自然而然地存在不同。

图 3.9 清乾隆戳纱绣寿山福海帷帐

图 3.10 清嘉庆明黄缎绣五彩金龙纹夹炕褥

图 3.11 清早期缀绣彩云金龙纹妆花纱围幔

图 3.12 清乾隆御用明黄缠枝莲金龙坐褥

（三）屏蔽类织物

屏蔽类织物经常被用来限制和分隔空间，保护隐私。常见的屏蔽织物有帷幔、门帘等，四季使用的窗帘通常是用丝绸、缎子或纱线制成，镶嵌青色缎边。不同的室内气氛，可以通过悬挂不同的门帘窗纱、帷幔挂帐织物来营造。普通人在大殿里结婚时往往会布置有吉祥图案的门帘窗纱，以表达他们对好运和完美人生的美好期待。不同空间和场合使用的屏蔽织物的形状各不相同。人们利用窗帘、织物屏风等陈设品改变空间布局，分割空间，呈现一种连续不绝、密而不闭的层次感。

1. 帷幔

帷幔在古代室内装饰中有着诸多应用。随着小木作内檐装饰的应用越来越多，帷幔逐渐退出市场，但至今，它在不少富贵家庭中，还是不可或缺的装饰物。帷幔一般需要依靠在小木作架构上，如各式花罩、隔扇门、博古架等，遮挡住客人看往内庭的视线，以达到分隔室内空间的作用，是明代居室空间较常使用的一种方式。帷幔的尺幅一般较大，同时又能够形成装饰性小褶以增添美感，且其本身就具有装饰图案。古人曾说过“读书须下帷”“做工用帷幔”，说明文人在阅读、习帖或工作时，在没有单独房间，却又不想被外人打扰的情况下，也会将帷幔挂起来，以达到临时遮挡的作用。帷幔除了起到分割居室空间、遮挡外人视线的作用外，还具有保护家具和其他器物的功能，如在皇室贵族或者文人书房，里面的博古架或书架上常设有小型的帷幔，其主要作用就是保护书籍或陈设品。

2. 门帘

门帘，主要设于门檐处，有遮挡光线、屏蔽风沙的作用。有关门帘的记载，可追溯至魏晋南北朝时期。到了宋朝，门帘已成为每家每户必备之物。明代的门帘织物的种类繁多，应用纷杂。冬天，它们被称为“暖帘”，以毛毡和油绢为材料或以锦、缎等作为面料，内里放上棉花。夏季门帘由单层织物制成，重量轻而薄，素有“软帘”之称。门帘一般挂在门檐处，自然垂落下至比地面稍高位置。门帘通常由内帘和外帘两部分组成，内帘尺幅大，为帘子的主体部分，外帘尺幅则相对较小，并设帘刷，位于帘子的上端。帘刷有时也与竹帘等其他材质帘子配合使用，挂于门檐上端，将卷起的帘子放置其后，起到隔尘护帘的作用。

明朝时期，市井人家使用的软饰用品一般为蓝色印花纹样、彩色印花纹样的帷幔、窗帘、帐檐、门帘等。图案颜色质朴清雅、简单大方，多为团花、缠枝、折枝、锦群等样式。官宦大都喜欢华丽的装饰，所用的帷幔、帐檐多为一些颜色鲜艳浓烈的绫罗绸缎，尽显格调奢华的气势，如《三言二拍》中提及过紫绢沿边的帘子和细密纹脚的朱红色帘子；《金瓶梅》中描述过龟背纹丝织抹绿色绣帘，这些文学描写在另一个角度为我们展现了明朝时期帐帘样式的丰富多彩。《仇画列女传》卷一周宣姜后场景中，侍女站在门外，入口挂着绣有大红色撒花缎子制的门帘，门帘上镶嵌着缠枝卷花青缎边，整体看上去非常精美。门帘将空间自然地分割开，给别人一种美妙旖旎的感受（表 3.5）。

表 3.5 《仇画列女传》中的屏蔽类织物

卷目	人物	场合	织物	图例
卷一	周宣姜后	厅堂	缠枝卷花缎门帘	
卷七	王氏女	厅堂	团花缎门帘	
卷八	崔玄暐母	厅堂	团花缎门帘	
卷十三	郑氏允端	书房	素色缎门帘	

图 3.13 为清乾隆宫制鹤鹿同春门帘，长 165 厘米，宽 120 厘米，门帘中部绣四时花卉，针脚细密。四时花卉与彩蝶寓意“四季长春”，下部装饰梧桐双鹿仙鹤灵芝，以寓福寿。整体用色淡雅，格调清新，不落俗套。

该门帘与《仇画列女传》厅堂、书房中出现的各色门帘形制大体一致，只是由于使用人的社会等级不同，装饰题材、制作材料也会不同。

图 3.14 为清乾隆御制缂丝龙纹门帘。门帘呈门式，缂丝蓝底，上饰五条五爪戏珠金龙，间饰祥云折枝花卉。工艺精致，纹饰富贵吉祥。该门帘与《仇画列女传》厅堂、书房中出现的各色门帘相比，功能大体相近，只是这里的门帘遮掩效果稍弱。

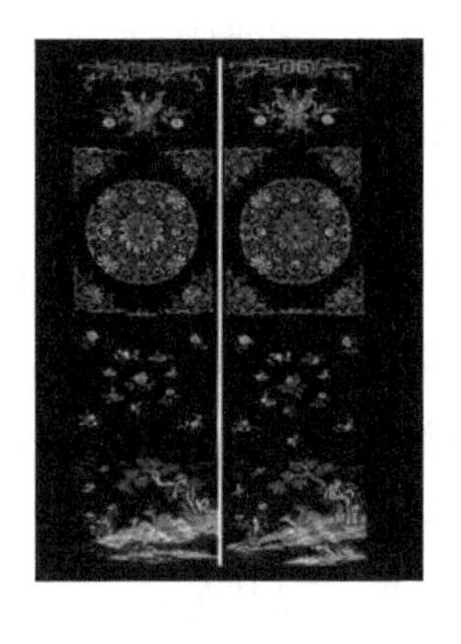

图 3.13 清乾隆宫制鹤鹿同春门帘

图 3.14 清乾隆御制缂丝龙纹门帘

二、文房清玩类

书房是文人墨客居室中不可或缺的私人空间，也是读书人身份的象征和标志，在书房中，一般都会置办一些文房四宝、书法字画、古琴等文房清玩来反映文人的性格。《仇画列女传》插画中涉及的文房清玩可谓五花八门，但绝大多数还是以文房四宝和书法字画为主。

（一）文房四宝

一般来说，文房用具通常指广义上的笔、墨、纸、砚，再加上一些具有观赏性或把玩性的陈设品，如笔屏、笔格、笔筒、笔架、笔洗、镇纸、墨床、贝光、水丞、印泥盒、印章等。从宋代到明代，文风渐盛，文房用具也逐渐流行起来，明朝时期，文人阶层队伍越来越壮大，使得文房用具的需求量增多，文房的艺术品位也随之得到提升。笔、墨、纸、砚及其他辅助用具一直都是文人抒写胸中笔墨不可缺少的物品，能让文人墨客尽情地发挥自己的才情、表达自己的感受，这些物品是文化的载体，具有丰富的文化内涵。文房用具不光是陈设品，更是放于案头的心中瑰宝。这些器物展现了文人的知识、情趣和品位。

毛笔品种繁多，自唐宋后，浙江产“湖笔”独领风骚几百年。在明代，笔的制作也是极尽精工之事，中国制笔技术在此时期达到巅峰。其时笔筒所用的材料较多，主要包括竹、玉、象牙、瓷器、雕漆、珐琅等。这些毛笔一度成为达官贵人案头几间的清玩，不过，这类笔却为文人雅士所不屑，他们以“斑管”（斑竹笔杆）为最雅，正如元代杂剧作家白朴在《阳春曲》中所写的：“轻拈斑管书心事，细折银笺写恨词。”其他如金银管、象管、玳瑁、镂金、紫檀雕花等毛笔，看起来多庸俗不堪，并非文人真正的心爱之物。

作为文房四宝之一的墨，在中国流传久远。中国的制墨手艺闻名于世。在人工墨水还未发明以前，人们一般都将天然墨——石墨用作书写材料。到了汉代，开始出现松烟墨。到了宋代，文人骚客越加注重书法，把墨视为珍品，对于墨的使用十分严格，以致对墨的辨别水准也异常精确。宋墨制作，在当时已达尽善尽美的境地。当时的安徽徽州因有千年生产徽墨的历史而享有很高的声誉。中国制墨史上最光辉、最成功的时期是明代，当时“桐油烟”和“漆油”两种造墨技法十分先进，并且很快普及到全国，其中图案各异的墨锭组成的套墨“集锦墨”，因其特有的装饰特点，而受到众多文人的追捧。

作为中国古代四大发明之一的造纸术，为人类文明的传播做出了巨大贡献。书法向来是无纸不成书，纸是书画发展中不可或缺的工具。书画用纸中，以宣纸最佳。宣纸始于唐代，产于泾县，因泾县为唐代宣州的属地，所以世人谓之宣纸。明代的绘画书法艺术高度繁荣，尤其以水墨写意盛行于世，自然促使宣纸不断地发展完善。

文房器具中，砚台是主要的文具之一，它同时还是一种能够反映文人气质追求的艺术品。砚台的历史由来已久，相传砚台是由早期的研磨器逐步进化而来的。汉代以后，砚台制法开始放弃采用研石自成一体的方式，产生了多种形式，如三国时期的青瓷砚台。魏晋南北朝以后，砚台制作慢慢走向成熟。唐宋以前有石砚、陶砚、瓷砚、漆砚等各色材质的砚台，唐宋以后，各地不断出现合适的制砚石材，经过不断的选择优化，形成了以端砚、歙砚、洮河砚、澄泥砚为主的中国四大名砚，文人墨客视端砚为上品。明朝统治者实施科举制度，很多书生希望通过科举走向仕途之路，砚台的需求量开始增多且得到大量生产。为了满足士子对砚台的个性化需求，它们的外观形状也越来越多样化。

笔架是指架笔的用具，是中国的传统文房用具之一，又称笔枕、笔床、笔搁等，一般放置于案头，距今已有 1000 多年的历史，早在南北朝时期就有关于笔架的记载，笔架到了明代，已是书房中不可或缺的物件，制作笔架的材质更是丰富，有珊瑚、水晶、玛瑙、瓷、玉、木等。

笔洗是常用的文具之一，它的主要功能是盛水和洗笔，市面常见的材料有瓷、玉、陶、珐琅、象牙、玛瑙和犀角等。笔洗中最常见的是瓷笔洗，它始于唐宋，盛行于明清，其传世品十分丰富，成了笔洗的主流，在文房用具中具有极高的观赏性。各类笔洗的造型丰富多彩，情趣盎然，其制作工艺精湛，形象逼真。作为文案上的小器具，笔洗不仅具有功能性，还可以作为观赏品修身养性。

镇纸又称压尺，一般压放于书写、绘画用纸、绢、帛等边缘，由此来保持纸帛的平整、舒展，也作阅读时压书用。镇纸起源于早期文人对小件青铜器、玉器的把玩，他们会经常随手将其放置案头，后来用于压纸压书，到了唐代，镇纸不仅使用范围扩大了，而且逐步归属到文房用具中，受到文人墨客的追捧。到了明代，文人墨客喜欢选用神兽作为镇纸，将其放于文房案头作为摆设，镇纸造型一般选择麒麟、狮子，其制作工艺十分精致，质感细腻圆滑，体态精巧圆融，使文人在使用之余，还可享受到镇纸带来的视觉艺术之美。

明朝的古籍中有关文房清玩的记载较为多见，如曹昭在《格古要论》中将文房清玩分为了十三种①；文震亨在《长物志》中将文房清玩细化为五十多种②；高濂在《遵生八笺》中描写了书房陈列，长桌上放有砚台、旧古铜水、斑竹样式的笔筒、旧的窑制笔洗、盛放糨糊的器具糊斗、旧窑制的笔格、水中丞、铜石镇纸等③。这些记载，均映射出明代文人书房用具的丰富。《仇画列女传》卷九郭绍兰插画场景中，郭绍兰在院子里写信时，桌上仅放了砚台、墨笔、素色质朴的笔洗和镇纸，虽然布置简单，但也体现了高雅的生活品位；卷五东海孝妇插画场景中，审案桌上放了官府的印章、山形笔架、砚台、墨笔、红笔、镇纸、笔洗和文书，这反映了明朝官府对陈设非常讲究（表 3.6）。

表 3.6 《仇画列女传》中的文房四宝

卷目	人物	场合	文房四宝	图例
卷二	齐义继母	衙署	山形笔架、砚台、墨笔、红笔、镇纸	

① （明）曹昭著，杨春俏编著：《格古要论》，北京，中华书局，2012 年。

② （明）文震亨著，赵菁编：《长物志》，北京，金城出版社，2010 年。

③ （明）高濂：《遵生八笺》，倪青、陈惠评注，北京，中华书局，2013 年。

续表

卷目	人物	场合	文房四宝	图例
卷四	和熹邓后	书房	山形笔架、砚台、墨笔、红笔、镇纸、笔洗	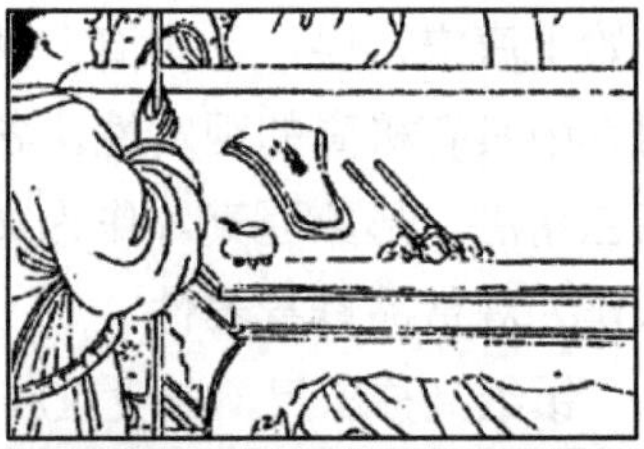
卷五	东海孝妇	衙署	山形笔架、砚台、墨笔、红笔、镇纸、笔洗、文书	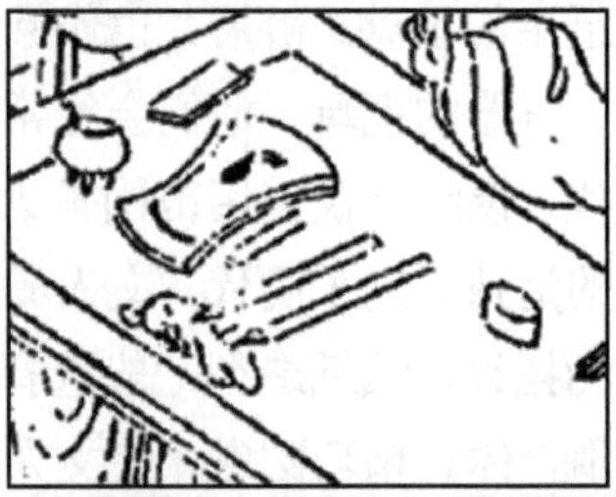
卷五	陆续母	衙署	山形笔架、砚台、墨笔、红笔、镇纸	
卷七	郑善果母	衙署	砚台、墨笔、宣纸	
卷八	江采苹	梅亭	砚台、墨笔、笔洗、宣纸、文书	
卷九	郭绍兰	书房	砚台、笔洗、镇纸、墨笔	
卷九	花蕊夫人	庭院	砚台、笔洗、宣纸、墨笔、文书	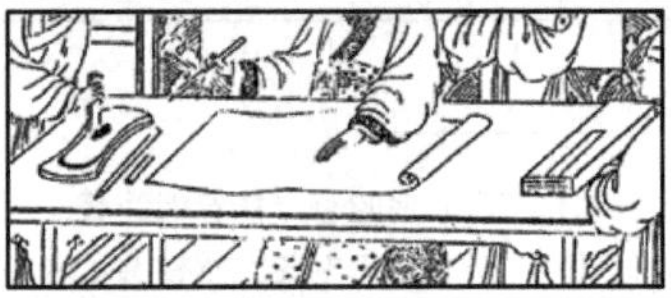

续表

卷目	人物	场合	文房四宝	图例
卷十二	天台严蕊	衙署	山形笔架、砚台、墨笔、红笔、文书	
卷十二	冯淑安	书房	山形笔架、砚台、镇纸、墨笔、宣纸	
卷十三	郑氏允端	书房	笔筒、墨笔、砚台、笔洗	

图 3.15 为宋代铜山形笔架，高 8 厘米，长 12.7 厘米。该笔架为铜铸，黑褐色，造型简洁，三峰式，峰体尖细，峰间空隙用于搁笔，山体两侧沿山峰作嶙峋状装饰。该笔架设计简洁，古朴又不失其实用价值，与《仇画列女传》卷十二冯淑安书房中出现的山形笔架颇为相似。

图 3.16 为明祝枝山铭素池歙砚，宽 10 厘米，长 17.7 厘米。歙砚为中国四大名砚之一，素为历代文人所喜好。歙石的开采约始于唐代，至宋代达到鼎盛，元初因砚坑崩塌而停采，直到清乾隆年间才恢复，故歙砚存世稀少，尤其元明时期制品为罕见，本品即为其中之一。该砚台在功能和大体形制上和《仇画列女传》书房中出现的方形砚台基本相同。

图 3.17 为明万历陈元凯铭九芝端砚，长 16.5 厘米，宽 14 厘米。该砚上款识："心地芝，秀相接。席上珍，干秋业。侄铭。" 印"石上君""元""凯"等。该砚池内精雕如意灵芝九朵，寓意九如，边起阳线，刚柔相济，生动自然。该砚在功能上和《仇画列女传》书房中出现的各色砚台基本相同。

图 3.18 为白潢恭进天子万年笔，管长 18.8 厘米，北京故宫博物院藏品。该笔为竹制管，笔管上方阴识填金楷书"天子万年"四字，下方

缀注填蓝楷书“臣白潢恭进”。笔头以紫毫制作，根部有黄色的副毫，可起支撑作用。该笔在功能和形制上与《仇画列女传》书房中出现的各色毛笔基本相同。

图 3.15　宋代铜山形笔架

图 3.16　明祝枝山铭素池歙砚

图 3.17　明万历陈元凯铭九芝端砚

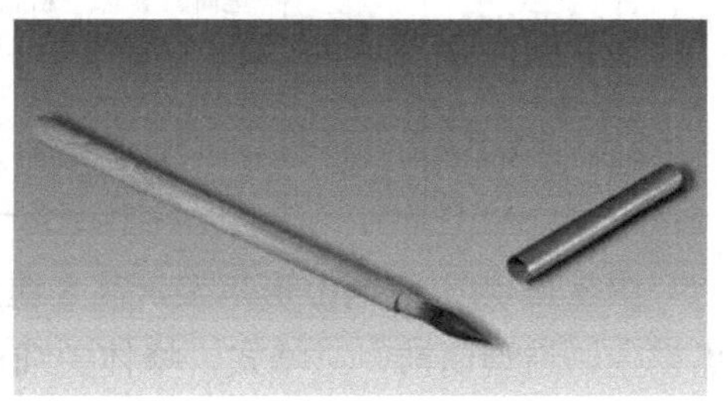

图 3.18　白潢恭进天子万年笔

图 3.19 为明代剔红人物诗文毛笔，长 26 厘米。该毛笔笔管及笔帽外壁厚髹朱漆，笔帽内壁髹饰黑漆。笔身和笔帽顶端复刻莲瓣纹、尾端刻回纹作边。笔管刻花卉锦地，上又浮雕伏虎罗汉于松石之间的图样。构图紧凑，布局疏朗。笔帽花卉锦地上雕行书诗文：“绿枝绿溪转，青山隔案斜。”落款“文生”二字，兼“文生”篆书方印。该毛笔在功能上与《仇画列女传》书房中出现的各色毛笔基本相同。

图 3.20 为明代铜雕“犀牛望月”镇纸，高 4 厘米，长 7.8 厘米，宽 6 厘米。犀牛望月镇纸以铜为材料制作，表现犀牛望月的典故。犀牛望月是中国传统吉祥纹饰之一，借犀牛可通神灵之传说，比喻人具有通天彻地的智慧，是人们期望家中出现贤德俊才的一种表现。该犀牛望月镇纸在功能上与《仇画列女传》书房中出现的各色镇纸基本相同。

图 3.19 明代剔红人物诗文毛笔

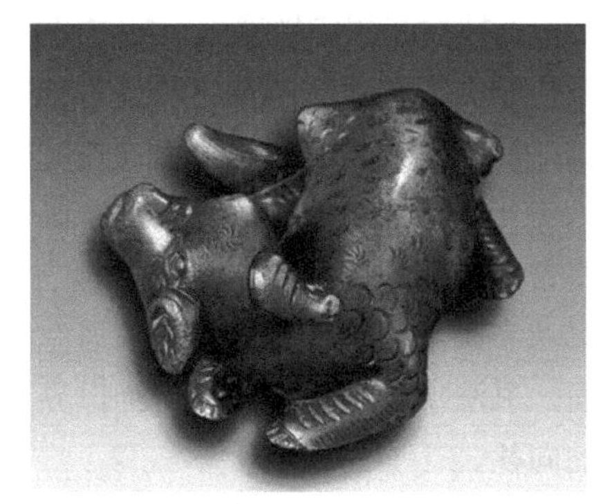

图 3.20 明代铜雕“犀牛望月”镇纸

图 3.21 为明代御制淳化轩刻画宣纸，长 130 厘米，宽 65 厘米，北京故宫博物院藏品。纸为三层托裱而成。其中一层纸刻出了龙的图案，另两层宣纸将其夹托起来，在光的透射下，夹层间的龙纹便会显现出来。右下角钤“御制淳化轩刻画宣纸”朱文长方印一方。纸质地匀细，宜于书写。这里的淳化轩刻画宣纸，在功能上与《仇画列女传》书房中出现的各色宣纸基本相同。

图 3.22 为元代哥窑四方洗，长 7.2 厘米，宽 7.1 厘米。哥窑四方洗作四方形，敞口平底，直壁略内收。通体施灰青釉，釉面滋润，色泛青灰。通体金丝铁线状开片，粗开片为黑褐色，细开片为金黄色，深浅开片交织如网，古朴雅观。该哥窑四方洗在功能上与《仇画列女传》书房中出现的各色笔洗基本相同。

图 3.21 明代御制淳化轩刻画宣纸

图 3.22 元代哥窑四方洗

（二）书法字画

书法字画一直以来都是非常重要的室内装饰品，一般都是经过精心装裱后，再被挂在居室墙壁上，自古以来，居室中就讲究名人尺幅自不可少。中国传统文人一直对书法字画情有独钟，文人房中都会配有书法字画作为装饰。明代文人学者认为可以通过藏书来表达闲暇情趣，而书法字画则被视为美化房屋的重要对象。书法字画可以渲染室内的气氛，给空间整体的风格带来特有的艺术韵味。一方面，书法字画能够减轻室内空间的庄重感，将书法字画当作陈设品搭配在家居空间中，可以增强空间的灵活性；另一方面，书法字画可以让人的精神世界变得澄澈，满足人们内心对宁静和舒适的向往。

明代书法字画注重装饰功能，要求书法字画与场景相结合，达到和谐的装饰效果。比如挂卷轴时，可以参考悬画月份，依据不同时节悬挂不同的卷轴。具体如何挂画，有一条准则，即“画若不适景，其言亦谬”，就是在提醒人们，假如所选挂画与环境不和谐，就会不相适宜，弄巧成拙。

明代书法字画与家具放在一起时，有一些固定的摆放方式，如在用来小憩或侧卧阅读的床榻后方，可以选择一些比例和谐的书法字画；半月桌上，往往会选择比桌子宽度小些的竖样书法字画与之协调。文震亨曾写道，“画桌可置放奇石，或时花盆景之属”[①]，就是指将奇石或花盆放于桌上，使字画、家具、奇石花盆交相辉映，相映成趣。

明代中期以来，书法字画藏品日益流行。明人的室内空间中常挂着书画。不仅是文人墨客，老百姓也开始用书画装点家中，美化空间。《仇画列女传》卷十三郑氏允端的书房中有一幅画，在书房正中间的屏风墙上，该画为一幅耕牧图，与整体室内风格相协调。该画非常符合郑氏允端当时才华横溢，却甘于隐居，过着恬淡生活的心境（表 3.7）。

表 3.7 《仇画列女传》中的书法字画

卷目	人物	场合	字画	图例
卷十三	郑氏允端	书房	耕牧图	

①（明）文震亨著，赵菁编：《长物志》，北京，金城出版社，2010 年，第 330 页。

续表

卷目	人物	场合	字画	图例
卷十四	郢王郭妃	厅堂	贤妃图	

图 3.23 为清代《胤禛耕织图册》局部图，长 39.4 厘米，宽 32.7 厘米。《胤禛耕织图册》是雍正帝登基前，以康熙年间刻板印制的《耕织图》为蓝本，内容和规格仿照焦氏本，由清宫廷画师精心绘制而成。该图现存 52 页，每幅画上都有胤禛的亲笔题诗，并钤有“雍亲王宝”和“破尘居士”两方印章。这里的《胤禛耕织图册》局部图在题材上与《仇画列女传》卷十三郑氏允端书房中出现的耕牧图大体相同，绘画风格也颇为相近。

图 3.24 为元代王振鹏《历代贤妃图》。此图为绢本，共 10 幅，题跋 5 幅，用矿物颜料绘制而成。笔触细劲，结构严谨。每幅均撰录史要，记其所画贤妃、贤后的代表。这里的《历代贤妃图》在题材上与《仇画列女传》卷十四郢王郭妃厅堂中出现的贤妃图大体相同，绘画风格也颇为相近，只是这里的人物角色更为丰富，场面更为热闹。

图 3.23 清代《胤禛耕织图册》局部图

图 3.24 元代王振鹏《历代贤妃图》

（三）古琴

古琴是中国著名的传统乐器，一直以来，古琴备受文人墨客的青睐。在文人心目中，琴能养心，亦能正心，这就是文人骚客向往的“独与天地精神往来”的境界。古语有言，“士必操琴，琴必依士”“君子无故不去琴瑟”。荀子曾在《乐论》中提过琴瑟有着淡雅安宁的气质，因此适合养心。唐代白居易在《听幽兰》一诗中说道：“琴中古曲是幽兰，使我殷勤更弄看。”明代张岱认为，琴有其他乐器不具备的高雅意向感，不但可怡情养性，还可借此寻找和自己同调的好友。文人起居室中，陈设古琴已经成为必需，但它不用来演奏和抚摸，纯粹是一种装饰，正如文震亨所说的：“琴为古乐，虽不能操，亦须壁悬一床。”[①]这已经成了文人士大夫之间的自我消遣，这样看来，琴其实是一种修身之物。

大概在汉魏时期，古琴的外形就基本定形，并一直沿用至今，一般用桐木、杉木、楸木、梓木等轻质材料制成。自古以来，关于古琴为谁所制，众说纷纭。主流观点一致认为古琴是神农或伏羲所创，因而将其分为神农式、伏羲式、乡泉式、连珠式、灵机式、蕉叶式、仲尼式和落霞式等。古琴是根据人身凤形，用独木做成的，它的结构很精致，分寸大小都有讲究，有头、颈、肩、腰、尾、足等部位，古琴身形扁平狭长，琴身要求底部用梓木，面上则用桐木，具有底面平面深如穹、中间空的特点。《仇画列女传》卷十三陈淑真插画场景中有一张琴桌，上面有一把古琴（表 3.8）。

表 3.8 《仇画列女传》中的古琴

卷目	人物	场合	器物	图例
卷三	百里奚妻	厅堂	古琴	
卷五	徐淑	厅堂	古琴	

① （明）文震亨著，赵菁编：《长物志》，北京，金城出版社，2010 年，第 272 页。

续表

卷目	人物	场合	器物	图例
卷十三	陈淑真	书房	古琴	

图 3.25 为北宋仲尼式“万壑松”琴，通长 128.6 厘米，隐间 117.1 厘米，额宽 19 厘米，肩宽 20.4 厘米，尾宽 14.9 厘米，厚 5.9 厘米，北京故宫博物院藏品。该琴通体髹黑漆，灰胎，腹冰纹，琴头有梅花断。琴底龙池上方刻楷体“万壑松”琴名，池左右填青色行草琴铭：“九德兼全胜磬钟，古香古色更雍容。”这里的仲尼式万壑松琴在形制上与《仇画列女传》中出现的古琴大体相同，只是款型略有不同。

图 3.25 北宋仲尼式“万壑松”琴

图 3.26 为唐代伏羲式“九霄环佩”琴，通长 124 厘米，隐间 114.2 厘米，额宽 21.8 厘米，肩宽 21.2 厘米，尾宽 15.4 厘米，厚 5.8 厘米，北京故宫博物院藏品。该琴传为盛唐雷氏所作。琴面为梧桐，底为杉木。通体紫漆，面底多处以大块朱漆补髹，琴凸面有小蛇腹断纹装饰，纯鹿角灰胎。龙池、凤沼均作扁圆形。伏羲式古琴在形制上与《仇画列女传》中出现的古琴基本相同，只是款型略有不同。

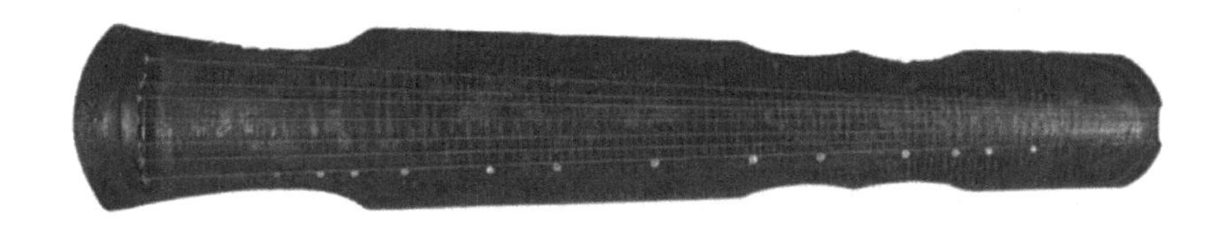

图 3.26 唐代伏羲式“九霄环佩”琴

图 3.27 为南宋“玲珑玉”琴，通长 118.4 厘米，隐间 110.7 厘米，额宽 17.4 厘米，肩宽 19 厘米，尾宽 13 厘米，厚 5.7 厘米，北京故宫博物院藏品。“玲珑玉”琴为仲尼式变体，琴背铭刻，龙池上刻行书琴名“玲珑玉”。左右刻草书琴铭“峄阳之洞，空桑之材。凤鸣秋月，鹤舞瑶台”，龙池下行书“复古殿”，又九叠文“御书之宝”大印。“玲珑玉”琴在形制上与《仇画列女传》中出现的古琴基本相同，只是存在款型的细微差别。

图 3.27　南宋“玲珑玉”琴

三、其他陈设类

本书所描述的其他陈设品主要包括日用器皿、瓶花盆景、仪仗扇。

（一）日用器皿

饮食器皿、祭祀器具和盛放器物都是些常见的日用器皿，这些日用器皿因材质不同，可分为漆器、金银器、青铜器、陶器、瓷器等。

明朝在政治、经济、文化等各方面的发展较为均衡，器皿的形态在各种因素的影响下逐步走向成熟。明初，太祖严刑峻法，规范吏治，提倡生活简朴作风，器皿的风格也随之转变。官府和民间的制品大多摒弃浮华艳丽的风格，更注重肃穆清爽的感觉。到了明朝中后期，对外贸易日益兴盛，推动了器皿造型的发展。

明代瓷器的地位较之前朝有了前所未有的提升，如《明史》卷四十七载：“今拟凡祭器皆用瓷，其式皆仿古簠簋登豆，惟笾以竹。诏从之。”[①]据此可以看出，瓷器已成为法定的祭器，明朝的社会风气受此影响巨大。当时，瓷器的使用非常广泛，从皇室、官府人员、地主到普通民众，基本都选择瓷器。

明代漆器种类繁多，主要包括盒、盘、尊、盏托、匣、碗等，其中式样不同的盒、盘占多数，涉及日常生活的方方面面。同一种类的器皿有多种样式，以剔红盘为例，有方盘、圆盘、长方盘、牡丹盘、八角盘、葵瓣盘、菱瓣盘、条环盘和四角盘等。嘉靖时期，漆器风格历经了数个

① 《明史》卷四十七，北京，中华书局，1974 年，第 1237 页。

朝代的发展，逐渐从原来朴素大方、精巧圆润的风格，转化为轻巧华贵、繁复精致的新风格。

手工业和各种器物制造业的兴起，导致明代器皿的造型风格变化多端，选材追求创新。明代器皿多用卷草纹、蕉叶纹等植物纹样作为装饰纹样。帝王将相和名门望族等阶级的居室中和宴会上喜欢用纹样丰富多彩的铜器、金银器和瓷器。与此相反，老百姓的生活用具相对简单，注重功能实用。《仇画列女传》卷十昭慈孟后插画场景中，宴桌的左侧放有三足古鼎式铜炉，左边的侍者手里托着盘盏，盘上放有精巧别致的酒爵杯，其右侧摆放着一件刻有蕉叶纹和海水纹的尊，右边的侍者手中拿着金素杏叶执壶。明代重要的铜制品就是铜炉，它们大多是仿古式的鼎式铜炉，其造型看起来简洁朴素，色泽明澈温润，是当时的工艺佳品。酒爵是宴请来宾时常用的敬客酒器，明代常用的盛酒器还有尊，常用的斟酒工具则是杏叶执壶。《仇画列女传》卷十四宁王娄妃插画场景中我们可以看到许多明代宴会用的器皿，如外缘有蕉叶图案的瓷碗、回形纹状图案的铜壶、插有珊瑚的哥窑花瓶等，这些都反映了当时宴席所用器物的多样性和明代器物制造业的繁荣（表 3.9）。

表 3.9 《仇画列女传》中的器皿

卷目	人物	场合	器皿	图例
卷十	昭慈孟后	宴厅	三足古鼎式铜炉、盘盏、酒爵杯、蕉叶纹酒尊	
卷十	成肃谢后	厅堂	如意纹海浪纹瓷罐、内置珊瑚的花盆、如意云纹水波纹银钵	
卷十	陈寅妻	厅堂	蕉叶纹回纹罐、蕉叶纹瓷瓮	

续表

卷目	人物	场合	器皿	图例
卷十	陈文龙母	厅堂	蕉叶纹如意盖罐、瓷碗	
卷十四	宁王娄妃	宴厅	蕉叶纹瓷碗、回形纹铜壶、冰裂纹哥窑花瓶、杏叶执壶、仿古三足酒爵	
卷十六	陈宙姐	厅堂	蕉叶纹瓷罐、如意纹钵盂、陶罐	

图 3.28 为明代铜冲耳乳足炉，高 11.2 厘米，口径 14.3 厘米，北京故宫博物院藏品。铜炉口外倾，收颈，鼓腹，下腹圜收，三乳足渐起自器外底。口沿上左右各立一冲天耳，器外底有 3 行 6 字楷书“大明宣德年制”。这里的冲耳乳足炉在形制上与《仇画列女传》卷十中出现的三足古鼎式铜炉基本相同，只是这里款型略微矮胖。

图 3.29 为银鎏金狮子戏越纹四曲花口盘盏，盘高 12 厘米，底径 14～18 厘米；盏高 46 厘米，径 80～96 厘米，江苏溧阳平桥南宋银器窑藏出土，镇江博物馆藏品。盘心錾的椭圆形装饰框，是为承盘的标志，框内錾一对折枝牡丹，框外打作双狮戏毬，折沿外缘錾一周回纹。盏为夹层，为四曲花口。内盏盏心錾狮子戏球纹，外盏为一周莲瓣纹托底，四曲间细錾卷云纹，其上各饰五个乳钉。足底有“李四郎”名押。这里的盘盏在功能上与《仇画列女传》卷十中出现的盘盏基本相同，只是这里款型略微复杂。

图 3.28 明代铜冲耳乳足炉

图 3.29 银鎏金狮子戏越纹四曲花口盘盏

图 3.30 为明嘉靖回青釉爵杯，高 16.1 厘米，口径长 12.7 厘米、宽 6.6 厘米，足距 7 厘米，北京故宫博物院藏品。杯造型与纹饰模仿古代青铜器。通体施回青釉，釉色呈淡紫蓝色。杯口为椭圆形，配铜制镂空盖。深腹，下承以三柱形足。腹部饰回纹、兽面纹和鼓钉纹各一周。杯底无釉露胎，署阴刻楷体“大明嘉靖年制”六字双行款。这里的回青釉爵杯在功能和形制上与《仇画列女传》卷十中出现的酒爵杯基本相同，二者颇为相似。

图 3.31 为明宣德青花海水蕉叶纹尊，高 15.1 厘米，口径 16.5 厘米，足径 10.9 厘米，北京故宫博物院藏品。尊为广口，腹呈扁圆形，圈足。通体绘青花纹饰，颈部绘蕉叶纹，腹部绘海水波涛，海水上为如意云头纹。足底青花双圈内有青花楷书“大明宣德年制”六字双行款。这里的青花海水蕉叶纹尊在功能、形制和装饰题材上与《仇画列女传》卷十中出现的蕉叶纹酒尊基本相同，二者颇为相似。

图 3.32 为五代定窑白釉碗，高 5.8 厘米，口径 18 厘米，足径 6 厘米，北京故宫博物院藏品。碗为敞口，内收，圈足。通体施白釉，底无釉。五代是定窑瓷业快速发展的时期，制瓷工艺比唐代更为精细，该碗是该时期的代表作品之一。这里的定窑白釉碗在功能上与《仇画列女传》卷十中出现的瓷碗基本相同，只是这里的白釉碗敞口更大。

图 3.33 为宋代哥窑青釉弦纹瓶，高 20.1 厘米，口径 6.4 厘米，足径 9.7 厘米，北京故宫博物院藏品。瓶为撇口，口沿有微微酱紫色，细长颈，扁圆腹，圈足。颈及肩部有弦纹四道。器里外及底心满釉，釉面开“金丝铁线”片纹，底部呈酱褐色。这里的哥窑青釉弦纹瓶在功能和形制上与《仇画列女传》卷十四中出现的冰裂纹哥窑花瓶基本相同，二者颇为相似。

图 3.34 为清代犀角雕螭纹杯，高 12.8 厘米，口径长 14 厘米，宽 8.1 厘

米；足距长 8.2 厘米，宽 7.5 厘米，北京故宫博物院藏品。该杯仿古代青铜爵形，将犀角尖部刨开，分成三足，经加热后向外撇。杯口呈椭圆形，两端上翘，口沿阴刻雷纹。外壁饰菊纹锦地，并在杯身上镂雕三条蟠螭。这里的犀角雕螭纹杯在功能和形制上与《仇画列女传》卷十、卷十四中出现的三足酒爵杯基本相同。

图 3.30 明嘉靖回青釉爵杯

图 3.31 明宣德青花海水蕉叶纹尊

图 3.32 五代定窑白釉碗

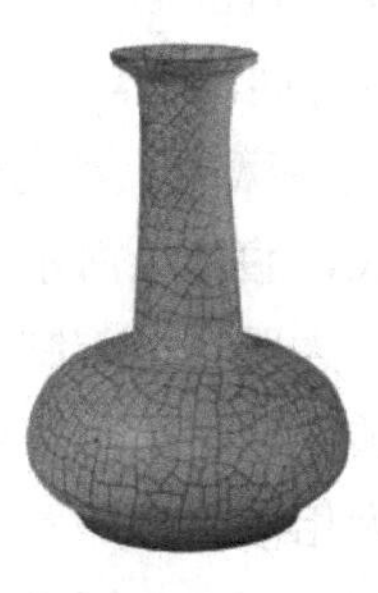

图 3.33 宋代哥窑青釉弦纹瓶

图 3.34 清代犀角雕螭纹杯

（二）瓶花盆景

明朝时期，人们在室内陈设盆景和瓶花是一种常见的居室装饰方式。在豪门权贵家中，盆景和瓶花一般被陈设在厅堂四角的花几上。而普通平民家里，也会放一些干枝在小花瓶里。明代文震亨在其所著《长物志》卷二中提到：插花所选择的花要纤瘦小巧、不要繁杂；折花宜折大枝；最好不要选疏密斜正、花繁枝乱的花枝。[①]明代中期以后，人们对插花的赏玩回归朴素清新、

① （明）文震亨著，赵菁编：《长物志》卷二，北京，金城出版社，2010 年，第 74 页。

雅致的色彩，彼时插花造型多为散点疏枝，整体风格质朴活泼，条件好的人家在插花的时候，还会搭配灵芝、珊瑚、孔雀翎等。

随着明朝经济的繁荣，插花文化也兴盛起来。同时，明代心学的发展，促使在陈腐礼教、森严等级背景下的文人更加注重自我灵性的发展；促使人们转向自然，以花为伴，抒发胸臆。在花卉材料的选择上，人们更喜欢挑选木本花卉作为材料，再搭配一些松、柏、柳、杉、枫等的木本材料，由此出现了一些意蕴深远的植物材料组合，如寒天三友、四君子等。插花者的主要目的是通过花草来表达情感，体现个性，并进一步展现自身的品格。明代主要流行两种类型的插花，即新理念插花和文人插花。明初流行的新理念插花是院体插花和理念插花的结合，其结构以中立形为主干，有十多种花卉材料，一般以瓶花为主，花材与搭配的花器比例为2∶1，具有高大壮丽的特点。文人插花主要指文人人格插花。文人墨客不太注重排场，也不为祈福，他们只为情境意趣，所用的花器朴素典雅，花材以四君子和寒天三友为主，通过花卉来表达情感。文人重视陈设环境对瓶花的衬托，于是，他们的插花作品风格显得尤为高雅别致。

明代文人对于瓶花的选取，是从在大自然中选取花枝开始的。袁宏道曾在《瓶史·花目》中说道："余于诸花取其近而易致者，入春为梅、为海棠；夏为牡丹、为芍药、为安石榴；秋为木樨、为莲菊；冬为蜡梅。一室之内荀香何粉迭为宾客。"[①]此段话意在强调在选取花材的时候，要注重季节变化，把握时令转换的律动。同时，袁宏道还不厌其烦地把九种韵雅格高的名花佳品一一罗列出来，由此可见明代文人在插花时，对于花材品相的重视。

人们在容器的选取方面亦同样考究，会将不同材质的花器和花材相匹配，以呈现异彩纷呈的插花艺术形式。比如牡丹芍药搭配精致贵重的瓷器，野花闲草则与竹编藤编花器搭配，两相融合，互为呼应。最常见的花器为陶瓷器，而官窑、汝窑、哥窑、均窑、龙泉窑等，皆因生产花器而闻名于世。容器的造型可谓丰富异常，可抽象地分为浅盘式与高身式，不同形状的花器要与不同形状的花材搭配，如阔口类的花器宜与大型的花材搭配；窄口高身的花器适合于小型花材搭配，不同的搭配展现不同的意境和韵味。瓶、尊、瓢、壶、筒、缸、碗等，都可用作花器，但如此丰富的花器，也非随意用来插贮花材，均应考虑时节、环境等问题。例如，张谦德曾于《瓶花谱》中提到春冬用铜、秋夏用瓷的观点，即让人考虑季节的因素，不同的季节，应选择不同的花器；张谦德还主张堂厦宜大、书室宜小，这是从

---

① （明）袁宏道撰：《瓶史·花目》，绣水周氏家藏。

环境布置的角度来考虑的，环境不同，氛围不同，花器也宜不同；在花器的材质方面，张谦德主张贵瓷铜、贱金银，这是从欣赏的角度来考虑的，注重清雅；在花器造型方面，张谦德建议忌有环、忌成对，无须像神祠中的陈设一般肃穆。[①]

《仇画列女传》卷十四宁王娄妃插画场景中有一场热闹非凡的宴会场面，在宴会上有一哥窑冰裂小花瓶，在瓶内插上珊瑚装饰；卷十五董湄妻插画场景中，灵芝插入花瓶，置于祠堂供桌两侧，以示尊重（表 3.10）。

表 3.10　《仇画列女传》中的瓶花盆景

卷目	人物	场合	瓶花	图例
卷一	王季妃太任	厅堂	灵芝	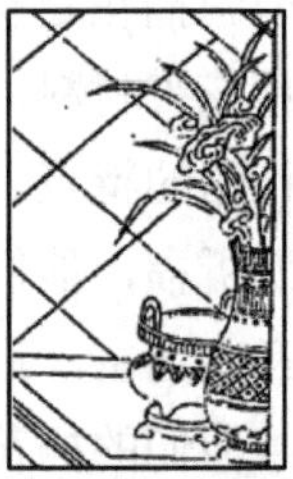
卷二	周宣姜后	厅堂	牡丹	
卷二	齐女傅母	厅堂	孔雀翎、珊瑚	
卷四	光烈阴后	殿厅	莲花	

① （明）张谦德：《瓶花谱》，北京，中国纺织出版社，2018 年。

续表

卷目	人物	场合	瓶花	图例
卷八	李日月母	厅堂	兰草、珊瑚	
卷十	陈母冯氏	厅堂	灵芝	
卷十三	宁贞节女	厅堂	梅花	
卷十四	宁王娄妃	宴厅	珊瑚	
卷十五	邹赛贞	书房	兰草	
卷十五	董湄妻	祠堂	灵芝	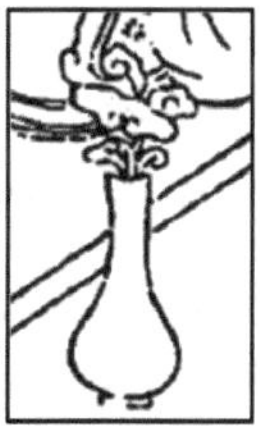

续表

卷目	人物	场合	瓶花	图例
卷十五	高氏五节	衙署	松枝	

图 3.35 为清造办处造宝石灵芝盆景，高 14.5 厘米，其中盆高 4.6 厘米，北京故宫博物院藏品。该盆景为青玉碗，圆形，薄壁，直口，收腹，小圈足。碗内嵌染绿隔板代表盆土，隔板上植灵芝、湖石、花叶等。此景用多种宝石来表现灵芝题材，突出吉祥祝寿的寓意。这里的宝石灵芝盆景在造型上与《仇画列女传》中出现的装饰灵芝基本相同，二者颇为相似。

图 3.36 为清代红珊瑚树盆景，高 108.5 厘米，其中珊瑚高 48 厘米，盆径 65 厘米，北京故宫博物院藏品。该盆景为三层垒桃式盆，结合錾金、掐丝珐琅、画珐琅等多种工艺制成。底部为铜杆、掐丝珐琅的枝叶，延绕在三层双桃之间。桃盆前后有两只展翼大蝙蝠，托起掐丝珐琅团寿字，三层桃之间还有七只铜镀金小蝙蝠，翻飞于硕桃旁。盆中插红色大珊瑚树，体形硕大，枝干匀称。这里的红珊瑚树盆景在造型上与《仇画列女传》中出现的装饰红珊瑚基本相同，二者颇为相似。

图 3.37 为清代蜡梅花树盆景，高 42.5 厘米，其中盆高 8.9 厘米，盆径 25 厘米，北京故宫博物院藏品。该盆景为画珐琅委角长方盆，盆外壁绘折枝花卉纹。蜡梅树叶为染铜、花瓣为染牙。周围点缀染石山子和水晶海棠花、乳白色玻璃茶花、铜片小草等。蜡梅盆景寓意“春光长寿”，清代南方盆景多用此式样。这里的蜡梅花树盆景在造型上与《仇画列女传》中出现的装饰梅花有着异曲同工之妙。

图 3.38 为清代料石梅花盆景，高 30.5 厘米，北京故宫博物院藏品。该盆景为玛瑙雕佛手，佛手一大一小，二枚合抱，盆壁上雕一蝴蝶，盆下配镂雕木座，盆上用绿丝线包缠铜丝并弯作枝条状做成梅树。梅花之间点缀几朵牙雕菊花，叶以染色象牙制成，并以金彩勾画叶脉。这里的料石梅花盆景在造型和神韵上与《仇画列女传》中出现的装饰梅花基本相同，二者颇为相似。

图 3.35 清造办处造宝石灵芝盆景

图 3.36 清代红珊瑚树盆景

图 3.37 清代蜡梅花树盆景

图 3.38 清代料石梅花盆景

（三）仪仗扇

仪仗扇通常用于帝王将相的外出、宴席、朝拜等重大活动，是中国古代上层社会的一种礼仪工具，仪仗扇常见的类型有龙凤纹装饰的龙凤扇、中绣双孔雀四周排列雉羽的雉尾扇、寿字纹装饰的寿扇、寓意团结吉祥友善的团扇等。这些仪仗扇的外形或圆或方，或梅花或葵花，材质多取自天然，或竹，或木，或绢，或纸，或各色羽毛等。仪仗扇在中国封建社会的发展历程中一直是一种礼的载体，发展到后期，仪仗扇的使用有了更严格的操守规定，根据场合不同，所使用的数量、材质、规格也都有所不同。

中国仪仗扇的使用可以追溯至战国、两汉时期。据《汉书》记载，人们最早骑马时通常要执便面遮挡。尽管这并不是后世仪仗队执扇的标准要求，但仆侍随从主人出行时要自备礼仪用具已经初现雏形。从汉朝开始，随着中国扇子功能和类型的逐渐增多，扇子的称呼也变得多了起来。明朝以来，制定朝堂礼仪、规定礼仪制度，都是为了显示主人身份的尊卑和等级的不同。与前朝相比，明朝仪仗扇的使用有了一些变化。虽然在不同场景中出现的仪仗扇数量和形制有所不同，但这些仪仗扇的用途和功能是相同的，并可以通过使用者使用仪仗扇的数量和形制来判断使用者的身份等级。

《仇画列女传》卷四楚江乙母插画场景中画有一张扁圆形火珠祥云图扇，扇子有金花纹镶饰；卷八韦贵妃插画场景中画有一张雉尾扇、一张火珠祥云图双龙扇和一张江崖海水图寿扇。由上可以看出，使用者的身份地位不同，对应的形制规格和等级会出现明显差异（表 3.11）。

表 3.11 《仇画列女传》中的仪仗扇

卷目	人物	场合	仪仗扇	图例
卷一	文王妃太姒	厅堂	雉尾扇	
卷一	齐威虞姬	厅堂	江崖海水图团扇	
卷四	楚江乙母	厅堂	扁圆形火珠祥云图扇	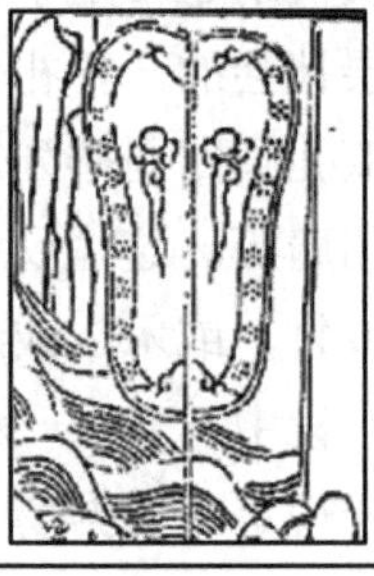

续表

卷目	人物	场合	仪仗扇	图例
卷八	韦贵妃	殿堂	雉尾扇	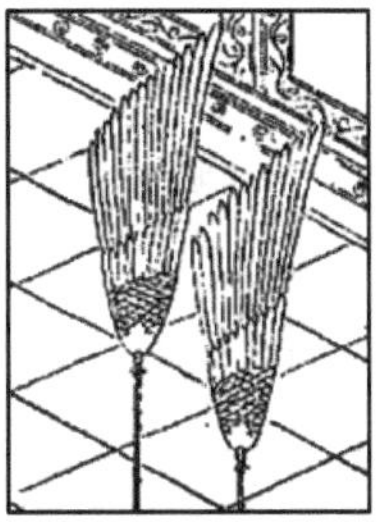
卷八	韦贵妃	殿堂	火珠祥云图双龙扇 江崖海水图寿扇	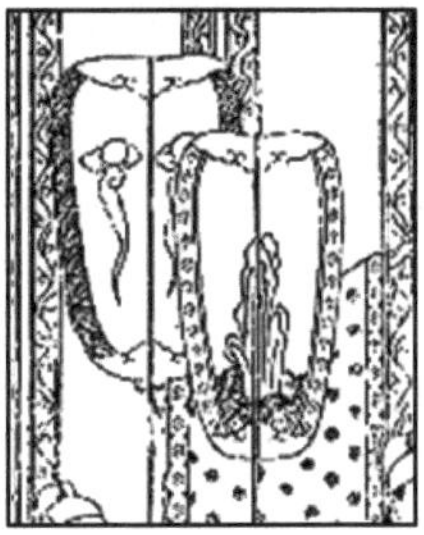
卷十	慈烈吴后	厅堂	扁圆形莲花图团扇	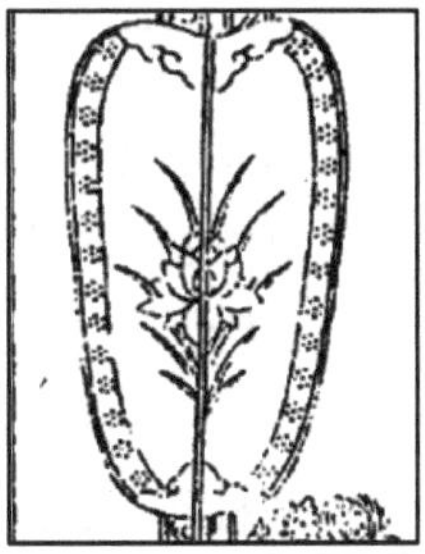
卷十	成肃谢后	厅堂	扁形牡丹图团扇	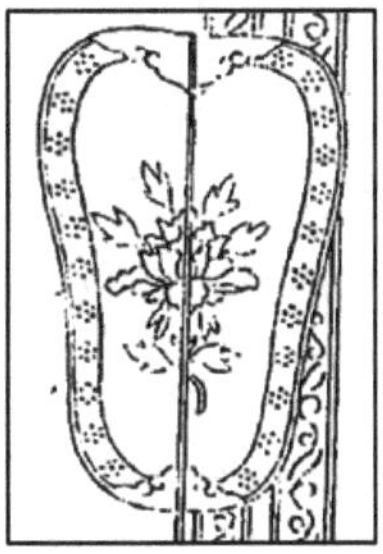
卷十	宪肃向后	殿厅	六角莲花图团扇	

续表

卷目	人物	场合	仪仗扇	图例
卷十	昭慈孟后	宴厅	六角牡丹图团扇	
卷十	昭慈孟后	宴厅	火珠祥云图龟背纹团扇	
卷十四	诚孝张后	殿厅	梅花图团扇	

图 3.39 为清代缂丝花鸟牙柄刻八仙团扇，通长 45 厘米，扇面最宽 31.5 厘米，北京故宫博物院藏品。该扇为上宽下窄的芭蕉式，扇面中部为桃红色，饰折枝牡丹、梅花及绶带鸟。扇面下部配柿蒂形护托，一面饰缂丝加绘宝相花，一面刺绣卷草纹。扇面整体以红色、蓝色为主调，牡丹及梅花亦分别用两种丝线绲边。扇柄牙制，嵌犀角顶头，柄身阴刻填漆八仙纹。这里的缂丝花鸟牙柄刻八仙团扇，在形制上与《仇画列女传》中出现的扁圆形团扇基本相同，二者颇为相似，只是插画中的仪仗扇持柄更长。

图 3.40 为清代白绢地绣孔雀漆柄团扇，通长 44 厘米，扇面径 16.5 厘米，北京故宫博物院藏品。该扇为圆形，边框髹黑漆，中部以白绢为地，运用双面绣技法，有红色、粉色、橙色、赭色、绿色、蓝色、紫色、黑色等，并加入多种间色丝线，绣出松树、牡丹花、孔雀等。此扇黑漆柄镂空，并阴刻卷叶、松针纹，制作十分精巧。这里的白绢地绣孔雀漆柄团扇与《仇画列女传》卷十中出现的团扇在装饰上都出现了牡丹花的图案。

图 3.41 为纳纱花蝶图面漆柄团扇，通柄长 43 厘米，面径 27.6 厘米，北京故宫博物院藏品。该扇为纳纱工艺，以素纱为绣底，用彩丝绣满纹样，四周留有纱地，绣出彩蝶祥云图案。扇骨裹以六瓣蓝花锦，下连金漆云纹扇柄，柄两端镶染色骨件。这里的纳纱花蝶图面漆柄团扇在造型上与《仇画列女传》插画中出现的扁圆形团扇和六角形团扇颇为相似，只是插画中

出现的均为仪仗扇，持柄更长。

图 3.42 为清道光帝绢书画人物图面斑竹柄团扇，通柄长 38.3 厘米，面径 27.5 厘米，北京故宫博物院藏品。该团扇为绢面材质，画面为道光帝御笔书画，扇面背书“存诚尚俭毋需论，同道知音自古难”，后附落款、印章，柄为斑竹。这里的斑竹柄团扇在造型上与《仇画列女传》中出现的扁圆形团扇颇为相似，也单单是插画中的仪仗扇扇柄更长。

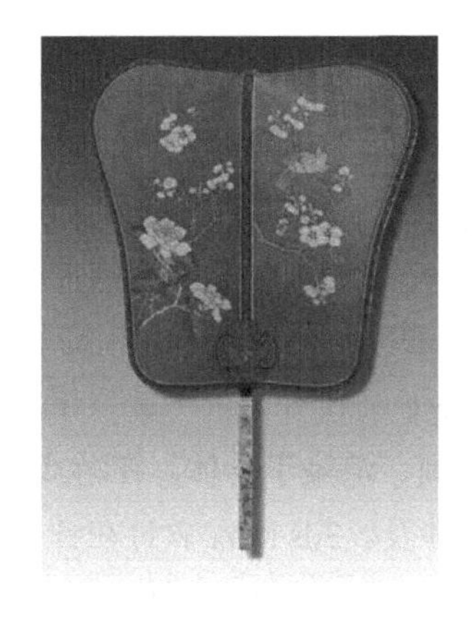

图 3.39 清代缂丝花鸟牙柄刻八仙团扇

图 3.40 清代白绢地绣孔雀漆柄团扇

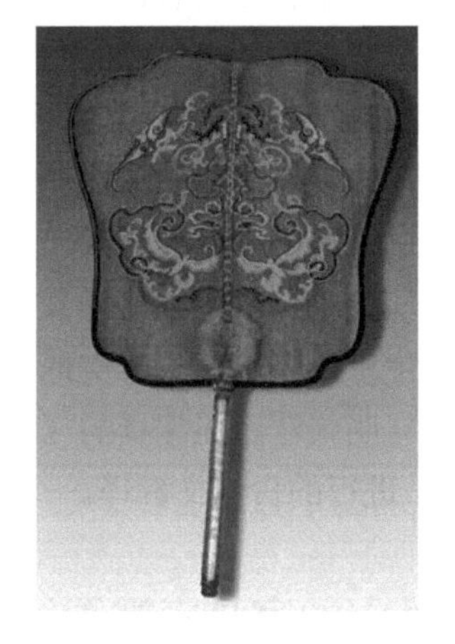

图 3.41 纳纱花蝶图面漆柄团扇

图 3.42 清道光帝绢书画人物图面斑竹柄团扇

笔者通过分析发现，《仇画列女传》中的室内场景被描画得既生动又形象，这些室内场景的空间布局主次有序、错落有致，同家具的搭配更是自然和谐，各种陈设之物应有尽有，这些与家具室内有关的描画，活灵活现地复原了当时人们的活动场景。

第四章 《仇画列女传》中典型家具、场景复原绘制

AutoCAD 为 Autodesk 公司开发的一款计算机辅助设计软件，用于精确的二维和三维绘图、设计和建模，现已成为国际上广为流行的绘图工具。该软件具有很强的适应性，可用于土木建筑、工业产品、工业工程、室内装饰等诸多领域。AutoCAD 软件全面的图形绘制功能和强大的图形编辑功能，使其在家具设计和室内设计等领域发挥着独特的作用。

3D Studio Max 简称 3ds Max，是 Autodesk 公司开发的一款三维制图软件，其功能强大，融建模、材质、灯光、动画、渲染于一体，在游戏设计、影视广告、工业设计、建筑设计等领域均有涉及。3ds Max 软件在计算机中所建立的虚拟世界的基础上，通过建模、创建场景、赋材质、打灯光及渲染，最后生成效果图。

本书以《仇画列女传》的木刻版画为基础，结合相关著作及现存的明代家具，对《仇画列女传》中的家具进行了系统整理和分析，借用上述绘图软件对书中场所及家具进行绘制和复原，较为真实地再现了《仇画列女传》中故事发生的活动场所。具体步骤为：首先，运用 AutoCAD 软件对书中典型家具的三视图及室内场景的平面图进行绘制；其次，在 CAD 文件的基础上，运用 3ds Max 软件对家具及空间进行建模、创建场景、赋材质、打灯光及渲染，力求将《仇画列女传》中室内布置情景真实地呈现在读者眼前。此外，本章的故事情节是笔者根据明代汪道昆编撰的《仇画列女传》（中国书店出版社 2012 年版）线装书进行的白话文翻译。

第一节 《仇画列女传》经典场景中的家具三视图绘制

一、概述

本节主要表现《仇画列女传》经典场景中的家具形制，为此使用了 AutoCAD 软件绘制家具三视图。在绘制过程中，为了让读者更好地了解书中的家具形象，针对书中部分家具形制遮挡、尺寸模糊、材质不明

等诸多问题，笔者参考了古斯塔夫·艾克著的《中国花梨家具图考》[①]、王世襄著的《明式家具研究》[②]、袁进东和夏岚编著的《故宫典藏明式家具制作图解》[③]、袁进东和周京南著的《故宫典藏清式家具装饰图解》[④]等著作中的数据。

此外，根据书中人物等级地位将其分为皇室贵族、将相官吏、士绅商贾、普通百姓等几大类，并选取这几类人群的活动范围作为典型场景进行分析，分别绘制其室内空间里的家具三视图造型。

二、皇室贵族所使用的家具

（一）厅堂

1. 太王妃太姜

表 4.1 呈现的是太王妃太姜厅堂家具使用情况，在图 4.1 中，明确形态的家具有床榻、脚踏和折屏。

太王妃太姜为中国周朝三太妃之一，她是周文王的祖母、王季的母亲、周太王的正妃，相传此人贤德无比、母仪天下，是周朝创业的功臣。她生下了太伯、仲雍、王季三人，并以身作则教育三个儿子，使他们自幼就非常优秀，具有高尚的品德。太姜对周太王有辅佐之功，周太王每遇事不决必向太姜请教，太姜也必能够提出一些合理的建议，后世人誉太姜为辅佐和教化了几位开万世太平的君王。图 4.1 中呈现的正是周太王遇事来向太姜讨教的情形，太王绘声绘色地描述着所遇到的事情，只见太姜王妃双手作揖，谦恭有礼地向周太王表达着自己的意见。

图 4.1 中彭牙束腰床榻用材粗壮，整体庄重大气，器形平稳，上设一镶边龟背纹织锦软垫；床榻后置一灵巧折屏，屏上装饰有秀丽的风俗人情山水画；折屏左后是一隐蔽空间，定睛一看，此为太姜的藏书之处，各类书籍摆放得整整齐齐，难怪太姜睿智贤德，原来有喜读书的雅好。这些家具的品类及其摆放方式与周太王妃太姜的身份地位及气质不谋而合。

---

①〔德〕古斯塔夫·艾克：《中国花梨家具图考》，薛吟译，北京，地震出版社，1991 年。

② 王世襄：《明式家具研究》，北京，生活·读书·新知三联书店，2008 年。

③ 袁进东、夏岚编著：《故宫典藏明式家具制作图解》，北京，中国林业出版社，2018 年。

④ 袁进东、周京南：《故宫典藏清式家具装饰图解》，北京，中国林业出版社，2019 年。

图 4.1 太王妃太姜厅堂家具

表 4.1 太王妃太姜厅堂家具使用情况

家具	家具三视图		
	正视图	左视图	俯视图
床榻			
脚踏			
折屏			

2. 王季妃太任

表 4.2 呈现的是王季妃太任厅堂家具使用情况，在图 4.2 中，明确形态

的家具有长方桌、脚踏和折屏。

王季妃太任与太王妃太姜一样，同为周朝三太妃之一，是周太王之子王季的后妃，也是周文王的母亲，挚任氏的女儿，是中国历史上有记载的、最早重视胎教的女性。据《礼记·保傅》记载，其品行端庄，德行高洁，待人诚敬、处事严谨庄重，凡事只有合乎仁义道德才会去做。相传王季妃太任在怀文王时，就非常注重胎教，相信接触到什么东西，就会受到相应的影响；感受到什么情感，也会受到相应的影响。强调感于善则善，感于恶则恶，对待食物也很严格，睡觉、坐着和站立时都非常注意仪态，要求端端正正，目不视恶色，耳不听淫声，口不出恶言，在晚上还会命乐官朗诵诗歌，演奏雅乐。相传周文王小时候很聪明，可以教一识百，触类旁通。

图 4.2 中精巧大气的折屏装饰有兰花、梅花、竹、牡丹和假山，前置一四出头官帽椅搭配着碎花椅披、软垫，可见古人非常注重家具的舒适度，但凡身体大面积接触处皆设软包织物。官帽椅立于彭牙壶门脚踏构建的台面之上，坐在上面有一种高高在上的感觉，尽显与交流者身份地位的差距；二侍女或捧书，或待命，静立于太任两侧；年轻的周文王来向母亲请安受教，文王后面的长方桌上有时下最为流行的青铜香炉和宝瓶，上面装饰着精美的乳钉纹和回形纹，宝瓶中插有兰草和灵芝。这样的家具搭配和场景装饰也尽显王季妃太任端庄贤淑的气质，以及周文王的恭谦睿智。

图 4.2 王季妃太任厅堂家具

表 4.2 王季妃太任厅堂家具使用情况

家具	家具三视图		
	正视图	左视图	俯视图
长方桌	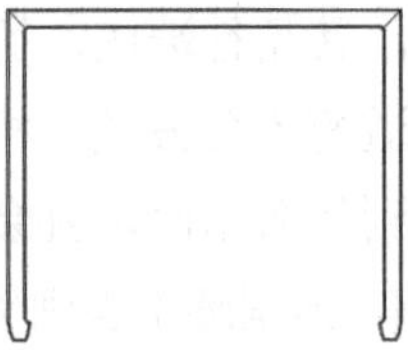	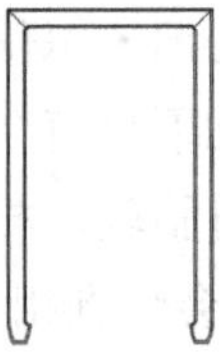	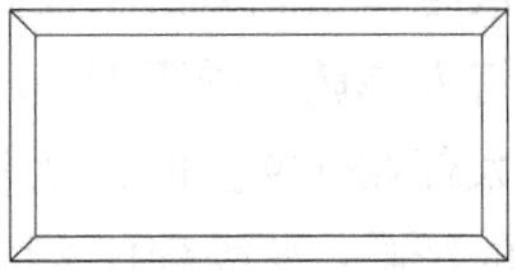
脚踏	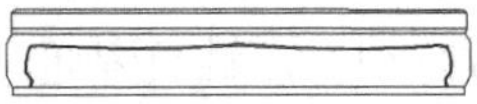	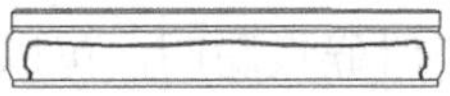	
折屏			

3. 卫灵夫人

表 4.3 呈现的是卫灵夫人厅堂家具使用情况，在图 4.3 中，明确形态的家具有圈椅、长方桌和屏风。图中圈椅下踩托泥，屏风为独扇式落地屏风，无底足直接着地，这种形制的屏风在《仇画列女传》中常见，但在现存的明代家具遗存中鲜见。

卫灵夫人是春秋时期的女政治家，名南子，原是宋国公主，生性活泼、妩媚漂亮，后嫁给卫灵公。这里的故事背景讲的是“宫门蘧车”的典故。画家仇英正是依据此典故，精心设计描绘了卫灵公和南子议事的场景。一个月明之夜，两夫妻边赏月，边议论着宫门外的车声。南子端坐于绣墩，与正襟危坐的卫灵公面对面，卫灵公坐在铺设着碎花褥子的圈椅上，后面立着一男侍者和装饰有竹石图的简洁屏风。屏风在这里起着分割空间和遮挡光线的作用，把厅堂隔出一个可以听风、观景的僻静处。南子的侍女身后是一简洁长方桌，没有过多装饰，桌上立一烛台，烛火正在呲呲地燃烧。屋外柳树槐树，树影婆娑，与屋内的景致相映成趣，刻画出了一幅王公贵族、官宦人家夜间休闲的场景。

图 4.3 卫灵夫人厅堂家具

表 4.3 卫灵夫人厅堂家具使用情况

家具	家具三视图		
	正视图	左视图	俯视图
圈椅			
长方桌			
屏风			

4. 齐女傅母

表 4.4 呈现的是齐女傅母厅堂家具使用情况，在图 4.4 中，明确形态的家具有灯挂椅、长方桌和座屏。图中灯挂椅在搭脑部分的造型呈如意云头形，座屏为独扇式。

齐女傅母讲的是齐国公主的傅母对齐国公主庄姜说教的故事。傅母是古时候专事负责辅导、保育贵族子女的老年妇人。庄姜是中国历史上的第一位女诗人，她有多首诗歌收录在《诗经》里面，如《燕燕》《柏舟》《绿衣》《日月》《终风》等。庄姜不仅有才华，其容貌也是国色天香。

画家仇英正是依据此典故，精心设计描绘了傅母教育庄姜的场景。图中厅堂家具及装饰非常富贵大气，一面豪华座屏树立在厅堂的主要位置，座屏上面装饰有高山行旅图，座屏前立一秀丽挺拔的灯挂椅，灯挂椅不仅装饰了角牙，还有多根横枨连接，配合一加长形镶边织锦椅披一并使用，既大气奢华，又舒适宜用。座屏左后侧设一马蹄足长方桌，方桌上立二花瓶，一高一矮，高的蒜头瓶插着几只孔雀尾翎，矮的梭形瓶里插有一支奇异红珊瑚，整体的家具与装饰风格，既简洁大气，又不失档次和品位。折射出庄姜的睿智敏捷、生活裕如的个人作风。只见庄姜见傅母到来，从座位上起身，双手交叉于身前，恭恭敬敬地听着傅母的教诲。

图 4.4　齐女傅母厅堂家具

表 4.4 齐女傅母厅堂家具使用情况

家具	家具三视图		
	正视图	左视图	俯视图
灯挂椅	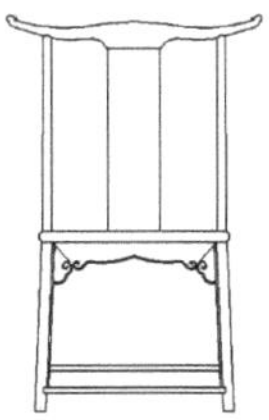		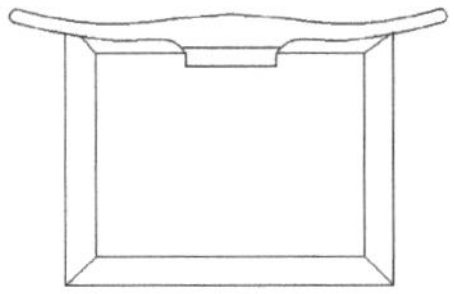
长方桌	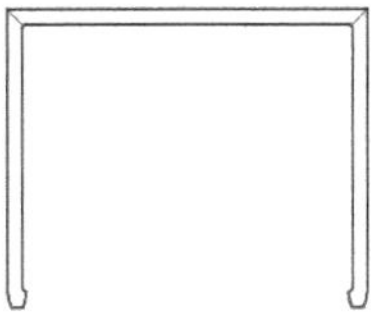	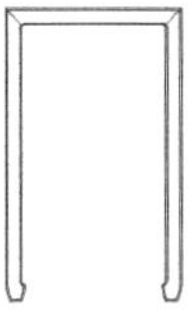	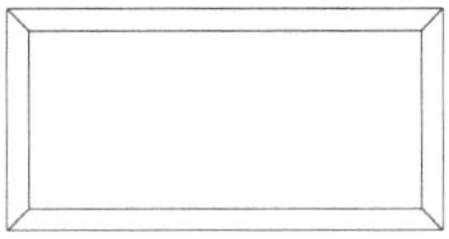
座屏	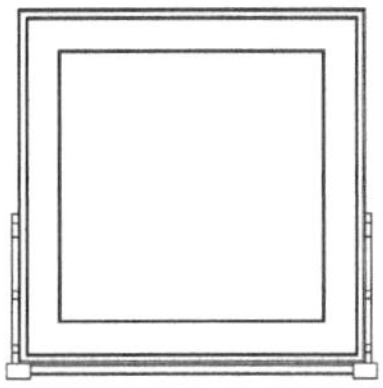	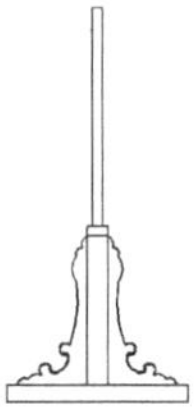	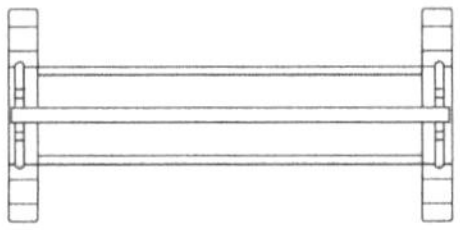

5. 密康公母

表 4.5 呈现的是密康公母厅堂家具使用情况，在图 4.5 中，明确形态的家具有坐墩、花几和座屏。此处香几面下有高束腰，内翻马蹄足，下踩托泥。

密康公母讲的是“三女为粲”的典故。密康公母是西周时期密国国君康公的母亲隗氏。相传其善于识微知害，也就是能够预知事情潜藏未露的危害。她还告诫她的儿子需“公行下众，物满则损”，意思是低调行事做人，一心为公为众，防止自己骄傲自损。

画家仇英正是依据此典故，设计描绘了隗氏用心良苦、循循善诱的教子场景。只见隗氏端坐于绣墩之上，绣墩上方包覆了大面积的软体织物。隗氏双手上扬，一指尖对着密康公，表情严肃，声色俱厉地陈述此事的严重性。密康公只知此事失礼、心中有愧，未敢直接面对老母亲，只能侧身作揖，面带尴尬的笑容听着母亲的指责。隗氏身后是一巨大豪华座屏，这一类座屏往往作为主要座位后的屏障，借以显示其高贵和尊严，座屏装饰有假山、竹、兰组成的风景画，暗喻隗氏品格的高洁和遇事反应的敏锐。座屏右边是一带束腰下踩托泥的高花几，花几上置二花瓶，一花瓶插有莲花和鹊翎，一花瓶插有稀世的珊瑚。这些家具造型和装饰无不体现王公贵族奢靡而富足的生活。

图 4.5 密康公母厅堂家具

表 4.5 密康公母厅堂家具使用情况

家具	家具三视图		
	正视图	左视图	俯视图
坐墩		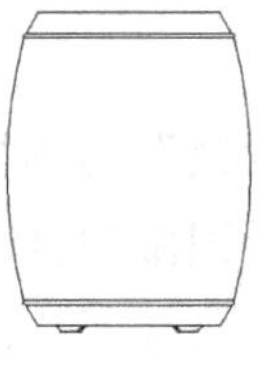	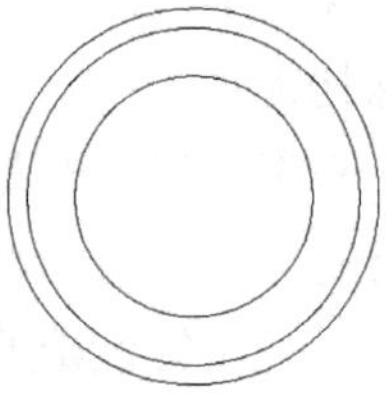
花几	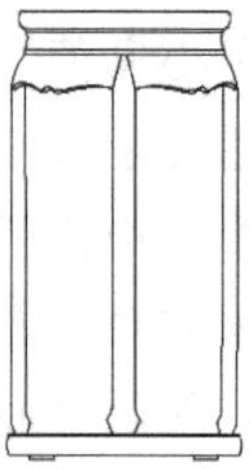	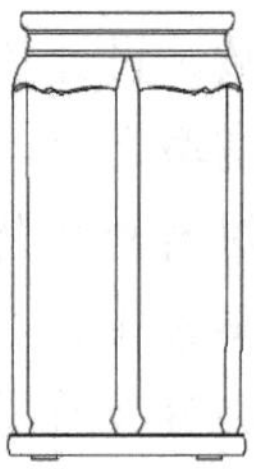	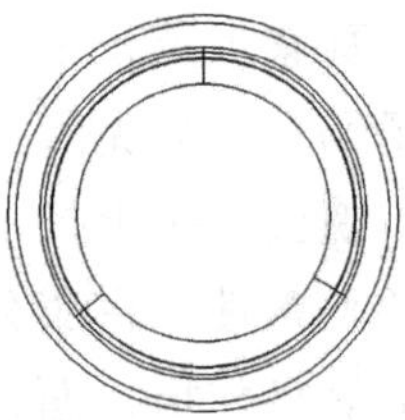

续表

家具	家具三视图		
	正视图	左视图	俯视图
座屏	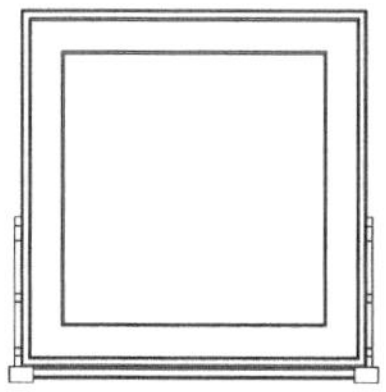	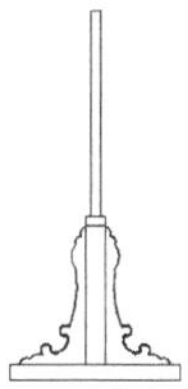	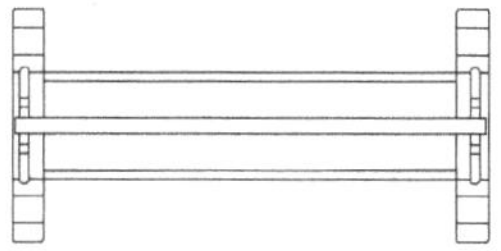

6. 许穆夫人

表 4.6 呈现的是许穆夫人厅堂家具使用情况，在图 4.6 中，明确形态的家具有平头案、圆凳和座屏。

许穆夫人是春秋时期卫宣公庶子卫昭伯的女儿，卫懿公的妹妹，貌美聪慧，能歌善诗，是中国古代著名的爱国女诗人。因为许穆夫人长得国色天香，当时，许国和齐国都派来了使者求婚，国家之间的通婚都会带有一定的政治目的，具有结盟的意味。许穆夫人颇具政治远见，为了卫国的安危，愿意牺牲个人的幸福嫁到强大又离得近的齐国。因为，一旦卫国有什么事发生，齐国还可就近增援。怎奈卫懿公贪图许国重礼，偏偏将其远嫁给国力弱小的许国国君许穆公为妻。于是，大家都称其为许穆夫人。因为许国远离卫国，许穆夫人常常登高抒怀，或采虻解郁，或借诗咏志，留下千古名篇《泉水》《竹竿》。后北狄侵卫，卫国亡。她希望许穆公帮助收复国土，许穆公却不敢出兵相救，最后许穆夫人悲恨交加，亲自招兵买马，以弱女子之躯火速驰援祖国。当时，许国的很多大臣都阻拦并指责她的救国之举。但许穆夫人不仅义无反顾，还写下了千古名篇《载驰》以明志。回到卫国后，她先卸载物资救济灾民，并同卫国的君臣一起商议如何复国；最后招来四千百姓，边生产、边习武整军，同时建议卫国向齐国求援；许穆夫人的行为最后感动了齐桓公，遂遣公子无亏击退狄兵，卫国终得以复国。此后，卫国国运延续了数百年。

画家仇英正是依据此典故，精心设计描绘了许穆夫人在嫁许国之前，与傅母陈述嫁给齐国、许国的利弊的场景。只见许穆夫人目光坚定，一手扶着傅母；一手正在激昂指点，力陈事情利弊。傅母微屈身躯，满眼慈爱地看着许穆夫人。怎奈傅母人微言轻，对待此事也是无可奈何，只能靠许穆夫人自己想办法。仇英笔下的平头案秀丽端庄，平头案的腿足是非常精致的内翻勾云腿足；案下装饰有线雕角牙，案上整齐地摆放着四书五经。体现了许穆夫人热衷诗书的日常生活，也体现其腹有诗书气自华的出众气质。圆绣墩玲珑精巧，上面同样包覆着软垫，增加了绣墩的舒适度；大气豪华的座屏装饰着牡丹和兰草，也恰恰映衬出许穆夫人感恩桑梓及本人国色天香的佳人气质。

图 4.6　许穆夫人厅堂家具

表 4.6　许穆夫人厅堂家具使用情况

家具	家具三视图		
	正视图	左视图	俯视图
平头案			
圆凳			
座屏			

（二）宫殿殿堂

1. 楚武邓曼

表 4.7 呈现的是楚武邓曼殿堂家具使用情况，在图 4.7 中，明确形态的家具有脚踏、座屏和圈椅。

楚武邓曼讲述的是邓曼识微知害、见事所兴的典故。邓曼是楚武王的夫人，楚文王熊赀的母亲，湖北襄阳人氏。邓曼其人聪颖贤惠，经常为楚武王出谋划策，分忧解难。史传其即知人还可识天命。懂得“物盛必衰，日中必移”的道理。有两个著名的楚国战事与邓曼有关，一个是“屈瑕伐罗”，另一个是“楚王伐随”。

画家仇英正是依据此典故，精心设计描绘了邓曼关心楚武王施政的情形。只见邓曼携丫鬟隐身于屏风后，座屏基座为祥云线雕，屏中装饰着江崖海水纹图画。邓曼身体略微前倾，面露微笑地探听着，端坐于圈椅之上的楚武王发号施令。圈椅铺设了大面积的碎花椅披，极大地提高了使用舒适度。圈椅置于脚踏之上、座屏之前，暗示对话双方身份地位的差距。

图 4.7 楚武邓曼殿堂家具

表 4.7 楚武邓曼殿堂家具使用情况

家具	家具三视图		
	正视图	左视图	俯视图
脚踏			

续表

家具	家具三视图		
	正视图	左视图	俯视图
座屏			
圈椅			

2. 楚江乙母

表 4.8 呈现的是楚江乙母殿堂家具使用情况，在图 4.8 中，明确形态的家具有脚踏、座屏和圈椅。

楚江乙母讲的是楚大夫江乙之母辞甚有度、善以微喻的故事。画者仇英正是依据此典故，精心设计描绘了乙母向楚恭王据理力陈的情形。一对扁圆形火珠祥云纹仪扇，被把持于江崖海水纹立屏前。只见楚恭王端坐在托泥脚踏的圈椅宝座之上，尽显帝王威严。同样为了提升圈椅的使用舒适度，增加了团花锦缎椅披。江乙母亲据理力争，当楚恭王欲赏赐她时，双手作揖，坚辞不受；令尹则是呆呆地立在一旁，望着楚王，显得十分尴尬，无所适从。

图 4.8　楚江乙母殿堂家具

表 4.8 楚江乙母殿堂家具使用情况

家具	家具三视图		
	正视图	左视图	俯视图
脚踏			
座屏	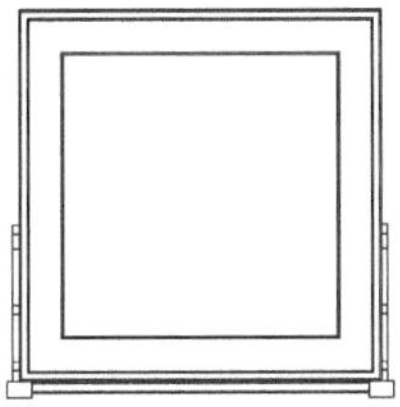	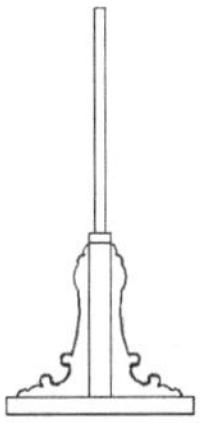	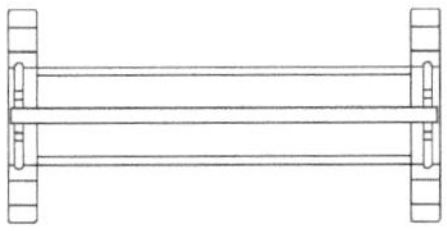
圈椅	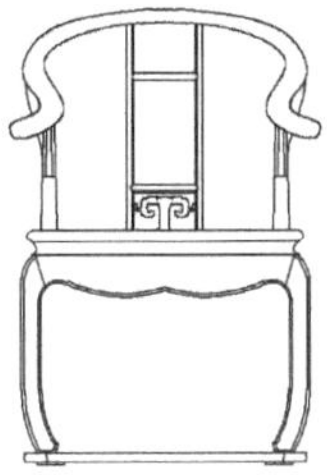	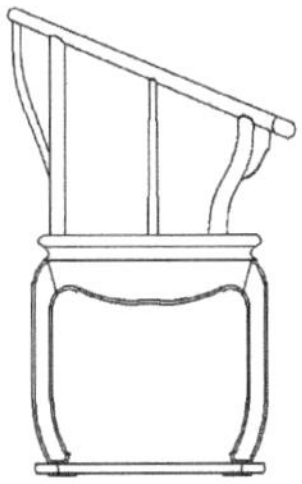	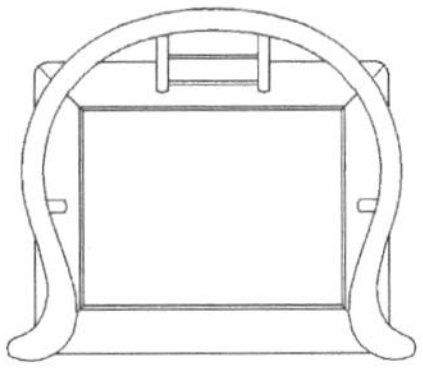

3. 梁夫人嫕

表 4.9 呈现的是梁夫人嫕殿堂家具使用情况，在图 4.9 中，明确形态的家具有脚踏、宝座和座屏。

梁夫人嫕讲的是梁嫕向东汉汉和帝刘肇申冤昭雪的故事。画家仇英正是依据此典故，精心设计描绘了梁嫕向汉和帝跪诉家族冤情的场景。只见汉和帝虽高坐于三屏式龙纹托泥宝座之上，脚踩方形脚踏，背靠江崖海水礁石画立屏，后又有侍者持稀世雉尾仪仗扇，可谓威风凛凛。但面对自己苦难的亲姨娘，却也只能双手作揖，恭敬耐心地倾听梁夫人申诉冤情。两个大臣持象牙笏板甚感欣慰地看着这一幕。画面中家具的造型和饰品的搭配，尽显出皇家的威严和新主汉和帝刘肇的开明通达。

图 4.9 梁夫人嬷殿堂家具

表 4.9 梁夫人嬷殿堂家具使用情况

家具	家具三视图		
	正视图	左视图	俯视图
脚踏			
宝座			
座屏			

4. 昭宪杜后

表 4.10 呈现的是昭宪杜后殿堂家具使用情况，在图 4.10 中，明确形态

的家具有宝座和脚踏。

昭宪杜后，即昭宪太后，河北定州安喜县人。宋太祖赵匡胤、宋太宗赵光义之母。母凭子贵，受到尊崇，被封为南阳太夫人。宋太祖即位后，被尊为皇太后，其治家严谨，通晓礼法。昭宪杜后在历史上最有名的事情就是“金匮之盟”。

画家仇英正是依据此典故，精心设计描绘了昭宪杜后患重疾后，向宋太祖传授遗命的情形。只见宋太祖赵匡胤身着帝王锦服，双手作揖、双膝跪地，认真地聆听母亲的教诲。昭宪杜后强忍病痛脚踩连珠纹脚踏，端坐于三屏式富贵牡丹云纹宝座上。身后立两组仪仗扇。分别为六角牡丹图团扇、火珠祥云图龟背纹团扇各一组，尽显威仪，场景中家具的造型及饰品的搭配，均显示出昭宪杜后母仪天下、德泽后人的不凡气势。

图 4.10 昭宪杜后殿堂家具

表 4.10 昭宪杜后殿堂家具使用情况

家具	家具三视图		
	正视图	左视图	俯视图
宝座			

续表

家具	家具三视图		
	正视图	左视图	俯视图
脚踏			

（三）书房

表 4.11 呈现的是明德马后书房家具使用情况，在图 4.11 中，明确形态的家具有脚踏、长方桌和座屏。

明德马后就是明德皇后马氏，名失载，东汉伏波将军马援的女儿。马氏自幼父母双亡，正所谓穷人家的孩子早当家，马氏十岁就能理家事，事同成人。十三岁被选入皇宫。她待人随和、诚恳，有礼貌，很多事情愿意自己吃亏。即便涉及朝政，亦能推心置腹、换位思考，即便未遂人愿，依然能明陈其故。由此，而受到皇上宠爱。公元 60 年，因马氏贤德，被立为皇后，但其不忘本，依旧穿着简朴，不事奢华，喜劳作，设织房，种桑养蚕，且处事谨慎，严格限制娘家的权势。常与汉章帝讨议政事，关注民生，关爱后代，亲自教授各类知识，喜诵《易经》《楚辞》，并习《诗》《论》《春秋》。赋诵过耳后能辑摘要点，了明大义。后为东汉显帝撰史《显宗起居注》，比班昭补写《汉书》还早二十多年，被誉为中国第一位女史家，可谓德才兼备。

画家仇英正是依据此典故，精心设计描绘了马皇后读史撰书的日常情景。只见马皇后端坐于有椅披的灯挂椅上，双手扶着有织锦桌围的四面平长书桌；书桌上摆着展开的经典书籍、未打开的书卷和书盒，以及焚香的香炉。此时马皇后正在专心致志地阅读书卷，其身后是一面配有竹石图的祥云底座立屏；立屏右后侧置一长方桌，桌上装饰有两个花瓶，一个花瓶插有荷花，一个花瓶插有灵芝。场景中的家具造型及装饰简洁大方，无多余繁冗杂陈。两名侍女静立于旁边，专等皇后的吩咐，另有两名侍女捧着书和画卷于不远处站着，以便马皇后随时取阅。

图 4.11 明德马后书房家具

表 4.11 明德马后书房家具使用情况

家具	家具三视图		
	正视图	左视图	俯视图
脚踏			
长方桌			
座屏			

（四）室外空间

1. 虞美人

表 4.12 呈现的是虞美人营帐家具使用情况，在图 4.12 中，明确形态的家具有坐墩和花几。

虞美人讲述的是霸王别姬的典故。相传虞姬容貌倾城倾国，不仅能歌善舞，对项羽的感情也是忠贞不二。一代枭雄项羽虽性格桀骜暴躁，却对虞姬用情专一。画家仇英正是依据此典故，精心设计描绘了一出生死离别的爱情悲剧。只见在楚军的中军帐中，一盏残烛立于高花几上，正在有气无力地燃烧着。西楚霸王从包覆着虎皮凳套的坐墩上起身，面对虞美人义无反顾地拔剑自刎的情形，霸王惊讶得双手捶胸，痛心不已。表达出霸王不舍虞姬、痛心美人，却又无可奈何、英雄气短的态势。彼时的坐墩为常用家具，轻巧方便。配以各式软装既可提升舒适度，亦有装饰之用。

图 4.12 虞美人营帐家具

表 4.12 虞美人营帐家具使用情况

家具	家具三视图		
	正视图	左视图	俯视图
坐墩			
花几			

2. 花蕊夫人

表 4.13 呈现的是花蕊夫人苑囿家具使用情况，在图 4.13 中，明确形态的家具有坐墩、画案和座屏。

花蕊夫人在历史上是专门用来形容美女的，历史上有好几位花蕊夫人。“花不足以拟其色，蕊差堪状形其容。”意思是用花来形容女子的美貌已经不够了，用花蕊来形容才勉强可以做到。这里讲的主人公花蕊夫人为五代十国人，蜀地青城人氏。花蕊夫人自幼能文善诗词，后被后蜀后主孟昶宠幸，封为慧贵妃，赐号花蕊夫人。

画家仇英正是依据此典故，精心设计描绘了花蕊夫人在苑囿写诗创作的场景。只见砚台、宣纸、墨笔、文书等文人常用的物件一应俱全，整整齐齐地摆放在夹头榫平头画案之上。画案装饰素雅，仅以祥云线雕装饰牙板，造型轻便精巧，适合搬运至苑囿中使用。一侧的侍女正俯身专心研墨，花蕊夫人端坐于绣墩上。她一手抚纸，一手持笔，表情若有所思，可能正欲吟诗作赋，然后及时地把佳作记于纸上。旁边的侍女正抱着两卷空白画卷，等待花蕊夫人书写。她们的身后是一巨大的座屏，起到分隔、美化、挡风、协调等作用。一幅蜀道难难于上青天的风景画跃然装饰于屏风上，并以海水纹装饰边框。这些家具的搭配摆设及饰品设计，均映衬出花蕊夫人性格乖巧、才情双绝、为人单纯的个性。

图 4.13 花蕊夫人苑囿家具

表 4.13 花蕊夫人苑囿家具使用情况

家具	家具三视图		
	正视图	左视图	俯视图
坐墩	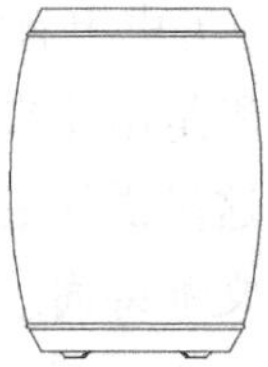	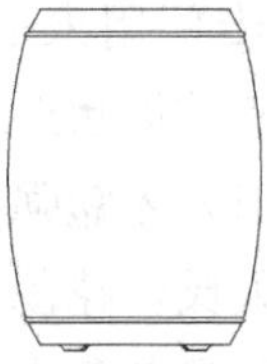	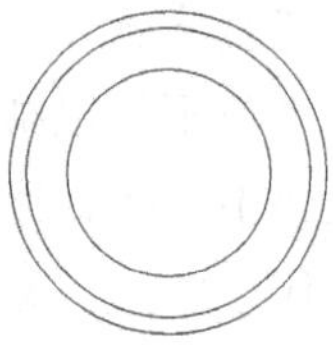
画案	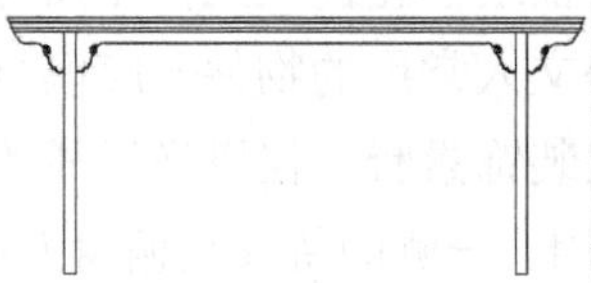	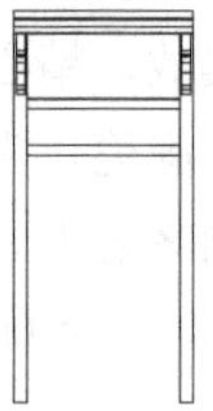	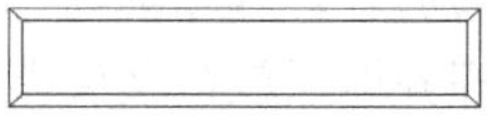
座屏	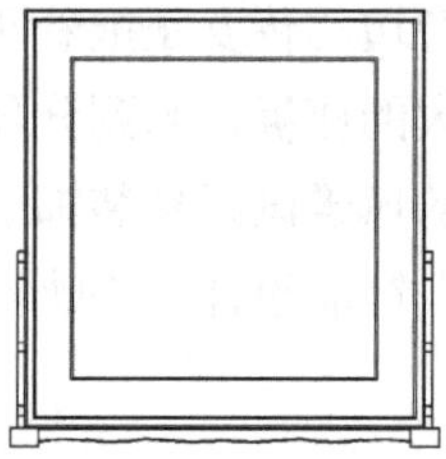	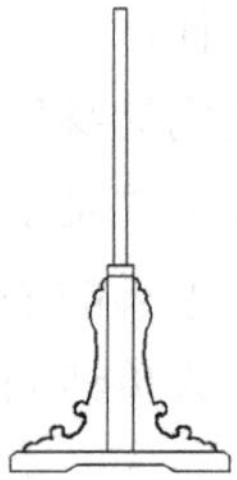	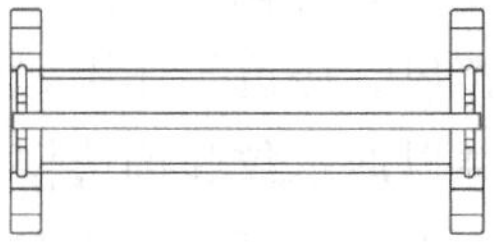

三、将相官僚所使用的家具

（一）厅堂

1. 陈婴母

表 4.14 呈现的是陈婴母厅堂家具使用情况，在图 4.14 中，明确形态的家具有灯挂椅和座屏。

陈婴母讲述的是西汉大将陈婴母亲教儿“韬光养晦，知己识局”的典故。画家仇英正是依据此典故，精心设计描绘了陈婴母亲悉心教子的场景。只见陈婴母亲端坐于搭配有锦绣椅披的灯挂椅上，灯挂椅装饰有简洁的卷云纹牙板和步步高赶枨；身后是一面装饰有高山风景画的座屏，座屏基座是简洁的祥云纹造型。母亲对着陈婴循循善诱，正满脸慈祥地开导着陈婴，陈婴则倾身恭听。画中家具及配饰简洁明了，没有多余的装饰，喻示陈婴母果敢明了，做事看问题干净利落，毫不拖泥带水。

图 4.14 陈婴母厅堂家具

表 4.14 陈婴母厅堂家具使用情况

家具	家具三视图		
	正视图	左视图	俯视图
灯挂椅			
座屏			

2. 崔玄暐母

表 4.15 呈现的是崔玄暐母厅堂家具使用情况，在图 4.15 中，明确形态的家具有靠背椅和座屏。图中靠背椅在靠背板的设计上为经典的三段式攒框嵌板。

崔玄暐母讲述的是崔玄暐的母亲卢氏告诫其如何为官的典故。崔玄暐是唐代武则天时期朝中宰相，著名的清廉官吏，其父是胡苏的县令崔慎。崔玄暐是举明经的进士，入官场后受宰相狄仁杰的赏识而平步青云。其母卢氏把亲戚辛玄驭告诫为官的话告诉了崔玄暐，并要其以此为标准来执行。

画家仇英正是依据此典故，精心设计描绘了卢氏教子的场景。图中靠背椅座位以下装饰有卷云纹牙板，座位少有地无椅披搭配；座屏装饰着梅竹石图，暗示卢氏品格高洁，以身作则善守清贫。卢氏端坐于靠背椅上，正语重心长地教导崔玄玮为官之道。崔玄玮虽贵为人相，在母亲面前依旧是洗耳恭听，表现得十分谦敬。

图 4.15 崔玄玮母厅堂家具

表 4.15 崔玄玮母厅堂家具使用情况

家具	家具三视图		
	正视图	左视图	俯视图
靠背椅	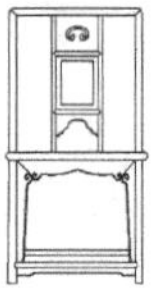		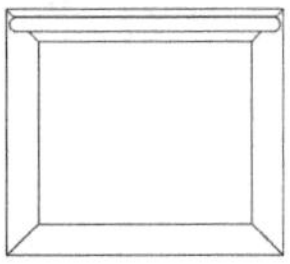
座屏	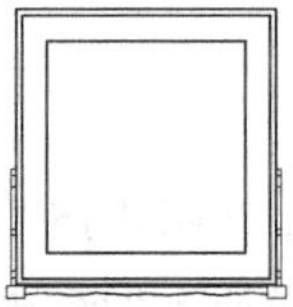	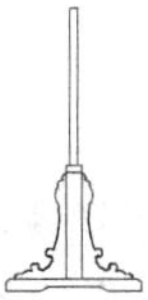	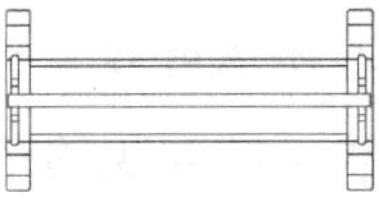

3. 孙叔敖母

表 4.16 呈现的是孙叔敖母厅堂家具使用情况，在图 4.16 中，明确形态的家具有圆凳、座屏和平头案。

孙叔敖母讲述的是春秋战国时期卢氏教子的典故。孙叔敖是楚国的令尹（相当于宰相）。相传孙叔敖小时候在外面玩，见到了一条两头蛇。当时的说法是，见到两个头的蛇为不祥之兆。因为害怕别人再见到它，小叔敖情愿一人受此不祥之责，于是把它杀死并埋掉了。他非常恐惧地回到家，并哭着告诉了母亲这件事情。

画家仇英正是依据此典故，精心设计描绘了卢氏教子的场景。只见母亲卢氏缓缓地从装饰有回形纹束腰的绣墩上起身，面带微笑地对着孙叔敖，她一手扶着孙叔敖稚弱的身体，一手向孙叔敖挥手致意不用担心。孙叔敖仰头看着母亲，绘声绘色地描述着刚刚发生的事情。他一手托颌，一手指着外面，可见其心情依然是激动不已。场景中右侧的夹头榫平头案上摆有花瓶，花瓶里插着兰草和灵芝，后有竹兰君子图装饰的座屏。整体家庭氛围简洁而温馨，映衬出卢氏注重幼儿教育及卢氏自身高洁的道德情操。

图 4.16　孙叔敖母厅堂家具

表 4.16　孙叔敖母厅堂家具使用情况

家具	家具三视图		
	正视图	左视图	俯视图
圆凳	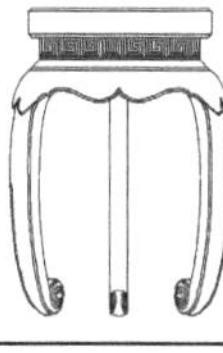	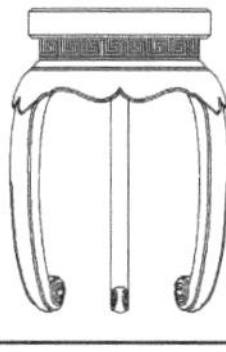	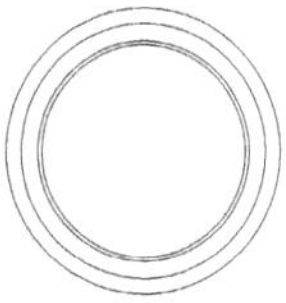
座屏	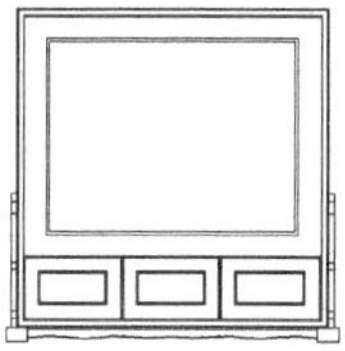	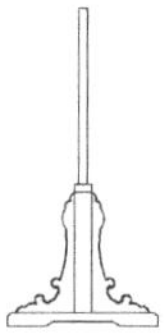	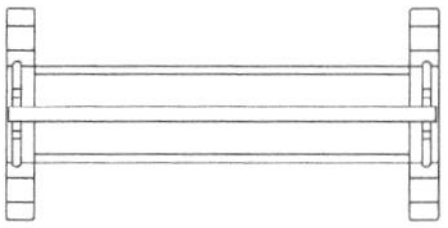

续表

家具	家具三视图		
	正视图	左视图	俯视图
平头案			

4. 叶正甫妻

表 4.17 呈现的是叶正甫妻厅堂家具使用情况，在图 4.17 中，明确形态的家具有坐墩和座屏。

叶正甫妻讲述的是一个妻望夫归、妻寄寒衣、随衣附诗的凄美故事。叶正甫，元末明初洞庭人氏。因其久久滞留京中未归，其妻刘氏担心夫君生活起居无人照应，特意寄衣作诗以表思念叶正甫的情愫。从而留下千古名句《寄衣》。

画家仇英正是依据此典故，精心设计描绘了叶正甫妻叮嘱仆从的场景。只见刘氏端坐于装饰有海水纹的瓷墩上，为了增加使用的舒适度，瓷墩包着花布墩套；旁边静立着一个使唤丫鬟，后面靠着装饰有卷草纹饰绦环板的独扇式座屏，座屏以江崖海水图做装饰。刘氏神情严肃地对着传递秋衣和书信的仆从反复地叮嘱着。仆从扛着雨伞，背着包袱，身体微微前倾，挥手示意刘氏放心。他定会将衣物和思念一并带到叶正甫处。

图 4.17　叶正甫妻厅堂家具

表 4.17 叶正甫妻厅堂家具使用情况

家具	家具三视图		
	正视图	左视图	俯视图
坐墩	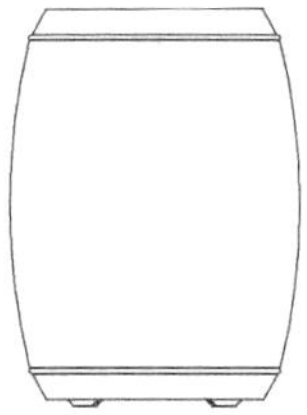	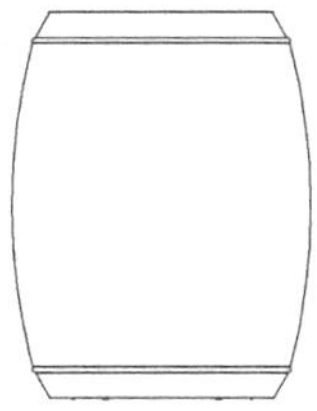	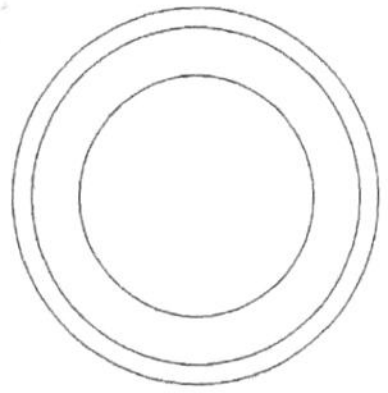
座屏	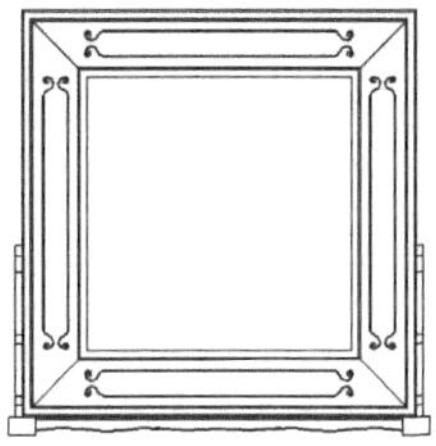	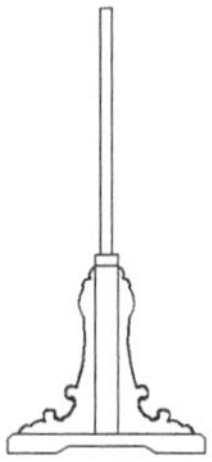	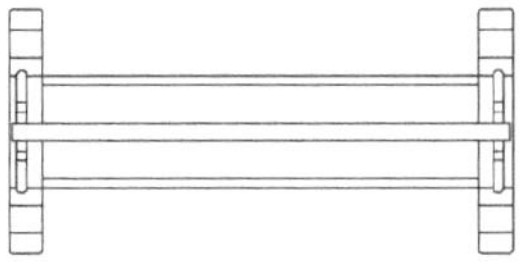

（二）书房

1. 邹赛贞

表 4.18 呈现的是邹赛贞书房家具使用情况，在图 4.18 中，明确形态的家具有长方桌、香几、书架、屏风和靠背椅。

邹赛贞出身名门，家世显赫。其父为当朝监察御史，其夫为国子监丞濮未轩，其子为翰林院编修濮韶，其婿为大学士费宏。相传邹赛贞自少年时便聪明伶俐，孝顺老人且其知识广博，尤善诗歌。成年后更是相夫教子，体现“温而正”的状态，时称之为“女士”。著传世名篇《士斋集》三卷，其婿专为其作序。该诗集题材广泛，内容五花八门。写作叙事皆有章法，议论品评亦有节度，表现出其才情兼备的高水准。这不是普通闺阁诗人所能做到的，后来的文学评论者对其才华颇为认可。

画家仇英正是依据此典故，精心设计描绘了邹赛贞的书房家具和摆设，以及侍者的活动规律。只见束腰带托泥长方桌造型简洁明快，上面的卷书画册井井有条，一边摆着未翻开的书，一边摆着看完的书，中间摆着正在看的书；独扇落地屏风庄重大气，旁设高束腰带托泥圆香几，香几上摆着兰花和香炉，以便读书之时可闻檀香袅袅和兰香飘飘；四名侍女或寻书，或捧卷，或端茶，或独立于一旁等待召应；好一幅严肃紧张、活泼认真的明代书房读书场景。

图 4.18　邹赛贞书房家具

表 4.18　邹赛贞书房家具使用情况

家具	家具三视图		
	正视图	左视图	俯视图
长方桌			
香几			
书架			

续表

家具	家具三视图		
	正视图	左视图	俯视图
屏风	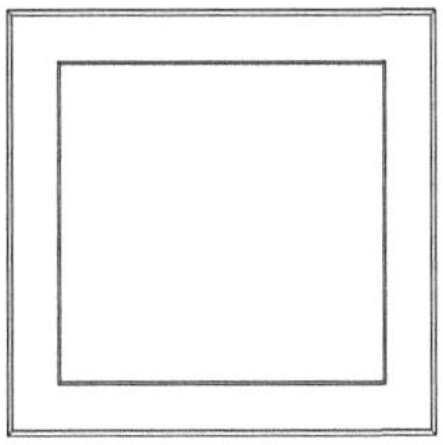		
靠背椅	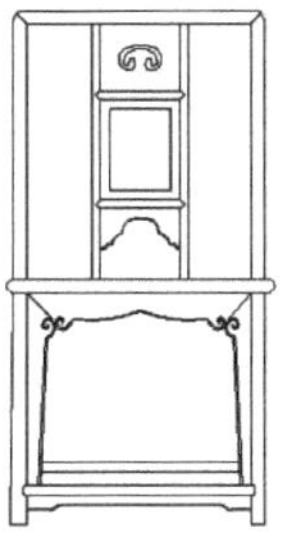	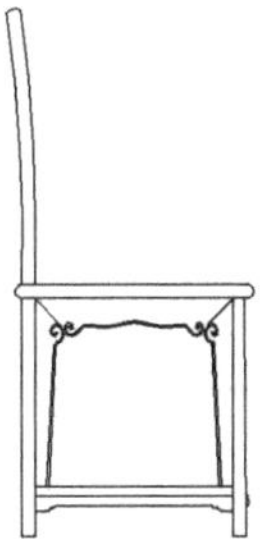	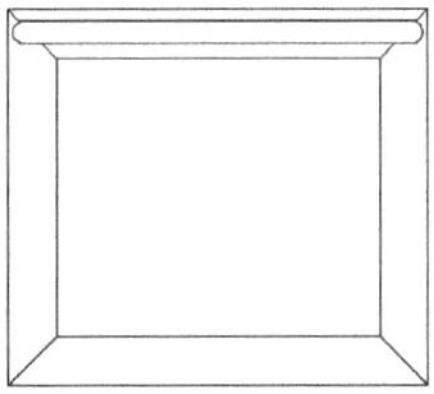

2. 徐淑

表4.19呈现的是徐淑书房家具使用情况，在图4.19中，明确形态的家具有琴桌、靠背椅和屏风。图中琴桌呈四面平式，内翻马蹄足。

徐淑，陇西（今甘肃通渭）人，东汉著名的女诗人，著有《徐淑集》一卷，可惜已经失传。她的丈夫秦嘉亦是诗人，夫妻二人鹿车共挽，松萝共倚，是一对典型的模范夫妻。后来秦嘉赴洛阳履职黄门郎，在任上客死他乡。秦嘉赴洛阳时，徐氏因为患重疾在身，未能与夫面别。后徐兄逼妹改嫁，她宁愿自我毁容，也不愿再嫁他人，不久因悲伤过度而亡。徐淑与丈夫秦嘉生活期间创作了大量叙情的五言诗，使五言诗这种表达手法日臻完善。

画家仇英正是依据此典故，精心设计描绘了徐淑思念夫君鸿雁传书的场景。一把湘妃竹制的靠背椅，喻示徐淑像娥皇女英一样对爱忠贞。只见徐淑小心地把琴桌上写的信封好，再心事重重地交与送信者。湘妃竹、桌上的琴，以及后背立屏的梅，一方面映射了徐淑自身拥有高洁孤傲忠于爱情的品行；另一方面揭示了她渴望与夫君秦嘉重回举案齐眉、琴瑟和鸣的往日常态。徐淑为爱守节的行为固然令人感动，但这种对爱情愚忠的思想，却不是我们当今文明社会所提倡的。

图 4.19　徐淑书房家具

表 4.19　徐淑书房家具使用情况

家具	家具三视图		
	正视图	左视图	俯视图
琴桌	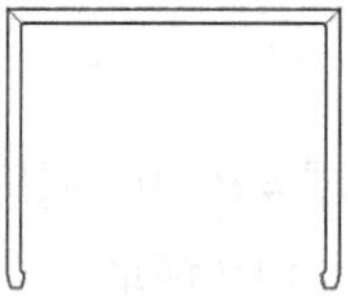		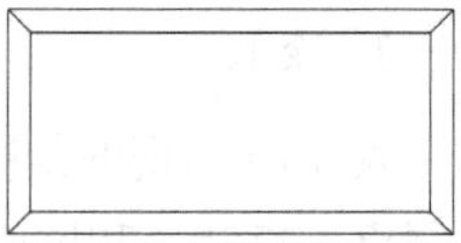
靠背椅	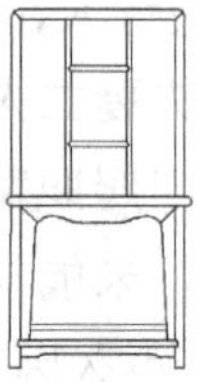		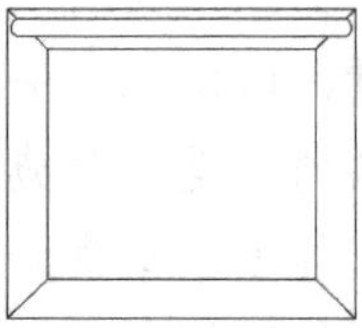
屏风			

3. 柳仲郢母

表 4.20 呈现的是柳仲郢母书房家具使用情况，在图 4.20 中，明确形态的家具有条桌和座屏。图中条桌呈四面平式，内翻马蹄足。

柳仲郢母讲述的是一个严母育儿、和丸教子的典故。柳仲郢家世显赫，为唐代大臣太保柳公绰的儿子。柳公绰的二弟是大名鼎鼎的“楷书四大家”之一的柳公权。柳仲郢的母亲名韩氏，也非一般的女流之辈，乃唐代东都洛阳留守韩皋的女儿，后被封为梁国夫人。韩氏睿智聪慧，以善训子而闻名，其中最有名气的故事就是“和丸教子”。

画家仇英正是依据此典故，精心设计描绘了“和丸教子”这一严肃而活泼的场景。只见四位夜读的小儿一字排开，三小儿主动伸手拿去韩氏的苦丸，一小儿则抱臂退到身后不愿接受，他前面的小儿正扭头给其解释苦丸实不足惧，要其不用害怕。韩氏端着一盘苦丸，温情脉脉地看着他们取用。两张四面平内翻马蹄足条桌围成一角，形成一个小小的读书空间；桌上四本书整齐地翻开，表示大家此时正在读书；桌角的灯烛火苗高直，燃烧得正是旺盛；座屏装饰的岩石幼松图亦暗示着无限的盎然生机。以上人物的活动，以及家具、装饰用品的摆放，呈现出了一幅既温馨又严肃的古代世家子弟夜读场景。

图 4.20 柳仲郢母书房家具

表 4.20 柳仲郢母书房家具使用情况

家具	家具三视图		
	正视图	左视图	俯视图
条桌			

续表

家具	家具三视图		
	正视图	左视图	俯视图
座屏			

4. 王氏孝女

表 4.21 呈现的是王氏孝女书房家具使用情况，在图 4.21 中，明确形态的家具有条案和圆凳。

王氏孝女讲述的是一个孝女为家中长辈守墓的故事。孝女王氏，初唐时期人氏，杨绍宗的妻子，华州华阴人。在她三岁的时候，生母就去世了，而后被继母抚养；在她十五岁时，父亲因参加征讨辽西的战争而战死；继母在去寻找父亲的路上也去世了。年少的王氏克服了种种困难，终于收集好了生母和继母的遗骨，并将她们归葬回家乡，并立其父亲像于墓庐旁。

画家仇英正是依据此典故，精心设计描绘了王氏孝女守墓期间读书的场景。只见王氏端坐于束腰鼓腿圆凳上，右手托腮，似乎正在思念自己的长辈。一张素面条案，案上有一本翻开的小书。条案没有任何装饰，具有典型的明式家具特征。这种少装饰的家具恰好映射出王氏高洁的品行。屋外的墙角长满了紫色的灵芝，三棵虬状大树郁郁葱葱，一只小白鹿正欢快地朝王氏奔来。整个画面动静相宜。画家仇英利用自身高超的绘画技法，结合画面的家具设计，将彼时平民家庭耕读的场景表现得淋漓尽致。

图 4.21　王氏孝女书房家具

表 4.21 王氏孝女书房家具使用情况

家具	家具三视图		
	正视图	左视图	俯视图
条案		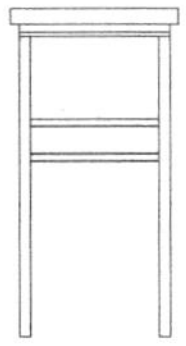	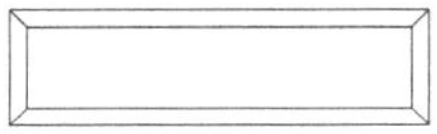
圆凳	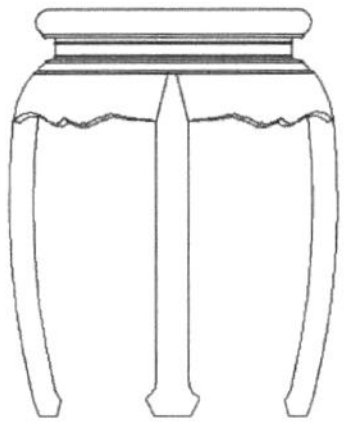	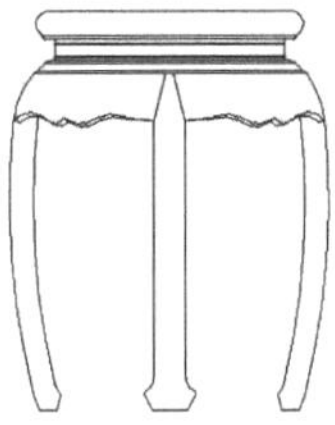	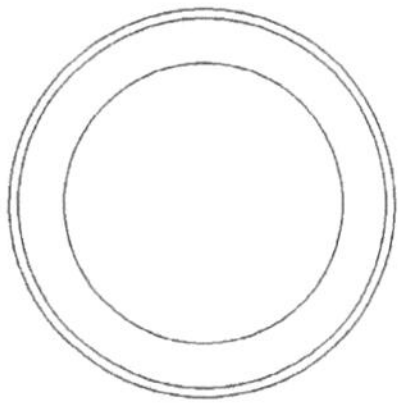

（三）其他空间

1. 韩太初妻

表 4.22 呈现的是韩太初妻卧室家具使用情况，在图 4.22 中，明确形态的家具有床榻、坐墩和座屏。

韩太初妻讲述的是明代洪武年间韩太初的妻子刘氏的故事。韩太初因为在元朝做过官吏，朱元璋建立明朝后，要求旧朝官员一律流放，且家人需随行共罚。在流放的路上，韩母生疾，情况十分危急，于是刘氏把自己的鲜血作为药引和在婆婆的药里喂给婆婆吃，婆婆的病痛得以缓解。可是到了发放地和州之后，韩太初却因一路的舟车劳顿和水土不服，抛下刘氏和韩母撒手人寰，只剩下婆媳二人相依为命。刘氏既来之则安之，开始就地学习种植蔬菜，以此侍奉婆婆颐养天年。

画家仇英正是依据此典故，精心设计描绘了刘氏照顾病重婆婆的场景。只见韩母瘫痪在床，躺在床榻上一动也不能动。图中床榻内翻马蹄足，下踩托泥；该床榻四面光平，简洁大方，方便刘氏对婆婆进行照顾。榻的一头是一面竹石图座屏，屏风起到遮风、装饰和分割空间的作用；榻旁边的直棂绣墩，可坐也可随手放置衣物。简约风格的家具和屏风芯画的装饰题材，无不暗示刘氏当时窘迫的经济条件，以及刘氏善待老人的高洁品格。但是，刘氏为了给婆婆治病，而不惜自残身体，这却是一种典型的愚孝行为。

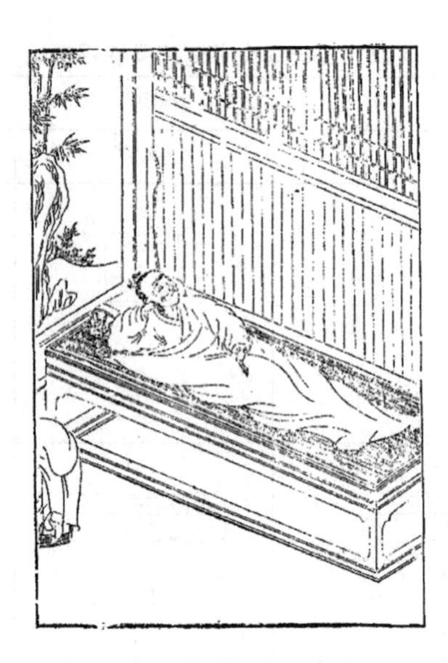

图 4.22　韩太初妻卧室家具

表 4.22　韩太初妻卧室家具使用情况

家具	家具三视图		
	正视图	左视图	俯视图
床榻			
坐墩			
座屏			

2. 罗懋明母

表 4.23 呈现的是罗懋明母卧室家具使用情况，在图 4.23 中，明确形态的家具有架子床和方几。

罗懋明母讲述的是明代隆庆年间，南昌县官吏罗懋明母亲的故事。罗懋明的母亲自幼聪慧淑贞，与其父成婚仅八年，其父就去世了。留下了六十多岁且常年患病的老母亲和三岁的罗懋明。罗懋明外公觉得她是个弱女子，或难以承担训儿和侍奉婆婆的双重家庭重任，建议其改嫁。罗懋明的母亲念及夫妻情义，断然拒绝。此后守身如玉、足不出户，勤俭持家，专事育儿和侍奉婆婆。

画家仇英正是依据此典故，精心设计描绘了罗母潜心侍候病中婆婆的场景。只见刚刚喝完药的婆婆正安详地睡在架子床的帐幔中，四柱式架子床不带门围子，将帐子挂置在顶架外，床面下牙条锼出曲边。床上各类物什一应俱全，如刺绣花鸟团枕、团花重锦褥子、兰花纹样锦帐等。罗母斜靠在婆婆的床尾，一刻也不敢怠慢，专等婆婆醒来，好方便服侍。屋中的炭盆上，熬煮的中药正在吱吱地响着，床头方几上的蜡烛还在困顿地燃烧着。一个守护熬药的佣人已是疲惫不堪，盘腿蜷缩着身体进入了梦乡。好一幅温馨祥和的场景。

图 4.23 罗懋明母卧室家具

表 4.23 罗懋明母卧室家具使用情况

家具	家具三视图		
	正视图	左视图	俯视图
架子床		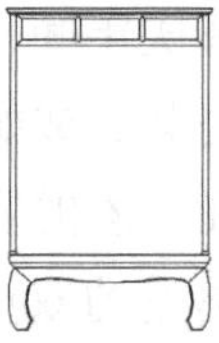	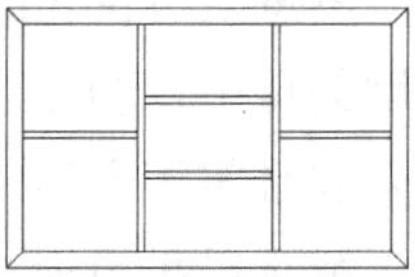
方几	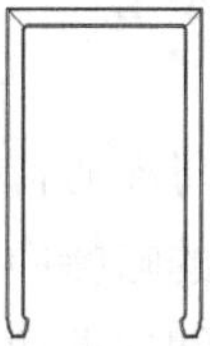	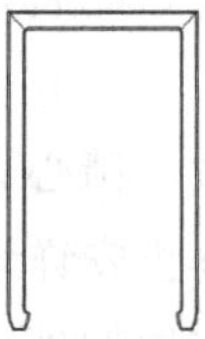	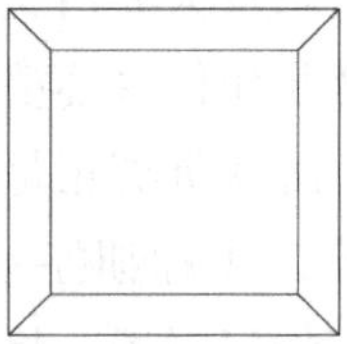

3. 楚子发母

表 4.24 呈现的是楚子发母庭院家具使用情况，在图 4.24 中，明确形态的家具有座屏和圆凳。

楚子发母讲述的是楚将子发的母亲训导他的故事。有一次子发率军攻打秦国，由于军粮没有备足，最后几乎吃光。子发就派人往楚国求援，并要信使顺道探望问候母亲。子发的母亲也非常关心前线将士的情况，当从信使口中了解到前线士兵食不果腹，而儿子子发却“朝夕刍豢黍粱”，丝毫没有受粮食不足的影响，照样餐餐高粱米饭大鱼大肉时，她的内心感到非常不安。于是等到子发打了胜仗凯旋时，给了他一个闭门羹，并在庭院中隔门教子。她列举了越王勾践注美酒佳酿于江让士兵下游饮之、得外人献糗糒而与士兵分食的故事，教育子发一定要学会与士兵同甘共苦，军队才会真正有战斗力。等子发认识到错误才肯放其进家门。后人誉子发母亲训导有方、深明大义，懂得于细节处塑造子女的人格和品行。

画家仇英正是依据此典故，精心设计描绘了子发母亲闭门拒其入，及时谆谆教诲子发的场景。只见子发官邸大门紧锁，子发母亲静静地坐在一个绣墩上等着子发的到来。旁侧的丫鬟轻轻地挥动衣袖，示意车马声已近，子发将军就快到了。庭院中立有一大型座屏，该家具一来可以遮挡户外炽热的阳光，二来可以拦住四处乱窜的邪风。座屏上装饰的梅花寓意子发母亲高洁的品行。其所坐的四开光绣墩，上沿装饰着一圈回形纹样，整体美观大方、轻巧方便，适合随处搬动和取用。可见此二者皆为当时庭院常用的家具。

图 4.24 楚子发母庭院家具

表 4.24 楚子发母庭院家具使用情况

家具	家具三视图		
	正视图	左视图	俯视图
座屏			
圆凳			

4. 周郊妇人

表 4.25 呈现的是周郊妇人户外家具使用情况，在图 4.25 中，明确形态的家具有交机。

周郊妇人讲述的是春秋时周国的一个妇人斥责反臣尹固的故事。相传周景王的庶长子王子朝，在大臣尹固等的支持下与周景王长子姬猛，也就是周悼王，争夺王位。虽然王子朝杀掉了周悼王，但周悼王的弟弟逃到了晋国搬救兵来打王子朝。两派势力大战三年，最后王子朝兵败，与尹固等携典籍家属投靠楚国，当时没来得及走的家属均被对方杀害。没过多久，尹固反悔，又准备回到周国。就在这个时候，在周国的郊区遇到了一个妇人，妇人认出了尹固，非常不屑地指责尹固。

画家仇英正是依据此典故，精心设计描绘了尹固等返回周国途中被妇人指责的场景。只见尹固一行人行色匆匆，疲惫不堪。随行的下人，或牵着马，或打着伞，或抱着包袱行李；还有一个随行下人，肩扛交机紧紧随行，随时方便尹固下马休息使用。该交机轻便实用，没有多余装饰，为外出巡玩之常备器具。面对妇人句句在理的训斥，尹固无以辩驳，可谓狼狈不已。也许这一幕在冥冥中已经暗示了尹固后来的结局。

图 4.25　周郊妇人户外家具

表 4.25　周郊妇人户外家具使用情况

家具	家具三视图		
	正视图	左视图	俯视图
交机			

四、士绅商贾所使用的家具

（一）厅堂

1. 皇甫谧母

表 4.26 呈现的是皇甫谧母厅堂家具使用情况，在图 4.26 中，明确形态

的家具有靠背椅和屏风。

皇甫谧母讲的是三国西晋时期，皇甫谧被叔母教育成材的故事。皇甫谧是一个世家子弟，曾祖父是东汉著名将领皇甫嵩。成年的皇甫谧是当时著名的学者、医学家和史学家，著有《针灸甲乙经》，被誉为“针灸的祖师爷”。他还编撰了一系列的史书，其中就包括《列女传》。但是皇甫谧成长道路颇具戏剧性，其出生后不久，生母就去世了。后过继给叔父，其年逾二十，尚无所事事，整日游手好闲，尤其不喜欢学习。有一天，皇甫谧将得到的瓜果进献给叔母任氏享用。任氏语重心长地教育他，皇甫谧听罢，羞愧不已。从此浪子回头，严以律己，勤奋学习，终成一代英才。

画家仇英正是依据此典故，精心设计描绘了弱冠年华的皇甫谧给养母进献水果的场景。只见懵懵懂懂的皇甫谧满心期许地等待养母的赞扬，但其养母却端坐于铺有团花椅披的靠背椅上，侧过头去。后面是装饰有潇湘图的座屏。整个背景和家具的摆设既严谨又庄重。

图 4.26　皇甫谧母厅堂家具

表 4.26　皇甫谧母厅堂家具使用情况

家具	家具三视图		
	正视图	左视图	俯视图
靠背椅			

续表

家具	家具三视图		
	正视图	左视图	俯视图
屏风			

2. 台州潘氏

表 4.27 呈现的是台州潘氏厅堂家具使用情况，在图 4.27 中，明确形态的家具有平头案和座屏。

台州潘氏讲的是明朝嘉靖年间，一代才女潘氏的故事。潘氏是浙江台州人，父亲是山东一地巡视教育办学的督学潘留鹤，丈夫是贡生裘西川。潘氏非常擅长吟诗作赋，一些品德好的人誉之有幽兰淑女的风范，称道其口才不是一般的女人所能比的，甚至觉得其水平应在宋朝才女谢希孟之上。

画家仇英正是依据此典故，精心设计描绘了潘氏在厅堂阅读的场景。画中装饰有渔歌山水图的立屏，立屏前面置有一平头案，平头案腿与案面用夹头榫相接，腿足两侧装两根直枨；案上还有潘氏翻开正在阅读的诗书，中间设香炉和花瓶，右侧则是待阅读的大部典籍。只见潘氏坐在锦绣圆凳上侧过身来听丫鬟说事。

图 4.27　台州潘氏厅堂家具

表 4.27 台州潘氏厅堂家具使用情况

家具	家具三视图		
	正视图	左视图	俯视图
平头案		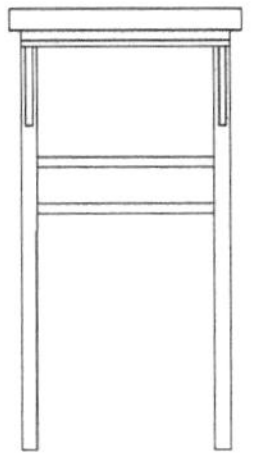	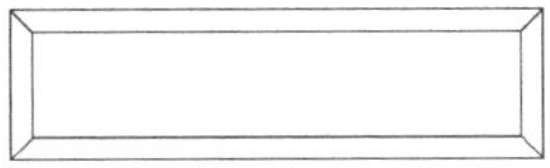
座屏	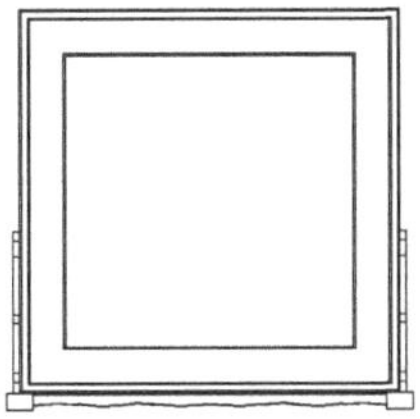	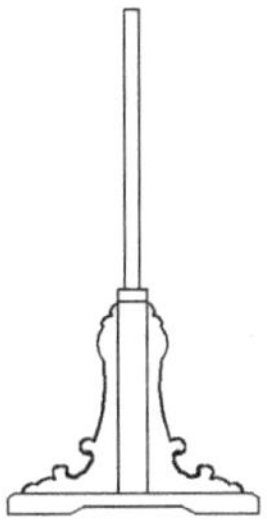	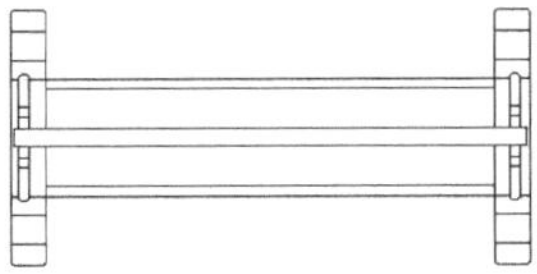

3. 吴贺母

表 4.28 呈现的是吴贺母厅堂家具使用情况，在图 4.28 中，明确形态的家具有花几和座屏。图中圆花几面下有高束腰，壶门式牙条，内翻马蹄足，下踩托泥。

吴贺母主要讲的是吴谢笞贺的故事。宋朝有个叫吴贺的进士，他的母亲谢氏是一个非常注意教育儿子的女人。每当吴贺与朋友聊天，她都会躲在屏风后面听他们的谈话内容。有一次吴贺与朋友聊天的时候不小心说了几句某个人的坏话，其母谢氏闻后勃然大怒；等到朋友走后，立刻施以家法，鞭笞吴贺以示警戒。吴贺经此事以后，开始谨言慎行，严格要求自己，终于慢慢成长为一位有名望的人。

画家仇英正是依据此典故，精心设计描绘了母亲谢氏鞭笞吴贺的场景。只见吴贺知错后跪于谢氏面前，吴贺身后有一高形香几装饰其间；香几上置一葫芦瓶，瓶内插鲜花数枝；吴母谢氏站在装饰有高山野居图的立屏前，高举笞杖正欲施罚于吴贺；一亲戚见状急忙去阻止，后面的两个小丫鬟见此情形，更是一时慌了手脚。

图 4.28　吴贺母厅堂家具

表 4.28　吴贺母厅堂家具使用情况

家具	家具三视图		
	正视图	左视图	俯视图
花几	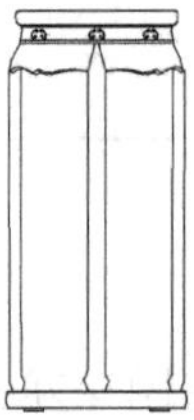	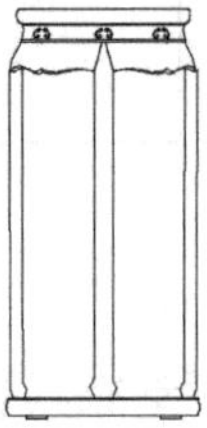	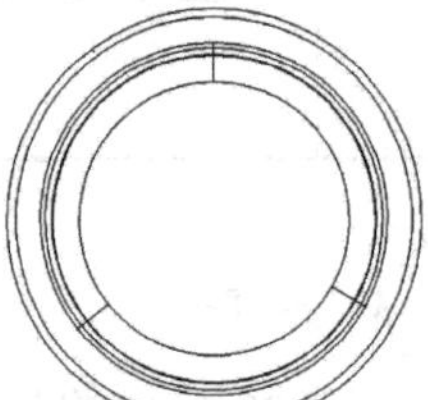
座屏	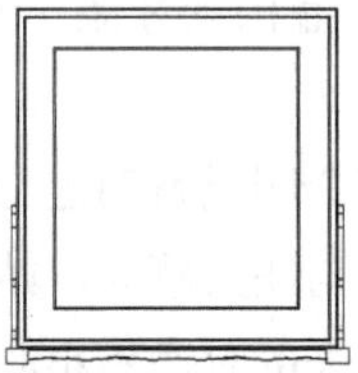	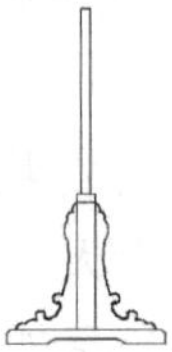	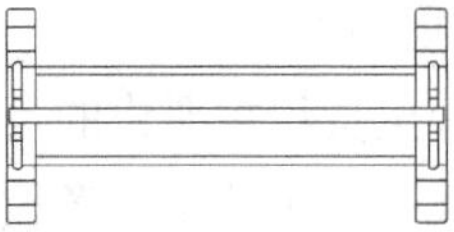

4. 徐庶母

表 4.29 呈现的是徐庶母厅堂家具使用情况，在图 4.29 中，明确形态的家具有坐墩和座屏。

徐庶是三国时期著名的谋士，豫州颍川（今河南禹州）人，幼时喜好舞枪弄剑打抱不平，后改学儒学，起先服务于刘备，多次献策大败曹魏。诸葛亮就是徐庶大力举荐给刘备的，因此才有了刘备后来三顾茅庐的美谈。后来曹操掳掠了徐母，并仿照其笔迹写了一封书信给徐庶，告诫徐庶离开刘备，投奔曹营。徐庶信以为真，并投奔了曹操。徐母得知此事后斥责徐庶太糊涂了，最后气不过愤而自杀。徐庶此时已是悔之晚矣。入曹营后，徐庶面对母亲的斥责一言不发，被誉为孝子典范。

画家仇英正是依据此典故，精心设计描绘了徐庶来到曹营，被久别母亲怒斥的场景。只见徐母从绣花龟纹圆凳上起身，用手指着徐庶，大有恨铁不成钢的痛心。后面的座屏装饰着江崖海水纹，庄重大气，一来彰显徐庶母胸怀天下的博大胸襟，二来预示着徐庶多年后隐居仙岛的传奇生活。

图 4.29 徐庶母厅堂家具

表 4.29 徐庶母厅堂家具使用情况

家具	家具三视图		
	正视图	左视图	俯视图
坐墩			
座屏			

5. 程镃之妻

表 4.30 呈现的是程镃之妻厅堂家具使用情况，在图 4.30 中，明确形态的家具有坐墩、长方桌和座屏。

程镃之妻讲的是安徽黄山休宁县富溪村程镃之妻竹林汪氏的故事。汪氏十七岁就嫁给了程镃，侍奉公婆非常懂孝道。当她的婆婆病得快要死掉的时候，汪氏在夜里割自己的肉奉上，婆婆的病竟然好了。过了两年，程镃外出经商，不幸在松江溺水而亡。汪氏闻之痛不欲生，三番五次寻短见，多亏了家人的仔细看护，才让其求死不成。后来在汪氏的假言下家人放松了警惕，汪氏自尽成功。世人对汪氏的贞洁行为感慨不已。诚然，汪氏此种自残身体来愚孝婆婆的行为，却不是我们当今文明社会所提倡的。

画家仇英正是依据此典故，精心设计描绘了汪氏趁家人不备，在厅堂自尽的场景。只见厅堂背景立有一梅兰图座屏，这题材恰恰映衬出汪氏的贞洁和坚强。座屏前置一内翻马蹄足束腰长方桌，桌上摆香炉和若干诗书。书桌前置一轻巧鼓凳，汪氏手持三尺白绫正准备随程镃而去。

图 4.30　程镃之妻厅堂家具

表 4.30　程镃之妻厅堂家具使用情况

家具	家具三视图		
	正视图	左视图	俯视图
坐墩			

续表

家具	家具三视图		
	正视图	左视图	俯视图
长方桌		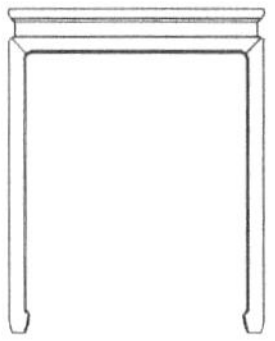	
座屏	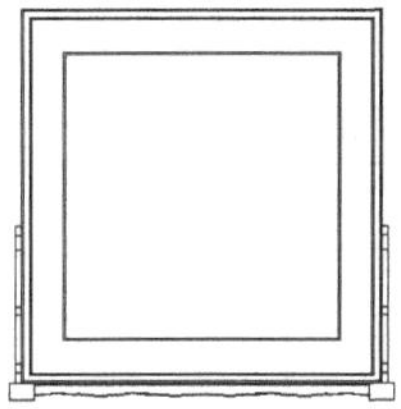	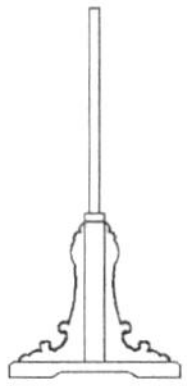	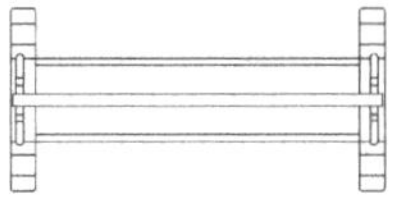

（二）卧房

1. 叶节妇

表 4.31 呈现的是叶节妇卧房家具使用情况，在图 4.31 中，明确形态的家具有架子床和条桌。

叶节妇讲的是明朝山东海阳李功甫女儿的故事。李功甫的女儿聪明伶俐，李功甫一有时间就辅导女儿学习，各种典籍知识被李氏熟记于心。李氏十七岁时嫁给叶长君，夫妻二人琴瑟和谐，好不恩爱。不久，李氏的丈夫却开始重病缠身。在其弥留之际，李氏对丈夫说，妇女的职责就是从一而终，可是现有我身怀六甲，兴许还可以为你叶家延续香火。李氏的婚姻观固然是陈腐的，但彼时的妇女，对于婚姻道路的选择确实是少之又少。

画家仇英正是依据此典故，精心设计描绘了叶李夫妇二人新婚初期，互通儒学之礼、相濡以沫的幸福场景。只见一彭牙架子床置于卧房，架子床不带门围子，牙条镂出曲边，内翻马蹄足，下踩托泥，这种形式的架子床在明代现存实物中鲜见。团花帷幔布置其上；房角置一四面平条桌，桌上放有果品和香炉。夫妻二人新婚宴尔，正在开心地嬉戏打闹。

图 4.31　叶节妇卧房家具

表 4.31　叶节妇卧房家具使用情况

家具	家具三视图		
	正视图	左视图	俯视图
架子床			
条桌			

2. 方氏细容

表 4.32 呈现的是方氏细容卧房家具使用情况，在图 4.32 中，明确形态的家具有架子床。图中架子床牙条镂出曲边，将帐子挂置在顶架上。

方氏细容讲的是明朝安徽歙县呈坎贞节义妇方细容的故事。方氏十七岁就嫁给了罗中正，当时罗中正的曾祖母和祖母都还在。但是二老经常生病，行动也不方便，方氏就把粥熬得稀烂作为药饵，丝毫不敢怠慢二老，后来二老都得以高寿。婆婆去世后，留下了一个尚在襁褓之中的小叔子，方氏勇敢地承担起了照顾小叔子的重担，对其视如己出。人生无常，祸不单行，此时又传来了罗中正客死湖阴的讣闻。方氏悲天恸地、痛不欲生，之后茶水不进，屡次发誓将随罗中正而去。过了七日，家人把罗中正的灵柩带回来了，方氏对天长叹，偷偷拜辞公公的卧室后，引三尺细绳悬梁自尽，这时又恰好被其母发觉，家人一起急忙把她救了下来。方氏此后一心侍奉公公和抚育小叔子，日子也过得很窘迫，晚上刺绣，白天织麻，以此让公公和小叔子过上好日子。时人把方氏的事迹上表，朝廷特表彰方氏为节孝妇。但是，方氏夫死妇随的行为，在男女平等的文明社会，却是一种不折不扣的对婚姻的愚忠行为。

画家仇英正是依据此典故，精心设计描绘了罗中正死后，方氏欲自寻短见的守节场景。只见家人在一片手脚慌乱中将方氏救下来，襁褓中的小叔子看到方氏也是不顾被人抱着，双手迎了上去；家人正在彭牙架子床前一边端水喂与方氏，一边为其抹去泪水，安慰伤心的方氏；佣人或持烛帮助照明，或双手抱腰搀扶虚弱的方氏，或抱着婴儿立于一旁。

图 4.32 方氏细容卧房家具

表 4.32 方氏细容卧房家具使用情况

家具	家具三视图		
	正视图	左视图	俯视图
架子床			

（三）书房

1. 郑氏允端

表 4.33 呈现的是郑氏允端书房家具使用情况，在图 4.33 中，明确形态的家具有画案和香几。图中圆香几面下有高束腰，内翻马蹄足，下踩托泥。

郑氏允端讲的是元代著名女诗人郑允端的故事。郑氏允端生于儒学世家，家世极其显赫，郑氏一族曾富甲一方，人称“花桥郑家”。郑氏允端自幼聪慧好学，尤其擅长诗歌创作。嫁给施伯仁后，夫妻二人琴瑟和谐、志趣相投，不时相互间以吟诗自遣，题材甚为广泛。

画家仇英正是依据此典故，精心设计描绘了郑氏允端为耕牛图配诗的场景。只见一名侍女捧书其旁，翘首以待郑氏允端的作品。侍女旁立一高香几，香几上置一梅瓶，梅瓶里插好的牡丹花正在怒放，预示郑氏允端出生富贵及其正处于创作的黄金时期。郑氏允端凝思于耕牛图立屏前面，耕牛图寓意郑氏允端豁达开朗的人生观。她旁边是一画案，画案上笔墨纸砚一应俱全。只见宣纸已经展开，墨已经磨好，只待郑氏允端才思泉涌之时，泼墨挥毫之用。

图 4.33　郑氏允端书房家具

表 4.33　郑氏允端书房家具使用情况

家具	家具三视图		
	正视图	左视图	俯视图
画案			
香几			

2. 陈淑真

表 4.34 呈现的是陈淑真书房家具使用情况，在图 4.34 中，明确形态的家具有琴桌，琴桌上方摆放了一把古琴。

陈淑真讲的是元代贞烈女子陈淑真的故事。陈淑真自小聪慧，七岁的时候就能吟诗弄琴。到了元至正十八年（1358），陈友谅攻取南昌，陈淑真投湖取义，哪知湖水太浅，想寻死也没那么容易，岸边的贼兵拉满弓箭威胁陈淑真上岸，她誓死不从，终被贼兵射杀。

画家仇英正是依据此典故，精心设计描绘了陈淑真去意已决，抚琴言志的场景。只见一把绿绮式名琴置于内翻马蹄足的琴桌之上，两名邻家女子围绕在陈淑真身边，一人在驻足欣赏，一人已看出端倪，欲上前阻止。

图 4.34 陈淑真书房家具

表 4.34 陈淑真书房家具使用情况

家具	家具三视图		
	正视图	左视图	俯视图
琴桌			

（四）室外空间

表 4.35 呈现的是郭绍兰室外空间家具使用情况，在图 4.35 中，明确形态的家具有画桌和屏风。

郭绍兰讲的是唐代女子郭绍兰思念夫君，托燕传书的民间传说。郭绍兰是唐朝人，郭行先的女儿，也是巨商任宗的妻子。任宗在湖南中部地区做生意，数年不回家。一日，郭绍兰忽然发现有一对燕子在屋檐下相互追逐、嬉戏打闹，好不羡慕，想着自己独处守家，于是对着燕子长吁短叹说道："我夫君外出数年不归，不通音讯，也不知生死存亡，我希望你们帮我传一封书信给他。"才说完，郭绍兰就伤心地哭了起来。这个时候，两只燕子似乎听懂了郭绍兰的话语，围着郭绍兰上下飞了起来。于是郭绍兰赶紧摊开笔墨，书诗一首，诗云："我婿去重湖，临窗泣血书，殷勤凭燕翼，寄与薄情夫。"然后将写好的诗歌卷好，紧系于燕子的脚上，燕子得到任务，鸣叫几声就飞走了。这个时候任宗恰好在湖北荆州，忽然见到一只燕子飞鸣过来，最后停在了他肩上。燕子的足上有书一封，他解开一看，原来是妻子的责问之书，顿时惭愧不已，伤感而泣。马上收拾行囊，即刻启程返回家乡与妻子团聚。

画家仇英正是依据此典故，精心设计描绘了郭绍兰睹燕思夫、疾笔书诗的场景。一面装饰有高山风景图的座屏立于围栏一角，可以遮阳挡风；一个内翻马蹄足的平头画案上面摆满了文房四宝。只见郭绍兰摊开宣纸，若有所思地凝视着远方，写下一首念夫、怜夫、怨夫的诗歌。

图 4.35　郭绍兰室外空间家具

表 4.35 郭绍兰室外空间家具使用情况

家具	家具三视图		
	正视图	左视图	俯视图
画桌			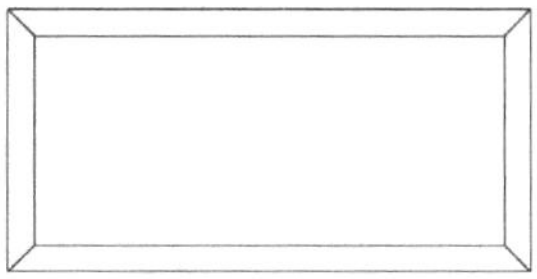
屏风	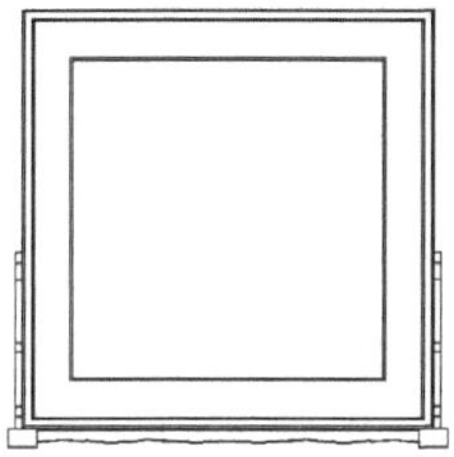	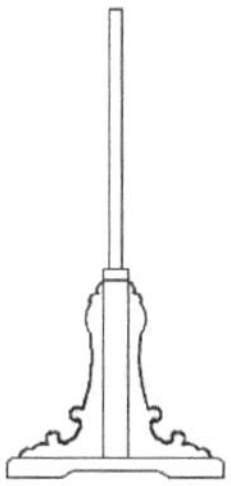	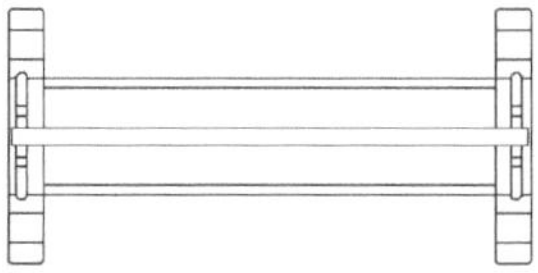

五、普通百姓所使用的家具

（一）厅堂

1. 江夏张氏

表 4.36 呈现的是江夏张氏厅堂家具使用情况，在图 4.36 中，明确形态的家具有圆凳和平头案。

江夏张氏讲述的是宋朝民妇张氏奋勇反抗歹徒凌辱的故事。张氏是湖北鄂州江夏地区人，当时乡里有一个恶少，名谢师乞，经常来骚扰她。画家仇英正是依据此典故，精心设计描绘了张氏反抗恶少持刀逼奸的场景。只见张氏与恶少扭打在一起，恶少见事不成，欲一走了之，怎奈张氏不顾生命安危，一手抓住恶少的胳膊，一手扯住恶少的头发，死死地将他控制住。张氏的院落和屋后的厅堂是典型的农舍风格，简洁大方，以功能性为主，所用家具大气明了，均无过多装饰。一个夹头榫平头案置于里屋，案上设有一个饮水陶罐、一个喝水的碗；一把束腰圆凳放置于厅廊处，造型小巧轻便，可以随时搬动休憩。这些简单的家具用品陈设，体现了那个时候农村日用家具摆设的情况。

图 4.36　江夏张氏厅堂家具

表 4.36　江夏张氏厅堂家具使用情况

家具	家具三视图		
	正视图	左视图	俯视图
圆凳	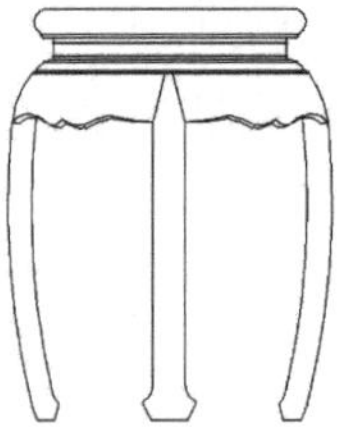	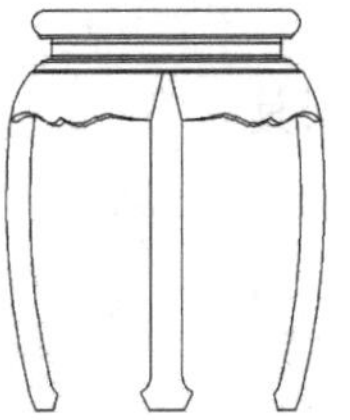	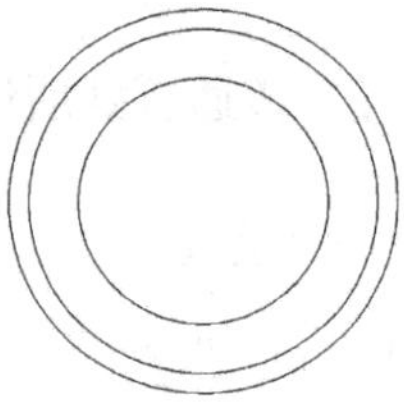
平头案	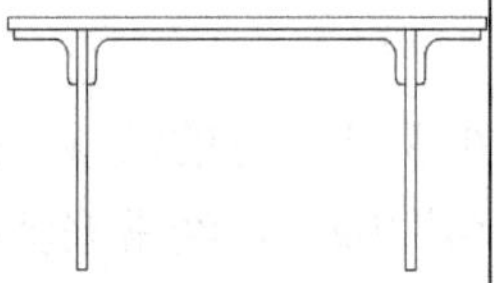	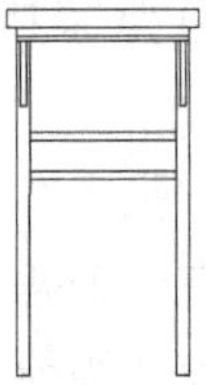	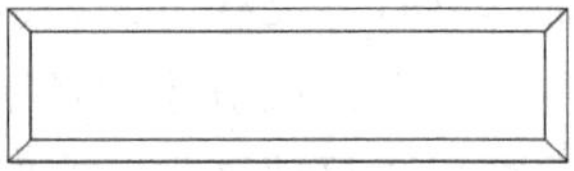

2. 李茂德妻

表 4.37 呈现的是李茂德妻厅堂家具使用情况，在图 4.37 中，明确形态的家具有直棂式坐墩和独扇式座屏。

李茂德妻讲述的是元代李茂德的妻子张氏的故事。十七岁张氏嫁入李家，在儿子李庸六岁的时候，李茂德丢下母子二人撒手人寰。李茂德的父母念及张氏年轻，守寡可怜，建议她改嫁，寻求自己的幸福生活。怎奈张氏誓死不从，并在墙壁上题诗明志，写完后欲自寻死路。后来家人对其严加看护，才避免了悲剧的发生。张氏看寻死不成，便把青丝剪去，表示此后守贞一生，再不二嫁。朝廷知道她的事迹后，赐其牌匾，立贞节牌坊一座，封其为陇西夫人，以示旌表。

画家仇英正是依据此典故，精心设计描绘了张氏剪发明志，家人在旁劝阻，李庸小儿绕膝不舍的感人场景。或许小儿李庸才是张氏的软肋，悉心把小儿抚养成人，才是张氏内心真正的期许。张氏用尽一生来表达出自己忠于李茂德的平凡爱情。其身后的座屏立在厅堂的正中央，屏芯装饰有高山大川图，寓意张氏铁一般的守贞信念；直棂式的坐墩配有花布凳套，并以细绳捆之，以防凳套散落下来。这种少有的捆绑式设计，似乎也在寓意张氏性格的固执和倔强。

图 4.37　李茂德妻厅堂家具

表 4.37　李茂德妻厅堂家具使用情况

家具	家具三视图		
	正视图	左视图	俯视图
坐墩			

续表

家具	家具三视图		
	正视图	左视图	俯视图
座屏	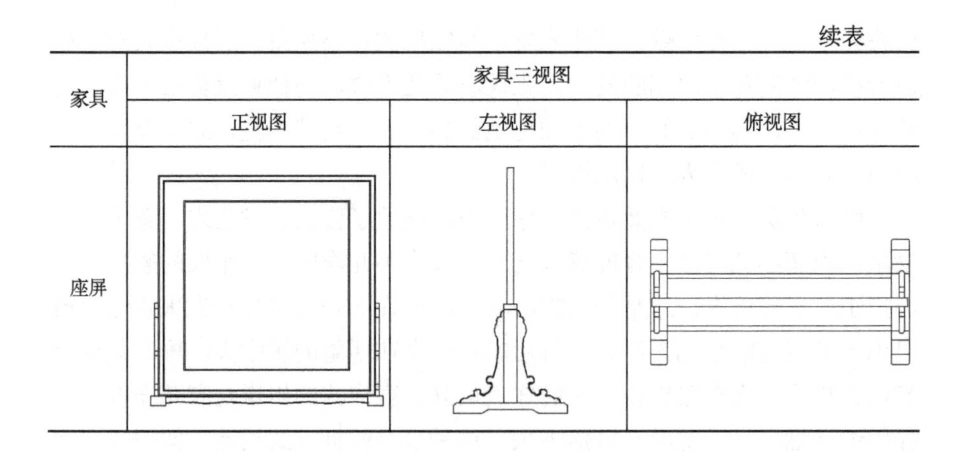		

3. *沙溪鲍氏*

表 4.38 呈现的是沙溪鲍氏厅堂家具使用情况，在图 4.38 中，明确形态的家具有条桌、靠背椅、坐墩、座屏和药箱。

沙溪鲍氏讲述的是一个痴情女子为夫殉情的故事。明代歙县有一个叫汪应宿的男子，妻子叫鲍氏。因古徽州四面环山，地瘠民穷，徽州男子不是读书考试求取功名，就是外出从商赚钱养家，汪应宿也不例外。汪应宿的家里极其贫困，他只好抛下家庭，长年外出谋生。鲍氏在家极守妇道，侍奉公婆勤勤恳恳、不辞辛劳，宁愿自己挨饿受冻，也不亏待两位老人。而汪应宿在外颠沛流离，经常生病。后来，汪应宿生了一场重病，自感时日不多，便返回家乡，鲍氏得知夫君因病而归，心情悲喜交加，但鲍氏对他的照顾依旧不遗余力。汪应宿把这一切看在眼里疼在心里，自觉鲍氏这么多年很不容易，于是主动向他母亲请求，希望在他去世后，为鲍氏找一户好人家改嫁。鲍氏听到这个消息后悲痛不已，服下毒药殉情，先于汪应宿三日而去。鲍氏面对自己的婚姻遭遇，和前面故事中的方氏、张氏一样，采取了极端的愚忠行为，可见封建礼教对妇女的摧残之深。

画家仇英正是依据此典故，精心设计描绘了汪应宿带服下毒药后的鲍氏寻医问诊的场景。只见一面兰草奇石牡丹图座屏置于厅堂一侧，座屏前横着一张素面平头案。鲍氏因药力发作，全身无力地坐在一张有花布凳套包的绣墩上，毒药发作得让其连腰和头都直不起来，只能上半身趴在平头案上，头枕着右胳膊，艰难地伸出左手给郎中。医术高明的郎中斜坐于没有任何软包的斑竹靠背椅上，神情淡定地为鲍氏把脉。汪氏立于药箱旁，目不斜视地翘首以待，希望等到好的结果。画中牡丹寓意人们追求幸福生活的美好愿望。

图 4.38 沙溪鲍氏厅堂家具

表 4.38 沙溪鲍氏厅堂家具使用情况

家具	家具三视图		
	正视图	左视图	俯视图
条桌			
靠背椅			
坐墩			

续表

家具	家具三视图		
	正视图	左视图	俯视图
座屏	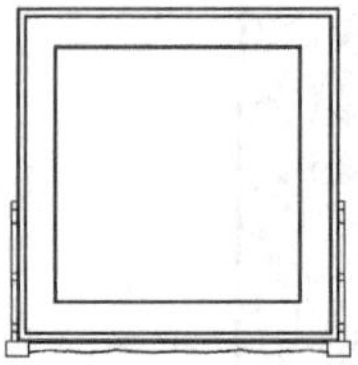	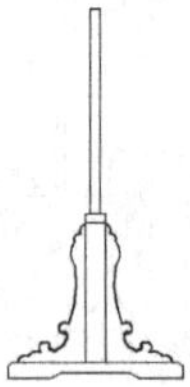	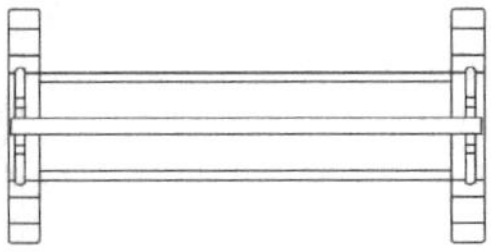
药箱	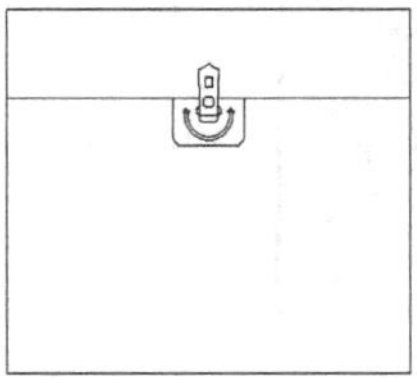		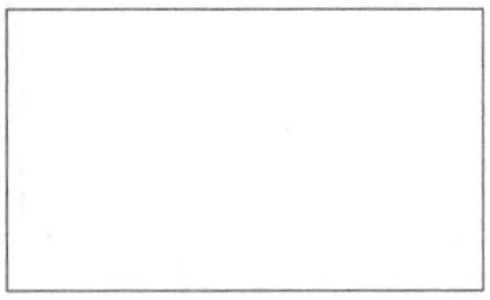

4. 李贞孝女

表 4.39 呈现的是李贞孝女厅堂家具使用情况，在图 4.39 中，明确形态的家具有床榻、平头案和座屏。

李贞孝女讲述的是一个痴孝之女追随父母寻死的故事。女主人公是后魏时期，范阳赵郡（今河北保定一带）旺族李氏家族中一位名叫李贞的女子。相传李贞从小到大非常懂礼，尤其是孝道方面。她父亲死的时候，李贞哭得很厉害，几欲寻死与父同去，全靠其母崔氏悉心慰勉才又活了三年。这三年中李贞形骸消瘦、生活完全无精打采。后来其母崔氏去世的消息传来，李贞更是整晚地痛哭不已，连续六天滴水未沾、粒米未进。她的婆婆怕她这样下去不行，于是亲自送她去奔母亲的丧，哪知李贞一到棺椁跟前，就抚棺大哭，没多久就断气了。为人子女，孝顺父母是天经地义的事情，但李贞的这种极端行为，却成了一种不折不扣痴孝、愚孝的行为。

画家仇英正是依据此典故，精心设计描绘了李贞躺在四面平的床榻上日渐消瘦、茶饭不思，怀念父亲的场景。母亲侧立一旁正在悉心开导李氏，李氏身下内翻马蹄足的床榻铺设有团花织锦褥子，床榻侧旁立有装饰着潇湘秋林高士图的立屏。画芯周围以龟背锦纹打底，立屏恰好隔出来了一个休憩的空间，既做了背景的装饰，又遮挡了邪风。座屏左侧是一个放置装饰物的素面平头案，案上设有一香炉、一天球瓶，瓶中插富贵牡丹花数枝。家具的造型和装饰喻示这是一个生活富足的家庭，但是父母双亲的不完整，又深深地打击着李贞的精神世界。

图 4.39 李贞孝女厅堂家具

表 4.39 李贞孝女厅堂家具使用情况

家具	家具三视图		
	正视图	左视图	俯视图
床榻			
平头案			
座屏			

5. 倪贞女

表 4.40 呈现的是倪贞女厅堂家具使用情况，在图 4.40 中，明确形态的家具有条桌、香几、座屏和圆凳。图中圆香几面下有束腰，内翻马蹄足，下踩托泥。

倪贞女讲述的是三国时期古泾州（今甘肃平凉一带）倪氏不畏生死恪守礼制的故事。倪氏当时被许配给一个姓彭的老汉为妻，彭老汉给了聘礼，但一直未举办婚礼正式迎娶倪氏。因而，倪氏便在自己家中一心一意地过着贞淑的生活，日子虽清贫，却可侍奉父母。彭老汉很生气，到倪氏家里逼迫倪氏，欲行苟且之事，被倪氏义正词严地拒绝了。彭老汉恼羞成怒，举刀刺杀了倪氏。

画家仇英正是依据此典故，精心设计描绘了倪氏在未嫁之时，过着风平浪静的生活的场景。一间彼时流行布局的大宅院，显示出其家庭的富足，天真少女倪氏正无忧无虑地站在门口伸着懒腰。后面厅堂中的家具一应俱全，座屏、香几、条桌、圆凳虽然造型简洁朴素，却被精心地布置搭配着。座屏风装饰着兰草图，恰恰喻示倪氏坚贞不渝的高洁品格。

图 4.40　倪贞女厅堂家具

表 4.40　倪贞女厅堂家具使用情况

家具	家具三视图		
	正视图	左视图	俯视图
条桌			
香几			

续表

家具	家具三视图		
	正视图	左视图	俯视图
座屏	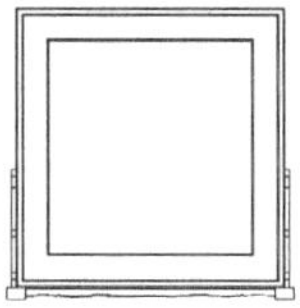	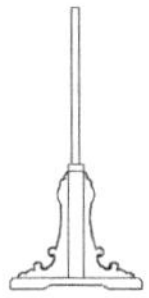	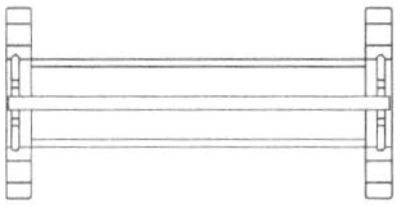
圆凳	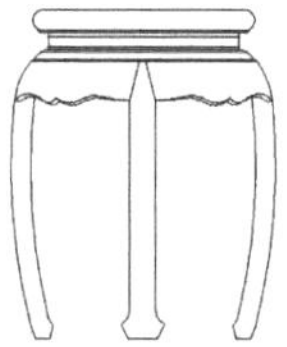	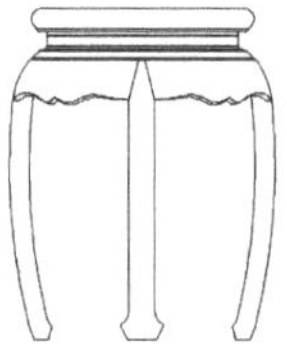	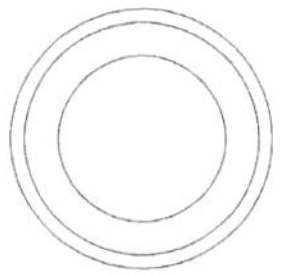

6. 宁贞节女

表4.41呈现的是宁贞节女厅堂家具使用情况，在图4.41中，明确形态的家具有条桌、圆凳和座屏。图中圆凳面下有束腰，内翻马蹄足，下踩托泥；屏风屏芯处饰仙鹤祥云海水纹。

宁贞节女讲述的是元朝一户宁氏的人家生了一个乖巧懂事的女儿，待到其十六岁时，许配给安丘的刘真家做媳妇。可是还没等到过门，刘真的儿子就死了。宁氏女儿闻讣告后，哭得非常伤心。哭完后，她强忍住心中的哀伤，对父母表示："自古以来烈女不嫁二夫。我虽然没有嫁过去，但是双方父母之命媒妁之言已成，何况也下了聘礼。今日我的夫君不幸身死，以后刘真的父母便无依无靠了，我希望去他家祭奠死者，并留下来，在以后的日子代替夫君照顾公婆。"最开始，宁氏夫妇以为女儿只是说说而已，没当回事。谁知她意志坚定，因而最后答应了她。宁氏女儿十六岁时去了夫家，这一去就是五十二年。她一直勤恳地侍奉公婆，直到他们去世。宁氏女儿晚辈侍奉长辈的行为自然是人之常情，但其对待婚姻，不嫁二夫的观念，却也是封建妇女典型的愚贞思想。

画家仇英正是依据此典故，精心设计描绘了宁氏女儿闻夫君讣信后，痛哭着请求母亲允其守节并代为行孝的场景。只见一窈窕淑女对着母亲掩面而泣地哭求，母亲温情脉脉注视着她。母亲既为女儿的决定感到心疼，又为女儿的品行感到骄傲。宁氏厅堂的家具摆设严谨而活泼，一面装饰着仙鹤祥云海水纹的座屏树立在厅堂的中央。其右下角设一施花布凳套绣墩，左边设一平头案，案上摆一冰裂纹天球瓶。几枝桃花和兰草闲散自由地插在花瓶中，花瓶旁施一香炉。这些家具装饰喻示这是一个家教有方的家庭，宁氏女儿花一般的年纪，就拥有着海一样高格胸怀和兰草一样圣洁的品行。

图 4.41 宁贞节女厅堂家具

表 4.41 宁贞节女厅堂家具使用情况

家具	家具三视图		
	正视图	左视图	俯视图
条桌	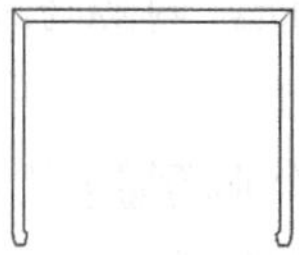	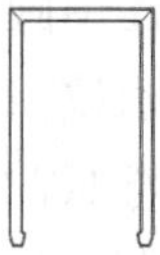	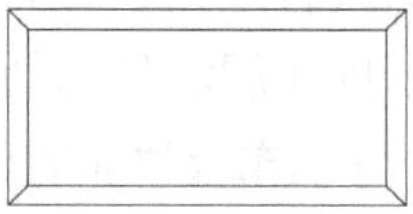
圆凳	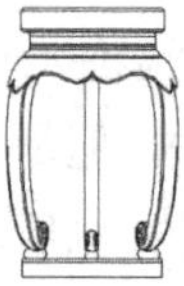	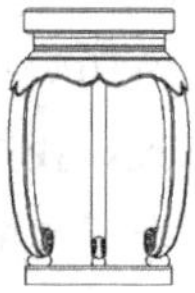	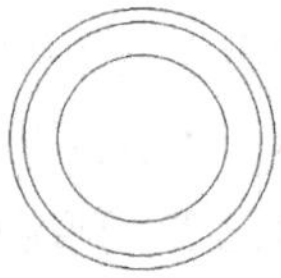
座屏		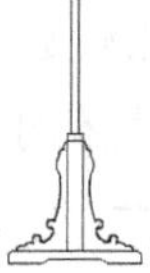	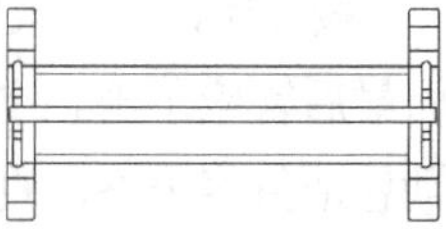

（二）卧房

1. 临川梁氏

表 4.42 呈现的是临川梁氏卧室家具使用情况，在图 4.42 中，明确形态的家具有架子床。

临川梁氏讲的是妇人梁氏的故事。梁氏，临川人。才嫁到夫家几个月，元军就侵略到了他们家乡。于是梁氏与夫君相约，“若他日我遇蒙古兵被侵犯，我必以死相争，不受其辱；如果你以后再娶，也必须让我知道”。

没过多久，梁氏便被元军掠走，她奋起搏斗，最后被杀。其夫心痛不已。转眼数年，梁氏丈夫计划续弦。为求心安理得，烧香告慰梁氏此事。梁氏夜里托梦于他，其死后又托生于某户人家，如今已经十岁；再过七年便可托媒下聘，再续姻缘。梁氏丈夫依计行事，终与梁氏再续前缘。这个故事充满了唯心主义的色彩，虽然现实生活中不可能发生这样的事情，但反应出封建社会人们对待爱情的一种理想愿望。

画家仇英正是依据此典故，精心设计描绘了梁氏托梦给丈夫的场景。该床为架子床，绦环板围子封闭式形制，整个床像一个小的建筑空间；团花床帏、团花棉被、团花织锦褥子等床具用品一应俱全。织物帷幔既可遮挡邪风，又可阻隔蚊虫。梁氏的丈夫烧完香、祈完福后，正睡容安详地高枕于床上等待梁氏的托梦。

图 4.42 临川梁氏卧室家具

表 4.42 临川梁氏卧室家具使用情况

家具	家具三视图		
	正视图	左视图	俯视图
架子床			

2. 王孝女

表 4.43 呈现的是王孝女故事中卧室家具使用情况，在图 4.43 中，明确形态的家具有架子床。图中架子床为独板式围子，将帐子挂置在顶架上。

王孝女讲述的是隋朝一对苦命姊妹为父报仇的故事。故事发生在北齐覆灭隋朝建立之际，赵郡王子春与侄儿长忻素有矛盾，长忻与其妻趁时局动乱共谋杀害了子春。因官府更替，无人来治长忻夫妇的罪。子春二孤女尚幼，更是无处申冤，但是仇恨的种子却已埋下。当时的王舜才七岁，还有一个名叫王灿的五岁的妹妹，姊妹俩因家庭变故，变得孤苦伶仃，只能一起被寄养在亲戚家里。王舜虽然年纪不大，对妹妹却是十分照顾，二人感情甚笃。王舜一直有复仇之意，而其堂兄长忻却浑然不知，毫无防备。一天夜里，姊妹二人各携尖刀一把，先爬墙，再入长忻夫妇卧室，手刃了长忻夫妇，成功地为父亲报了仇。祭奠完父亲后，姊妹二人共同来到县衙自首，因二人都说自己是主谋，致使州县均不能决断。案子一直呈到了隋文帝那里，隋文帝了解了整件事情的来龙去脉后，不仅赦免了姊妹二人的罪行，还对姊妹二人的义行进行了嘉奖。

画家仇英正是依据此典故，精心设计描绘了孝女王舜携尖刀，潜入长忻夫妇卧室为父报仇的场景。只见长忻夫妇身上盖着团花被子，身下垫着团花织锦褥子，一起相拥酣睡于团花帐幔的床上，全然不知大限将至。

图 4.43　王孝女故事中卧室家具

表 4.43　王孝女故事中卧室家具使用情况

家具	家具三视图		
	正视图	左视图	俯视图
架子床			

3. 张友妻

表 4.34 呈现的是张友妻卧室家具使用情况，在图 4.34 中，明确形态的家具有架子床、脚踏和长方凳。此处架子床不带门围子，面下牙条镂出曲

边，内翻马蹄足，下踩托泥。

张友妻讲的是明代张友的妻子洪氏为夫尽忠的故事。洪氏是安徽歙县人。当时张友患了一种怪病，洪氏悉心照顾调理，谁知张友福薄，最后还是舍洪氏而去。安葬了张友后，洪氏在张友墓穴旁给自己预留了位置，发誓自己百年之后与张友合穴。接下来的日子，洪氏一人勤恳地侍奉婆婆。婆婆看到洪氏年纪轻轻就守寡，且膝下无子，便有意让其改嫁，洪氏死活不肯答应。最后，洪氏的婆婆和族人收取了一位富人的聘金，并择佳期欲嫁洪氏。怎知佳期即是死期，洪氏表面答应婆婆，心里却早有寻死之意，特意置办好酒菜于张友墓祭奠哭诉，事后回到自己的卧房上吊自杀了。在封建礼教的毒害下，洪氏上演了一出愚贞的悲剧。

画家仇英正是依据此典故，精心设计描绘了洪氏去意已决，一心求死的场景。只见洪氏在带脚踏的彭牙架子床前，系白绫于房梁上。手拽之，脚猛踢四方凳，顷刻间便香消玉殒，随夫君张友而去。

图 4.44 张友妻卧室家具

表 4.44 张友妻卧室家具使用情况

家具	家具三视图		
	正视图	左视图	俯视图
架子床			
脚踏			

续表

家具	家具三视图		
	正视图	左视图	俯视图
长方凳			

4. 草市孙氏

表 4.45 呈现的是草市孙氏卧室家具使用情况，在图 4.45 中，明确形态的家具有脚踏、架子床和圆凳。图中脚踏面下有束腰，牙条锼出曲边，足端下踩托泥。

草市孙氏讲的是明嘉靖年间歙县乡下集市，孙氏忠于其夫汪永锡的故事。汪永锡是歙县松明山人氏，家庭贫寒，被人雇佣在集市卖饼为生。自从娶了孙氏后，日子过得更加入不敷出。后来汪永锡生了重病，汪永锡的兄长挑拨夫妻二人的感情，说汪永锡死后，其妻孙氏必会改嫁无疑。孙氏不能忍受这样的不信任，于是服毒药先于永锡十日离世。在封建礼教的毒害下，孙氏难逃宿命，上演了一出愚贞的悲剧。

画家仇英正是依据此典故，精心设计描绘了汪永锡孙氏二人在久病榻前的诀别场景。只见汪永锡卧躺于素幔彭牙草席床上，微微斜靠，轻轻地执孙氏纤纤玉手，他虽为病体，却始终对孙氏报以温情脉脉。并对孙氏嘱以临终遗言。孙氏没有坐床边的束腰圆凳，而是踩着床脚踏，轻轻地靠着汪氏。仔细地听着汪氏说话，眼里充满了期许和无奈。

图 4.45 草市孙氏卧室家具

表 4.45 草市孙氏卧室家具使用情况

家具	家具三视图		
	正视图	左视图	俯视图
脚踏	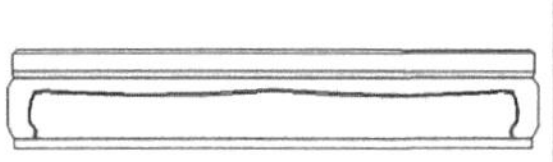	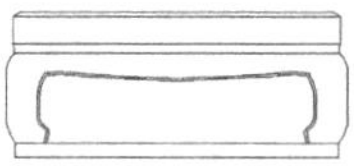	
架子床			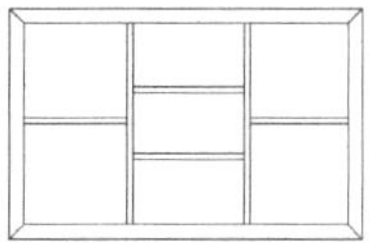
圆凳	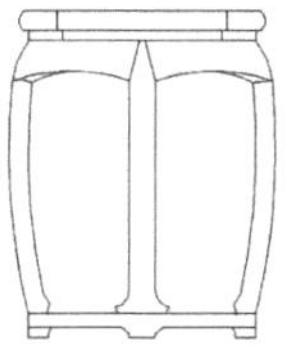		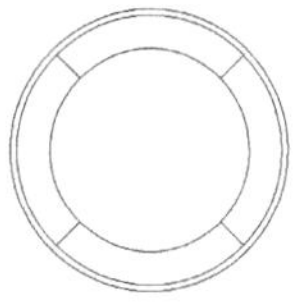

5. 陈宙姐

表 4.46 呈现的是陈宙姐卧室家具使用情况，在图 4.46 中，明确形态的家具有架子床和方桌。

陈宙姐讲述的是明代黄一卿的夫人陈宙忠于丈夫的凄美爱情故事。相传黄一卿和陈氏结婚六年后，黄氏大病不起。其自觉将不久于人世，于是在床前与陈氏话别，交代后事，要陈氏在自己去世之后保重身体，去投奔她的母亲。陈氏听了泪如泉涌，不肯听从。还拔了自己一缕头发与黄氏的头发绑在一起，咬破自己的手指再放到黄氏嘴里，让他也咬一下作为印记，约定黄氏大限六日后定会随他而去。黄一卿没多久果真去世了，陈宙哭得悲怆天地。当请来木匠做棺材时，她求做两套，并多次自行绝食求死，家人亦多次把她抢救回来。无奈在黄一卿去世后的第六天，陈氏带着化好的妆容也去世了。她死的时候，面容自然，栩栩如生，没有一丝痛苦状，竟然和睡着了一样。这又是一出在封建礼教的毒害下，陈氏上演的从容赴死的愚贞悲剧。

画家仇英正是依据此典故，精心设计描绘了黄陈夫妇二人床前话别的场景。只见四方桌摆于彭牙腿的架子床前，架子床没有围子格挡牙条锼出曲边，足端下踩托泥。床上方的床幔也是素的，束腰方桌上设一个药罐和两个药碗，喻示黄陈夫妇家境一般。黄一卿卧病已久，此时正裹着单薄的团花被痛苦地蜷缩在床上。陈氏表情自然地执着黄一卿的手，亦暗示其随夫而去的决心已定，心中没有一丝怯意。

图 4.46　陈宙姐卧室家具

表 4.46　陈宙姐卧室家具使用情况

家具	家具三视图		
	正视图	左视图	俯视图
架子床			
方桌			

（三）室外空间

1. 鲍宣妻

表 4.47 呈现的是鲍宣妻室外家具使用情况，在图 4.47 中，明确形态的家具有衣箱和小塌。

鲍宣妻讲述的是一个夫唱妇随、遵循夫命甘于清贫的爱情故事。鲍宣是西汉时期的一个大夫，渤海人氏，也就是今天的河北盐山一带。他为人正直，敢于为民仗义执言、直谏朝政，为后人所称赞。鲍宣的妻子桓少君就是其求学时的老师的千金，老师看鲍宣虽家庭出身贫苦，但能保持独立的人格，于是将爱女许配给他，并给了丰厚的嫁妆。但是鲍宣对嫁妆丰厚之事并不高兴，桓少君把随嫁的丫鬟和礼物一一退回，着平民素服，与鲍宣共挽鹿车回乡，在乡下过起了修习妇道、提瓮而汲的平民生活。

画家仇英正是依据此典故，精心设计描绘了桓少君父亲持厚礼嫁女、桓少君与鲍宣坚辞彩礼共挽鹿车的场景。只见丫鬟一行四人，或携银钱，或携织物，或携日常家私等，两名壮实的家丁一起抬着一个满是华服的大衣箱，大家热热闹闹、其乐融融地送桓少君出嫁。桓少君手牵着载有托泥小塌的鹿车，与斜靠车轱辘的鲍宣一起向送亲的亲友挥手道别。鹿车在这里寓意这是一对夫妻同心、安贫乐道的新人。

图 4.47　鲍宣妻室外家具

表 4.47　鲍宣妻室外家具使用情况

家具	家具三视图		
	正视图	左视图	俯视图
衣箱			
小塌			

2. 吕良子

表 4.48 呈现的是吕良子室外空间中的家具使用情况，在图 4.48 中，明确形态的家具有供桌。图中供桌呈四面平式。

吕良子讲述的是宋代一个凄美动人的孝女为父祈福的神话传说故事。相传吕良子为福建泉州人。其父仲洙因长期生病，多方求医问药均不见起色，恐将不久于人世，医生嘱咐良子早点准备其父的后事。吕良子闻此信息，心急如焚，心想父亲为了她们姊妹二人操劳一生，面对父亲即将到来的大限之日，姊妹二人却无能为力。走投无路之时，又想起何不焚香祈福试试，兴许孝行动天还有一丝希冀。于是在二更之时，与妹妹共同在走廊上对月焚香许愿，愿以二人健康身体换老父亲的病体安康，祈求上苍怜悯吕家，降福吕家，保其父病速愈、延寿并安享晚年。二人的孝心终于感动了上天，一大群喜鹊像祥云一样飞了过来，这时天空还出现了一颗很亮的星星，把吕家照得跟白天一样。第二天，吕父的病就好了。

画家仇英正是依据此典故，精心设计描绘了吕家孝女设香炉于一内翻马蹄足供桌上，虔诚祈求上苍降福的动人场景。只见画面左上角金星闪闪，把吕家照得如同白昼。画面右上角一群喜鹊绕梁飞叫报喜，吕家孝女见此情形，喜不自禁地张开了双臂。

图 4.48　吕良子室外家具

表 4.48 吕良子室外家具使用情况

<table>
<tr><th rowspan="2">家具</th><th colspan="3">家具三视图</th></tr>
<tr><th>正视图</th><th>左视图</th><th>俯视图</th></tr>
<tr><td>供桌</td><td></td><td></td><td></td></tr>
</table>

3. 寡妇清

表 4.49 呈现的是寡妇清庭院家具使用情况，在图 4.49 中，明确形态的家具有座屏和圆凳。

寡妇清讲述的是春秋战国后期一代女中豪杰寡妇清的传奇一生。巴寡妇清，名清，巴蜀人，所以也俗称巴寡妇清。她也是最早以己之名被记录进正史的女子。巴寡妇清是战国时期著名的工商巨头，是中国乃至世界上最早有记载的女性企业家，权倾一时。其丈夫去世后，成为有名的丹砂女王。巴寡妇清为富能仁，爱民乡里，为巴蜀人所尊崇。相传因其在秦始皇的关键时期，以财力支持秦始皇统一中国，被始皇帝接进咸阳皇宫奉为上宾，并在此颐养天年。其死后被封为“贞妇”，这在当时也是仅此一例。始皇为其修筑“女怀清台”以示旌表，为中国封建社会被正式表彰的第一位妇女。

画家仇英正是依据此典故，精心设计描绘了巴寡妇清的宅院场景。只见其宅院中遍植奇珍异草，各色假山造型点缀其间，反映出巴寡妇清的家底殷实、财力雄厚。巴寡妇清端坐鼓腿圆凳于巨大的户外座屏前，耐心地听取家奴为其汇报家族事务；屏风上装饰有蜀道难行之秋林行旅图，与户外巴山蜀水的自然风光交相呼应；屏风还有遮烈日、挡邪风的功能，为庭院家具常用。圆凳轻巧方便搬进搬出，亦为常用器具。

图 4.49 寡妇清庭院家具

表 4.49 寡妇清庭院家具使用情况

家具	家具三视图		
	正视图	左视图	俯视图
座屏	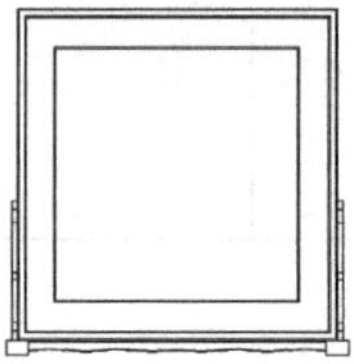	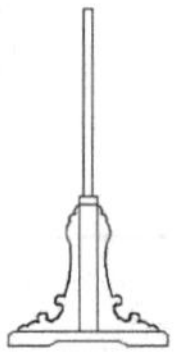	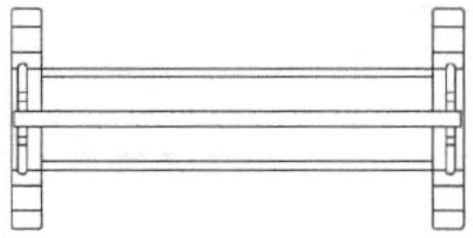
圆凳	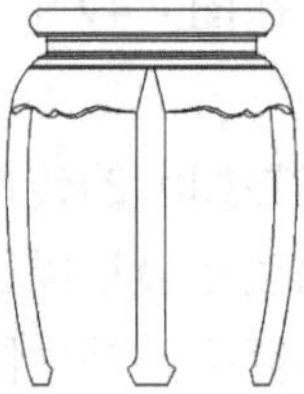	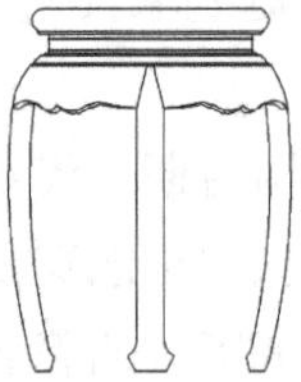	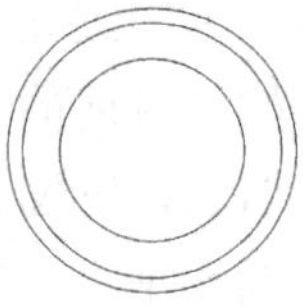

4. 嘉州郝娥

表 4.50 呈现的是嘉州郝娥庭院家具使用情况，在图 4.50 中，明确形态的家具有长方桌和坐墩。

嘉州郝娥讲的是宋朝年间一位贞洁女子郝娥的凄惨故事。相传宋朝时期有一位娼女产下一个女婴，困其无法照顾孩子，一念之下就把孩子卖给了一户普通人家。这户人家家境殷实，夫妇二人老实本分，正好他们自己膝下无儿，便买了女婴，并给其取名郝娥。随着时间的推移，郝娥慢慢长成一个亭亭玉立的美少女，不仅孝顺养父母，还善于编织技艺，能赚钱来补贴家用。待其到了及笄之年，她的生母因年老色衰，生意一天不如一天，来到郝娥家强行把郝娥带走，欲让其继承自己的事业。郝娥自然不愿从事生母的行业，告诉母亲自己有一技之长，以后可以赚钱养她，不愿污了自己的清白。其生母恼羞成怒，对其拳脚相向，欲强迫郝娥服从，并招来社会混混帮忙胁迫；郝娥全力反抗，最后趁他们不备，找了个出来喝水的借口，跳青衣江而亡。

画家仇英正是依据此典故，精心设计描绘了郝娥被几个泼皮无赖强行灌酒逼娼的场景。只见郝娥生母直坐于龟背纹绣墩上，紧张地看着郝娥的反应；各色泼皮无赖或端壶，或端酒，或执杯，你拉我推地劝着郝娥；郝娥双臂护胸，含着下颌，紧紧地保护着自己。四方桌上置一长方食盒，食盒里摆满了美味佳肴。

图 4.50 嘉州郝娥庭院家具

表 4.50 嘉州郝娥庭院家具使用情况

家具	家具三视图		
	正视图	左视图	俯视图
长方桌			
坐墩			

综上，笔者在绘制家具三视图的过程中，借助了 AutoCAD 软件技术，并对插画中的场景进行了整理分析，发现这些场景中出现的家具形态，大多与明代中晚期的家具形态类似。这就反映出《仇画列女传》一书中的家具，覆盖了明代中晚期的基本家具类型。当然也不排除插画中的部分家具，会带有一定的插画作者主观创作意味。

第二节 《仇画列女传》中经典场景复原

一、概述

在对经典场景进行 3ds Max 建模渲染工作之前，需要以前期 AutoCAD 软件绘制的家具三视图作为基础进行分析。整体场景的建模过程中，需综合考虑各方面的因素，方能准确理解室内空间中的各种关系，如室内陈设与家具之间、家具与室内空间之间、室内空间与建筑之间的相互关系。本节择取了厅堂、卧室和书房这三个人们日常生活中使用最为频繁的室内空间，对其进行了效果图复原工作。《仇画列女传》中对住宅整体空间描绘的图像信息较少，同时室内空间大都是以传统木构架结构为基础进行了建造，因此在复原的过程中，笔者对书中插画空间展开了科学的推测。此外，因《仇画列女传》插画中的参考素材有限，在场景复原图中的家具材质可能做不到一一对应，在这里皆用了当时流行的材料，并以纹理贴图的形式表现出来。

二、厅堂场景复原

（一）齐田稽母场景复原

笔者以《仇画列女传》中齐田稽母的场景图（图 4.51）为参照物，绘制其厅堂的整体效果图（图 4.52）。在室内陈设布局上，厅堂中轴线上放置一面山水图折叠屏风，屏风前为一带托泥脚踏，脚踏上设一带托泥圈椅。室内左侧则为一四面平式条桌，桌上以一个蕉叶纹花瓶进行装饰。

齐田稽母是西汉刘向撰写的一个母亲廉洁正直、责子受金的故事。田稽子是战国时期齐国的相国。当时，田稽子收受了下级官吏大量的金银财宝，田稽子把这些财物送给他母亲。其母语重心长地规劝田稽子，他感到惭愧不已，把收受的财物都返还了回去，又去齐宣王处请罪，自求一死。齐宣王了解整件事情的来龙去脉后，大力称赞了田母的大义，并用公家的钱赏赐了田母；同时免了田稽子的罪，为其官复原职。后人赞誉此事“稽母廉而有化”。

了解了故事的背景，我们回过头来看复原的场景，整个厅堂家具搭配及装饰庄重大气，除了一面装饰着山水图的屏风外，其他家具均没有过多装饰。符合田稽子母亲知大体、识大义的严母形象。只见德高望重的田母端坐在带托泥的圈椅上面，正在义正词严地斥责教育田稽子。带着两个随从、捧着一大堆财物进入家门的田稽子，刚刚脸上还是志得意满的表情；此刻已是面露尴尬，羞愧不已；而老太太后面的两名丫鬟看到此情此景，也不觉地窃窃私语起来。

图 4.51 《仇画列女传》中齐田稽母插画场景图

图 4.52 齐田稽母场景复原图

（二）陈母冯氏场景复原图

以《仇画列女传》中陈母冯氏插画场景图（图 4.53）为参照物，绘制其厅堂的整体效果图（图 4.54）。室内空间中呈现的家具有座屏、灯挂椅和条桌，条桌上置有书卷若干及一个哥窑花瓶。

图 4.53 《仇画列女传》中陈母冯氏插画场景图

图 4.54 陈母冯氏场景复原图

陈母冯氏讲述的是北宋状元名臣陈尧咨被母亲训导的故事。北宋状元陈尧咨是书法家，而且善射，百发百中，世以为神。其以春秋时期的神射手——养由基之名自号“小由基”。陈尧咨经常被宋真宗叫去给外使表演。有一次他回到家中，其母冯氏询问得知其近况，勃然大怒。训斥陈尧咨胸无大志，成天沉溺于“一夫之技”，由于一时激动，冯氏顺手把手中的拐杖扔出，把陈尧咨佩戴的金鱼配饰砸落在地。陈尧咨见此情形，战战兢兢，赶忙弯腰鞠躬向母亲认错。图中的家具及陈设表现了一个重视读书写字官宦之家的厅堂。只见厅堂正中设一墨竹座屏，座屏前置一张简洁大气、挺拔庄重的灯挂椅。座屏旁设一张平头书案，书案上有文房四宝，并立一个哥窑花瓶做装饰。这个厅堂的设置风格也衬托出北宋重文抑武的社会风气。

笔者凭借之前整理的有关信息及《仇画列女传》的插画，借助 AutoCAD 和 3ds Max 计算机制图软件，对《仇画列女传》插画部分的经典家具和室内空间展开了效果图复原工作；利用 AutoCAD 软件对皇室贵族、将相官僚、士绅商贾及普通百姓四个阶层的各自空间中的典型家具进行了三视图绘制工作；并以此为基础，借助 3ds Max 软件将三个常用空间的十个经典场所进行了再现复原工作。

上述场所是当时日常使用最为频繁的室内空间。这些最终复原出来的效果图，将《仇画列女传》中故事发生的环境真实地展示在大家眼前；同时，大家也可以从室内家具及陈设布局中，间接地去感受明代中后期的家具文化。

第五章　总结与展望

第一节　总　　结

明代文明宛如点点繁星一般，点缀着人类文明的浩瀚星空。明代的绘画，如同璀璨星河中的一颗熠熠明星，虽渺小，却能折射出那一时期的生活面貌和社会风俗。就绘画作品而言，明代与前朝相比，在数量及质量上都不占优势，但令人欣喜的是，明代刻本插画的出现，打开了插画艺术黄金时代的大门。插画刻本对世间百态细腻生动的描绘，称得上“极摹人情世态之歧，备写悲欢离合之致”。插画以实际环境为底本，建筑、居室、家具、饰品、器具等皆是画家的绘画对象。虽然《仇画列女传》里有些人物故事并非发生在明代，但仇英在刻画形形色色的人物、环境、家具及室内空间时，依据明代的真实生活环境，将丰富多彩的明代家具和室内空间陈设呈现在读者眼前，让读者的思绪走进他所创造的、独特的文化魅力空间之中。本书以明式家具相关研究资料及现存明式家具实体作为研究参考，以计算机绘图软件为辅助手段，较为系统全面地研究了《仇画列女传》中的家具和空间陈设布局，详见表 5.1。

表 5.1　《仇画列女传》中家具和空间陈设布局汇总表

<table>
<tr><td rowspan="8">坐具类</td><td rowspan="2">凳类</td><td>四面平式马蹄足小方凳</td><td>有束腰鼓腿彭牙托泥圆凳</td><td>有束腰鼓腿彭牙圆凳</td><td></td></tr>
<tr><td>5 件（16.67%）</td><td>11 件（36.67%）</td><td>14 件（46.67%）</td><td></td></tr>
<tr><td rowspan="2">坐墩</td><td>无脚踏交杌</td><td>直棂式坐墩</td><td>不开光鼓墩</td><td></td></tr>
<tr><td>1 件（1.96%）</td><td>5 件（9.80%）</td><td>45 件（88.24%）</td><td></td></tr>
<tr><td rowspan="2">椅类</td><td>有束腰带托泥圈椅</td><td>一统碑式靠背椅</td><td>灯挂椅</td><td></td></tr>
<tr><td>35 件（76.09%）</td><td>7 件（15.22%）</td><td>4 件（8.70%）</td><td></td></tr>
<tr><td rowspan="2">宝座</td><td>列屏式有束腰带托泥宝座</td><td colspan="2">四出头官帽椅式有束腰带托泥宝座</td><td></td></tr>
<tr><td>9 件（64.29%）</td><td colspan="2">5 件（35.71%）</td><td></td></tr>
</table>

续表

大类	小类	类型/数量			
卧具类	榻类	无束腰马蹄足榻	无束腰带托泥榻	有束腰带托泥榻	
		2件（11.76%）	1件（5.88%）	14件（82.35%）	
	架子床	四柱式封闭式架子床	不带门围子带托泥四柱式架子床	不带门围子四柱式架子床	
		3件（30%）	6件（60%）	1件（10%）	
	脚踏	有束腰马蹄足脚踏	有束腰带托泥脚踏	无束腰马蹄足带托泥脚踏	四面平式马蹄足脚踏
		2件（6.25%）	6件（18.75%）	22件（68.75%）	2件(6.25%)
		方形	26件（81.25%）	与宝座搭配使用	28件（87.5%）
		海棠形	2件（6.25%）	与床榻搭配使用	4件(12.5%)
		腰圆形	4件（12.5%）		
承具类	桌类	有束腰带托泥条桌	有束腰马蹄足方桌	四面平式条桌	酒桌
		1件（1.69%）	5件（8.47%）	46件（77.97%）	7件（11.86%）
	案类	攒花牙子平头案	夹头榫平头案		
		2件（11.76%）	15件（88.24%）		
	几类	方香几	不带托泥圆香几	带托泥圆香几	
		2件（18.18%）	4件（36.36%）	5件（45.45%）	
庋具类		三层式书架	药箱	衣箱	
		1件（16.67%）	1件（16.67%）	4件（66.67%）	
架具类		镜架	灯架		
		1件（50%）	1件（50%）		
屏具类		独扇式落地屏风	三扇式折屏	五扇式折屏	独扇式座屏
		54件（43.55%）	8件（6.45%）	5件（4.03%）	57件（45.97%）
家具装饰手法			多用雕刻，辅以少量镶嵌		
家具装饰题材			常用吉祥图案（回纹、龟背纹、如意纹）、植物花卉（梅兰竹菊、牡丹）和山水人物图案		
家具陈设制度			讲究主次尊卑，陈设品成套搭配		
整体空间布局			厅堂注重对称均衡，卧室书房随性灵活		

注：因四舍五入出现偏差，表中有些占比加和不等于100%

由表5.1得出的结论如下。

1）在坐具类家具中，凳类家具中有束腰圆凳占比约为83.34%，其中有束腰鼓腿彭牙圆凳约占46.67%，并且圆凳造型与王世襄《明式家具研究》①及明代相关遗留实物相同。由此可推断，在当时，上至达官贵人下至黎民百姓，在对凳类家具的使用上，皆以圆凳为主。坐墩类家具中不开光鼓墩占比约为88.24%，只有为数不多的直棂式坐墩，因明代留存下来的坐墩比较少，便难以考证其真实性。有束腰带托泥圈椅在椅类家具中居多，占比约为76.09%，将相官吏和皇室贵族阶级为这类家具的主要使用人群，这反映了有束腰带托泥圈椅在当时是地位的象征，但家具造型与王世襄考究的“明代圈椅不带托泥，清代圈椅中多带托泥”的说法大相径庭，值得进一步研究和探讨。插画里一统碑式靠背椅的背板大多为三段，灯挂椅在座面之下两侧常设置两根管脚枨，这与同期绘本插画中的形制大致相同。但在对灯挂椅的使用数量上，却与《明式家具研究》一书中表述的“明代苏州地区多灯挂椅”有很大的出入。

2）在卧具类家具中，带托泥榻在榻类家具里占比约为88.23%，然而在明代遗留家具与相关研究资料中，带托泥造型的榻类家具鲜少。在架子床形制中主要是四柱式无门围子带托泥造型，占总数的60%，这与闵氏的《西厢记》和《牡丹亭》点评本中的形制大致相同，却与古斯塔夫·艾克《中国花梨家具图考》中所描述的“无门围子带托泥架子床较为少见”②的现象不尽相同。脚踏中带托泥者占比为87.5%，且大多搭配着坐具一起使用，这也和前人书中记述的“明代除床榻外，脚踏已很少搭配坐具使用”的现象截然不同。

3）在承具类家具中，桌类家具出现频率较高的为四面平式条桌，在桌类家具中占比约为77.97%，也常出现在同期的绘画作品中，但此类条桌在相关研究著作及明代家具遗存中并不多见。夹头榫平头案在案类家具中占比约为88.24%，书中案通体光素，少有装饰，结构简练且无托泥，与现在明代留存的平头案造型比较相似。由此可断，那时家具造型简练雅致，不追求过度的装饰。

4）在其他类家具中，屏具的座屏以独扇式为主，三扇式与五扇式等式样的少见；而折屏以独扇落地式较多，三扇式和五扇式略少。在同时期的绘画作品中屏扇同样皆是单数，这与现存明代遗留的折屏实物，以及王世襄考究的“折屏屏扇以偶数为主”说法截然相反。由此可推测，《仇画列女传》插画中的折屏可能是画家主观设计创作的。

---

① 王世襄：《明式家具研究》，北京，生活·读书·新知三联书店，2008年。

②〔德〕古斯塔夫·艾克：《中国花梨家具图考》，薛吟译，北京，地震出版社，1991年。

综上，《仇画列女传》插画部分的家具与明代遗留下来的家具造型有所区别，并且与王世襄《明式家具研究》、古斯塔夫·艾克《中国花梨家具图考》记载的家具造型也有所不同，甚至截然相反。但是，对于我们研究明代家具，本书依旧具有一定的学术价值和参考意义。

《仇画列女传》总计 310 篇女性人物事迹，在文字内容部分呈现出来的信息量较丰富，且晦涩难懂；在插画内容部分也有图画 310 幅，包含的信息也极为丰富，因此在分析整理过程中，任务繁重，难免存在一些不足之处。例如，书中插画里出现的个别家具形制有所缺失，或被其他家具遮挡，因家具材料、结构尺寸及结构工艺模糊而不能获悉等问题。本书凭借相关明式家具研究书籍（王世襄的《明式家具研究》、古斯塔夫·艾克的《中国花梨家具图考》），以及明代遗留的家具实物（苏州东山地区为主）作为参考，也可能会在上述方面存在一些偏颇和不足。

首先，就绘画本身的特点而言，其自身就具有一定的写意性，且画家在创作过程中也自然而然地融入了一定的主观因素，因此在对插画的研究过程中，自然也会有学者对于画中家具结构、造型等方面持有其他见解，但在追求真理的学术研究中，其本身就是一个“海纳百川，有容乃大”的过程；其次，由于书中部分家具及空间环境没有被完整地描绘，笔者只能参考其局部造型，并结合现存遗留家具及史料进行合理推断，因此在软件的复原绘制中，并不一定能完全准确地将插画中的家具及场景还原；最后，鉴于明代居室家具陈设文化本身的博大精深，本书因笔者时间、精力及学识水平等方面的限制，对其研究的内容在深度及精度上尚存在不如人意之处，只能寄希望于之后的研究上再做进一步地上下求索。

第二节　展　　望

伴随中华民族的伟大复兴，越来越多的科研工作者加入到振兴优秀传统文化的大军中来。中国传统家具和传统居室陈设一直都是国内外的研究热点。然而从插画刻本的研究视角出发，对传统家具及室内陈设进行研究的学者确实少有。随着研究力量的不断加强，木刻本插画中的古典家具及其室内陈设信息，能不断地补充到相关研究领域。

习近平曾说过：“人民对美好生活的向往，就是我们的奋斗目标。”[①]通

① 习近平：《人民对美好生活的向往，就是我们的奋斗目标》（二〇一二年十一月十五日），载中共中央文献研究室编：《十八大以来重要文献选编》（上），北京，中央文献出版社，2014年，第 70 页。

过对《仇画列女传》的研究，让人们了解到明代的家具及其陈设文化，并为当下传统文化领域的工作做出积极有益的补充，深刻理解和把握传统文化中的“根”和“魂”，创造出既能吸收传统文化的精髓，又能与现代居室环境相适应的家具产品和陈设。

参考文献

《后汉书》，北京，线装书局，2010年。

《明史》，北京，中华书局，1974年。

（汉）刘向编撰，（晋）顾恺之图画：《古列女传》，北京，中华书局，1985年。

（汉）刘向撰，（明）仇英绘：《仇画列女传》，北京，中国书店出版社，2012年。

（南朝·梁）僧祐编撰：《弘明集》，刘立夫、胡勇译注，北京，中华书局，2011年。

（唐）庚桑子撰：《洞灵真经·农道篇》，何璨注，常熟瞿氏铁琴铜剑楼藏宋刊本。

（宋）曾巩撰：《列女传目录序》，《曾巩集》，陈杏珍、晁继周点校，北京，中华书局，1984年。

（明）曹昭著，杨春俏编著：《格古要论》，北京，中华书局，2012年。

（明）高濂：《遵生八笺》，倪青、陈惠评注，北京，中华书局，2013年。

（明）何良俊撰：《四友斋丛说》，北京，中华书局，1959年。

（明）黄佐撰：《南雍志》，北京，国家图书馆出版社，2013年。

（明）计成著，李世葵、刘金鹏编著：《园冶》，北京，中华书局，2011年。

（明）兰陵笑笑生：《金瓶梅词话》，陶慕宁校注，北京，人民文学出版社，2000年。

（明）陆容撰：《菽园杂记》卷十，《丛书集成新编》，第十二册，台北，新文丰出版公司，1985年。

（明）申时行等修：《明会典》（万历朝重修本），北京，中华书局，1989年。

（明）沈德符撰：《万历野获编》，侯会选注，北京，北京燕山出版社，1998年。

（明）汤显祖著，（明）王思任批评：《王思任批评本〈牡丹亭〉》，李萍校点，南京，凤凰出版社，2011年。

（明）文震亨著，赵菁编：《长物志》，北京，金城出版社，2010年。

（明）袁宏道撰：《瓶史·花目》，绣水周氏家藏。

（清）王照圆撰：《列女传补注》，长沙，商务印书馆，1938年。

（清）徐沁：《明画录》，上海，华东师范大学出版社，2009年。

（清）张丑撰：《清河书画舫》，徐德明校点，上海，上海古籍出版社，2011年。

陈宝良：《明代社会生活史》，北京，中国社会科学出版社，2004年。

陈炳熙：《论插图》，《潍坊学院学报》2001年第1期。

陈东原：《中国妇女生活史》，上海，上海书店出版社，1984年。

陈清慧：《〈古今书刻〉版本考》，《文献》2007年第4期。

丁馨：《闵氏〈西厢记〉插图研究》，南京艺术学院硕士学位论文，2014年。

杜丹：《试论明代苏州城市商业化对私人刻书业的影响》，苏州大学硕士学位论文，2005年。

杜京徽：《传顾恺之〈列女图〉研究》，中国美术学院硕士学位论文，2011年。

葛兆光：《中国思想史（三卷本）》（第2版），上海，复旦大学出版社，2013年。

葛志毅：《〈列女传〉与古代社会的妇女生活》，《中华文化论坛》1997年第3期。

顾平：《明清红木灯具研究》，《家具与室内装饰》2007 年第 9 期。
郭味蕖编著：《中国版画史略》，北京，朝花美术出版社，1962 年。
胡德生：《中国古典家具的几，案，桌（一）》，《中国木材》2000 年第 2 期。
胡文彦、于淑岩：《中国家具文化》，石家庄，河北美术出版社，2002 年。
黄镇伟编著：《中国编辑出版史》，苏州，苏州大学出版社，2003 年。
蓝玉琦撰：《东汉画像列女图研究》，台北，台湾艺术大学美术史研究所，2009 年。
李华：《中国传统家具手绘装饰研究》，中南林业科技大学硕士学位论文，2011 年。
李霞：《传统女性主义的局限与后现代女性主义的超越》，《江汉论坛》2001 年第 2 期。
李征宇：《语图关系视野下的〈列女传〉文本及其图像》，《贵州文史丛刊》2012 年第 1 期。
林家治：《明四大家研究与艺术鉴赏·仇英》，石家庄，河北教育出版社，2011 年。
林莉娜：《画中家具特展》，台北，台北故宫博物院，1996 年。
林木：《明清文人画新潮》，上海，上海人民美术出版社，1991 年。
刘刚：《〈韩熙载夜宴图〉中所见家具考》，《上海博物馆集刊》2012 年。
刘立强、刘海洋、韩钢主编：《辽东志》，孙倩点校，北京，科学出版社，2016 年。
刘萍：《评〈明代绘画中文人行乐活动与家具使用之研究〉》，《商业文化》（下半月）2012 年第 12 期。
刘赛：《明代官、私刊行刘向〈列女传〉考述》，《明清小说研究》2008 年第 4 期。
刘赛：《刘向〈列女传〉及其文本考论》，复旦大学博士学位论文，2010 年。
刘森林：《中华陈设：传统民居室内设计》，上海，上海大学出版社，2006 年。
刘潇湘：《明代小说版画插图的表现形式研究》，西南大学硕士学位论文，2010 年。
刘玉菊：《仇英〈清明上河图〉绘画语言分析》，山东理工大学硕士学位论文，2012 年。
柳杨：《明代万历时期的绘画转型及其影响》，曲阜师范大学硕士学位论文，2009 年。
陆希刚：《明清江南城镇——基于空间观点的整体研究》，同济大学博士学位论文，2006 年。
陆希刚：《明清时期江南城镇的空间分布》，《城市规划学刊》2006 年第 3 期。
吕友者：《探究仇英的绘画风格及特点》，《东方收藏》2011 年第 4 期。
牛克诚编：《色彩的中国绘画》，长沙，湖南美术出版社，2002 年。
濮安国编著：《明清苏式家具》，长沙，湖南美术出版社，2009 年。
戚福康：《中国古代书坊研究》，北京，商务印书馆，2007 年。
单国霖：《中国巨匠美术丛书：仇英》，北京，文物出版社，1998 年。
单国强：《仇英及其〈人物故事〉册》，《故宫博物院院刊》1982 年第 3 期。
上海新四军历史研究会印刷印钞分会编：《历代刻书概况》，北京，印刷工业出版社，1991 年。
邵晓峰：《中国宋代家具》，南京，东南大学出版社，2010 年。
史灵芝：《东北传统家具研究初探》，中南林业科技大学硕士学位论文，2008 年。
唐美玲：《传统屏风装饰艺术及其现代衍变研究》，湖北工业大学硕士学位论文，2009 年。
汪玢玲：《中国婚姻史》，武汉，武汉大学出版社，2013 年。
王炳照：《中国古代书院》，北京，中国国际广播出版社，2009 年。
王芳：《仇英山水画审美趣味双重性的探究》，福建师范大学硕士学位论文，2010 年。
王世襄：《明式家具研究》，北京，生活·读书·新知三联书店，2008 年。
文阳、袁进东、黄亚：《仇英版〈清明上河图〉中的明式家具浅析》，《家具与室内装饰》2016 年第 2 期。
夏菲：《宋代文人绘画中的家具研究》，苏州大学硕士学位论文，2013 年。
徐珂编撰：《清稗类钞》，北京，中华书局，2010 年。
严绍璗编著：《日藏汉籍善本书录》（上），北京，中华书局，2007 年。
杨森：《敦煌壁画家具图像研究》，北京，民族出版社，2010 年。
尹蓓：《明清民居室内陈设的文化内涵》，青岛大学硕士学位论文，2010 年。
张瑾：《明清家具装饰纹样对比性研究》，西北师范大学硕士学位论文，2011 年。
张涛：《列女传译注》，济南，山东大学出版社，1990 年。
郑晓霞：《明代徽派版画杰作：〈汪氏辑列女传〉》，《中国社会科学报》2012 年 8 月 29 日，第 B07 版。
郑振铎：《插图本中国文学史》，上海，上海人民出版社，2005 年。
郑振铎：《中国古代木刻画史略》，上海，上海书店出版社，2011 年。
周京南：《从明代刻本插图及绘画作品看文人书房家具陈设》，《家具与室内装饰》2013 年第 3 期。
周京南：《管窥明清绘画中的家具（上）》，《家具与室内装饰》2014 年第 9 期。
周文彰、岳凤兰：《从中华传统文化中汲取营养推进理论创新》，《学习时报》2019 年 1 月 18 日，第 A12 版。
周芜编著：《徽派版画史论集》，合肥，安徽人民出版社，1984 年。
周心慧：《中国古代版刻版画史论集》，北京，学苑出版社，1998 年。
朱家溍编著：《明清室内陈设》，北京，紫禁城出版社，2004 年。
紫都、耿静、鄢爱华编著：《吴门画派 • 仇英》，北京，中央编译出版社，2004 年。
〔德〕古斯塔夫 • 艾克：《中国花梨家具图考》，薛吟译，北京，地震出版社，1991 年。
〔韩〕郑在书主编：《东亚女性的起源：从女性主义角度解析〈列女传〉》，〔韩〕崔丽红译，北京，人民文学出版社，2005 年。
〔美〕艾伦 • 约翰斯顿 • 莱恩：《苏州片中仇英作品的考证》，李倍雷译，《南京艺术学院学报（美术与设计版）》2002 年第 4 期。
〔美〕高居翰：《江岸送别：明代初期与中期绘画（1368—1580）》，夏春梅等译，北京，生活 • 读书 • 新知三联书店，2009 年。
〔日〕冈村繁：《冈村繁全集》第三卷《汉魏六朝的思想和文学》，陆晓光译，上海，上海古籍出版社，2002 年。
〔日〕黑田彰：《列女传图概论》，隽雪艳、龚岚译，《中国典籍与文化》2013 年第 3 期。
〔日〕田中和夫：《〈列女传〉引〈诗〉考》，李寅生译，《河北师院学报（社会科学版）》1997 年第 2 期。
〔日〕下见隆雄：《刘向〈列女传〉的研究》，东京，东海大学出版会，1989 年。
〔日〕增野弘幸等：《日本学者论中国古典文学：村山吉广教授古稀纪念集》，李寅生译，成都，巴蜀书社，2005 年。
Laing E J. The state of Ming painting studies. *Ming Studies*, 1977, 3: 9-25.

附录一 《仇画列女传》中家具与陈设品数量统计表

单位：件

卷目	人物	活动空间	家具使用场所	家具使用对象	家具种类						陈设品		
					坐具类	卧具类	承具类	庋具类	架具类	屏具类	织物类	文房清玩类	其他陈设类
卷一	太王妃太姜	室内	厅堂	周太王太姜	—	2	1	—	—	1	1	—	—
卷一	王季妃太任	室内	厅堂	周季王太任	1	1	1	—	—	1	1	1	1
卷一	文王妃太姒	室内室外	厅堂	周文王太姒	1	1	—	—	—	1	1	—	1
卷一	周宣姜后	室内	厅堂	周宣王	—	—	1	—	—	—	1	1	1
卷一	卫灵夫人	室内	厅堂	卫灵公	1	1	1	—	1	1	1	—	1
卷一	齐威虞姬	室内	厅堂	齐威王	1	—	—	—	—	—	1	—	1
卷一	齐灵仲子	室外	皇家苑囿	齐灵公	1	—	—	—	—	—	1	—	—
卷一	齐女傅母	室内	厅堂	庄公夫人	1	—	1	—	—	1	1	1	—
卷一	齐钟离春	室内	餐厅	齐宣王	1	—	1	—	—	1	1	—	1
卷一	齐田稷母	室内	厅堂	国相母亲	1	1	1	—	—	1	1	1	—
卷一	齐孤逐女	室内	餐厅	国相	1	—	1	—	—	1	1	1	—
卷一	王孙氏母	室内	厅堂	大夫母亲	—	—	—	—	—	1	—	—	—
卷二	齐管妾婧	室内	厅堂	国相	2	1	—	—	—	1	1	—	—
卷二	齐女徐吾	室内	厅堂	平民妇女	1	—	—	—	—	—	—	—	1
卷二	齐伤槐女	室内	衙署	宰相	1	1	—	—	—	1	1	—	—

续表

卷目	人物	活动空间	家具使用场所	家具使用对象	家具种类						陈设品		
					坐具类	卧具类	承具类	庋具类	架具类	屏具类	织物类	文房清玩类	其他陈设类
卷二	齐义继母	室内	衙署	齐宣王	1	—	1	—	—	1	1	1	1
卷二	鲁寡陶妻	室内	厅堂	平民寡妇	—	—	1	—	—	1	—	—	—
卷二	鲁黔娄妻	室内	厅堂	平民妇女	—	1	—	—	—	—	1	—	—
卷二	鲁敬季姜	室内	厅堂	大夫妻子	1	—	1	—	—	1	1	—	1
卷二	宋鲍女宗	室内	厅堂	官吏妻母	1	—	—	—	—	1	—	—	—
卷二	晋赵衰妻	室外	庭院	官吏妻妾	—	—	—	—	—	1	—	—	—
卷三	晋范氏母	室内	厅堂	大夫妻子	1	—	—	—	—	1	1	—	—
卷三	晋弓工妻	室外	庭院	晋平公	1	1	—	—	—	1	1	—	—
卷三	密康公母	室内	厅堂	储君母亲	1	—	1	—	—	1	1	1	—
卷三	许穆夫人	室内	卧房	公主	1	—	1	—	—	1	1	—	1
卷三	黎庄夫人	室内	厅堂	黎庄公	1	1	—	—	—	1	1	—	—
卷三	息君夫人	室内	厅堂	息国君王	1	—	—	—	—	1	1	—	—
卷三	周主忠妾	室内	厅堂	大夫与妻	2	—	1	—	—	1	1	1	—
卷三	周郊妇人	室外	户外	大夫尹固	1	—	—	—	—	—	—	—	—
卷三	周南之妻	室内	厅堂	大夫父母	1	—	—	—	—	1	1	—	—
卷三	蔡人之妻	室内	厅堂	庶民	3	—	2	—	—	1	1	—	1
卷三	邹孟轲母	室内	厅堂	庶民	1	—	—	—	—	—	—	1	—
卷三	百里奚妻	室内	厅堂	大夫	1	—	1	—	—	1	1	—	—
卷三	楚武邓曼	室内	厅堂	楚武王	1	1	—	—	—	1	1	—	—

续表

卷目	人物	活动空间	家具使用场所	家具使用对象	家具种类						陈设品		
					坐具类	卧具类	承具类	皮具类	架具类	屏具类	织物类	文房清玩类	其他陈设类
卷三	孙叔敖母	室内	厅堂	官吏母亲	1	—	1	—	—	1	—	1	—
卷四	楚江乙母	室内	厅堂	楚恭王	1	1	—	—	—	1	1	—	1
卷四	楚子发母	室外	庭院	武将母亲	1	—	—	—	—	1	—	—	—
卷四	韩舍人妻	室外	庭院高台	宋康王	1	1	—	—	—	—	1	—	1
卷四	楚于陵妻	室内	厅堂	士绅及妻	—	—	1	—	—	—	—	—	1
卷四	勾践夫人	室外	船	越王勾践	1	—	—	—	—	—	1	—	—
卷四	赵将括母	室内	朝堂	赵孝成王	1	1	—	—	—	1	1	—	1
卷四	赵佛肸母	室内	衙署	赵王襄子	1	1	—	—	—	—	1	—	—
卷四	赵津女娟	室外	船	赵王简子	1	—	—	—	—	—	1	—	—
卷四	代赵夫人	室内	厅堂	赵夫人	—	—	—	—	—	1	—	—	—
卷四	盖丘子妻	室内	厅堂	将相及妻	—	—	—	—	—	1	—	—	—
卷四	寡妇清	室外	庭院	庶民	1	—	—	—	—	1	—	1	—
卷四	虞美人	室外	营帐	楚霸王	1	—	—	—	—	—	1	—	—
卷四	明德马后	室内	书房	马皇后	1	1	2	—	—	1	1	1	1
卷四	光烈阴后	室内	厅堂	汉和帝	1	1	1	—	—	1	1	1	1
卷四	和熹邓后	室内	书房	汉和帝	1	1	1	—	—	1	1	—	1
卷五	陈婴母	室内	厅堂	官吏母亲	1	—	—	—	—	1	1	—	—
卷五	王陵母	室内	厅堂	官吏母亲	1	—	—	—	—	1	1	—	—

续表

卷目	人物	活动空间	家具使用场所	家具使用对象	家具种类						陈设品		
					坐具类	卧具类	承具类	庋具类	架具类	屏具类	织物类	文房清玩类	其他陈设类
卷五	隽不疑母	室内	厅堂	官吏母亲	1	—	—	—	—	1	1	—	—
卷五	杨夫人	室内	厅堂	丞相及妻	1	—	1	—	—	—	—	—	1
卷五	严延年母	室内	厅堂	官吏母亲	1	—	1	—	—	1	1	1	1
卷五	梁夫人嫕	室内	朝堂	汉和帝	1	1	—	—	—	1	1	—	1
卷五	秦罗敷	室外	庭院高台	赵王	1	—	1	—	—	—	1	—	—
卷五	徐庶母	室内	厅堂	士绅母亲	1	—	—	—	—	1	1	—	—
卷五	姜诗妻	室内	厅堂	庶民	1	—	1	—	—	1	—	1	—
卷五	珠崖二义	室内	衙署	官吏	1	—	1	—	—	1	1	—	1
卷五	东海孝妇	室内	衙署	官吏	1	—	1	—	—	1	1	—	1
卷五	郃阳友娣	室内	厅堂	庶民及妻	1	—	—	—	—	1	1	—	—
卷五	梁寡高行	室内	卧房	庶民	—	—	1	1	1	1	—	—	1
卷五	陆续母	室内	衙署	官吏	1	—	1	—	—	1	1	—	1
卷五	徐淑	室内	书房	官吏妻子	1	—	1	—	—	1	—	—	—
卷六	鲍宣妻	室外	卧房	庶民	—	—	—	1		—	—	—	—
卷六	吴许升妻	室内	卧房	庶民	—	—	—	1	—	—	—	—	—
卷六	夏侯令女	室内	卧房	庶民	—	1	—	—	—	—	1	—	—
卷六	刘长卿妻	室内	卧房	庶民	1	—	1	—	—	1	1	—	1
卷六	燕段后	室外	皇家苑囿	燕王	1	1	—	—	—	1	1	—	—

续表

卷目	人物	活动空间	家具使用场所	家具使用对象	家具种类						陈设品		
					坐具类	卧具类	承具类	庋具类	架具类	屏具类	织物类	文房清玩类	其他陈设类
卷六	张夫人	室内	厅堂	前秦君王	1	1	—	—	—	1	1	—	—
卷六	刘琨母	室内	厅堂	将相母亲	1	—	—	—	—	1	1	—	—
卷六	陶侃母	室内	厅堂卧房	官吏母亲	2	—	1	1	—	—	1	—	1
卷六	梁纬妻	室外	营帐	前赵君王	1	1	—	—	_	—	1	—	—
卷七	皇甫谧母	室内	厅堂	名医叔母	1	—	—	—	—	1	1	—	—
卷七	魏刘氏妻	室外	衙署	官吏妻子	—	—	—	—	—	1	—	—	—
卷七	荀灌	室内	厅堂	将军	1	—	—	—	—	1	1	—	—
卷七	王氏女	室内	厅堂	官吏女儿	1	—	—	—	—	—	1	—	—
卷七	房爱亲妻	室内	厅堂	官吏母亲	1	—	—	—	—	1	1	—	—
卷七	姚氏痴姨	室内	厅堂	官吏母亲	2	—	—	—	—	1	1	—	—
卷七	郑善果母	室内	衙署	官吏	2	—	1	—	—	1	1	—	1
卷七	钟仕雄母	室内	厅堂	将相母亲	—	—	—	—	—	1	—		—
卷七	卫敬瑜妻	室内	庭院	庶民妻子	1	—	1	—	—	1	1	—	1
卷七	魏溥妻	室内	卧房	庶民	—	1	—	—	—	—	1	—	—
卷七	明恭王后	室内	宴厅	宋明帝	3	—	1	—	—	—	1	—	—
卷七	大义公主	室外	皇家苑囿	公主	—	—	—	—	—	1	—	—	
卷七	覃氏妇	室内	厅堂	庶民	1	—	—	—	—	—	—	—	—
卷七	李贞孝女	室内	厅堂	庶民	—	1	1	—	—	1	1	1	1

续表

卷目	人物	活动空间	家具使用场所	家具使用对象	家具种类						陈设品		
					坐具类	卧具类	承具类	皮具类	架具类	屏具类	织物类	文房清玩类	其他陈设类
卷七	倪贞女	室内	厅堂	庶民	1	—	2	—	—	1	—	1	1
卷七	王孝女	室内	卧室	庶民	—	1	—	—	—	—	1	—	—
卷八	楚灵龟妃	室内	厅堂	灵龟妃	1	—	—	—	—	1	1	—	—
卷八	韦贵妃	室内	厅堂	唐德宗	1	1	—	—	—	—	1	—	1
卷八	江采苹	室内	梅亭	江采苹	1	—	1	—	—	—	1	—	1
卷八	高叡妻	室外	营帐	突厥可汗	1	1	—	—	—	—	1	—	—
卷八	唐夫人	室内	厅堂	庶民	1	—	—	—	—	1	1	—	—
卷八	崔玄暐母	室内	厅堂	官吏妻子	1	—	—	—	—	1	1	—	—
卷八	柳仲郢母	室内	书房	官吏母亲	—	—	2	—		1	—	—	1
卷八	侯氏才美	室外	户外	官吏	—	—	—	1	—	—	—	—	—
卷八	湛贲妻	室内	厅堂	官吏妻子	2	—	1	—	—	1	—	—	—
卷八	李日月母	室内	厅堂	将相母亲	2	—	1	—	—	—	1	1	—
卷九	泾阳李氏	室内	厅堂	庶民	—	—	—	1	—	1	—	—	—
卷九	坚正节妇	室内	卧室	庶民	—	1	1	—	—	—	1	—	1
卷九	狄梁公姊	室内	餐厅	丞相	2	—	1	—	—	1	—	—	—
卷九	郭绍兰	室外	庭院	富商妻子	—	—	—	—	—	1	—	—	—
卷九	江潭吴妪	室内	厅堂	庶民	1	—	1	—	—	1	—	1	1
卷九	王氏孝女	室内	书房	官吏女儿	1	—	—	—	—	—	—	—	—
卷九	马希萼妻	室内	厅堂	楚王	1	—	1	—	—	1	—	—	1
卷九	孟昶母	室内	厅堂	太后	1	1	—	—	—	1	1	—	—

续表

卷目	人物	活动空间	家具使用场所	家具使用对象	家具种类						陈设品		
					坐具类	卧具类	承具类	庋具类	架具类	屏具类	织物类	文房清玩类	其他陈设类
卷九	花蕊夫人	室外	皇家苑囿	后妃	1	—	1	—	—	1	1	—	—
卷九	临邛黄崇嘏	室内	厅堂	丞相	1	—	1	—	—	1	1	1	1
卷九	王凝妻	室内	厅堂	官吏妻子	1	1	—	—	—	1	1	—	—
卷十	昭宪杜后	室内	厅堂	太后杜氏	1	1	—	—	—	—	1	—	1
卷十	章穆郭后	室内	厅堂	郭皇后	1	1	—	1	—	—	1	—	1
卷十	宪肃向后	室内	朝堂	向皇后	1	1	—	—	—	—	1	—	1
卷十	冯贤妃	室外	厅堂	冯贤妃	1	—	—	—	—	1	1	—	1
卷十	昭慈孟后	室内	宴厅	宋哲宗	1	1	1	—	—	—	1	—	—
卷十	朱后	室外	宴厅	金人	1	—	1	—	—	1	1	—	—
卷十	慈烈吴后	室内	厅堂	宋高宗	2	1	—	—	—	—	1	—	1
卷十	成肃谢后	室内	厅堂	谢皇后	1	1	1	—	—	—	1	1	1
卷十	贤穆公主	室内	厅堂	宋神宗	1	1	—	—	—	1	1	—	1
卷十	陈母冯氏	室内	厅堂	官吏母亲	1	—	1	—	—	1	1	1	1
卷十	刘安世母	室内	厅堂	官吏母亲	1	—	—	—	—	1	1	—	—
卷十	罗夫人	室内	厨房	官吏妻子	1	—	1	—	1	—	—	—	1
卷十	陈寅妻	室内	厅堂	官吏妻子	2	—	1	—	—	1	1	1	1
卷十	顺义夫人	室内	书房	官吏妻子	—	—	1	—	—	—	1	—	1
卷十	陈文龙母	室内	尼姑庵	官吏母亲	—	1	1	—	—	1	1	—	1

续表

卷目	人物	活动空间	家具使用场所	家具使用对象	家具种类						陈设品		
					坐具类	卧具类	承具类	庋具类	架具类	屏具类	织物类	文房清玩类	其他陈设类
卷十一	种放母	室内	厅堂	士绅母亲	1	—	—	—	—	1	1	—	—
卷十一	吴贺母	室内	厅堂	士绅母亲	—	—	1	—	—	1	—	1	—
卷十一	包孝肃媳	室内	厅堂	丞相儿媳	2	—	—	—	—	1	1	—	—
卷十一	二程母	室内	厅堂	士绅父母	2	—	—	—	—	1	1	—	—
卷十一	刘愚妻	室内	厅堂	官吏妻子	2	—	—	—	—	1	—	—	1
卷十一	戴石屏后妻	室内	厅堂	士绅妻子	2	—	—	—	—	1	1	—	—
卷十一	尹和靖母	室内	厅堂	庶民	1	—	1	—	—	1	1	—	1
卷十一	陈堂前	室内	厅堂	庶民	2	—	—	—	—	1	—	—	—
卷十一	江夏张氏	室内	厅堂	庶民	1	—	1	—	—	—	—	—	—
卷十一	临川梁氏	室内	卧房	庶民	—	1	—	—	—	—	1	—	—
卷十一	会里吴氏	室内 室外	书房	官吏妻子	1	1	—	—	—	1	1	—	1
卷十一	庐陵萧氏	室内	厅堂	士绅母亲	1	1	—	—	—	1	1	—	—
卷十一	应城孝女	室内	卧房	庶民	—	1	1	—	—	1	—	—	—
卷十二	吕良子	室外	庭院	庶民	—	—	1	—	—	—	—	—	1
卷十二	寇妾倩桃	室内	书房	丞相、妾	1	—	1	—	—	1	1	1	—
卷十二	天台应蕊	室内	衙署	官吏	1	—	1	—	—	1	1	—	1
卷十二	嘉州郝娥	室外	庭院	庶民	3	—	1	—	—	1	1	—	—

续表

卷目	人物	活动空间	家具使用场所	家具使用对象	家具种类						陈设品		
					坐具类	卧具类	承具类	庋具类	架具类	屏具类	织物类	文房清玩类	其他陈设类
卷十二	宏吉剌后	室内	厅堂	元世祖	1	1	—	5	—	—	1	—	1
卷十二	冯淑安	室内	学堂	官吏妻子	1	—	2	—	—	1	—	—	1
卷十二	姚里氏	室外	营帐	成吉思汗	1	1	—	—	—	—	1	—	—
卷十二	赵孟頫母	室内	厅堂	名家母亲	1	—	—	—	—	1	1	—	—
卷十二	李茂德妻	室内	厅堂	庶民	1	—	—	—	—	1	1	—	—
卷十三	俞新之妻	室内	厅堂	庶民	2	—	—	—	—	—	—	—	—
卷十三	叶正甫妻	室内	厅堂	官吏妻子	1	—	—	—	—	1	1	—	—
卷十三	郑氏允端	室内	书房	士绅妻子	—	—	2	—	—	—	1	1	1
卷十三	宁贞节女	室内	厅堂	庶民	1	—	1	—	—	1	1	1	1
卷十三	霍氏二妇	室内	厅堂	庶民	1	—	—	—	—	1	1	—	—
卷十三	龙泉万氏	室内	卧房	庶民	1	—	1	—	—	1	—	—	1
卷十三	惠士玄妻	室内	厅堂	庶民	—	1	1	—	—	—	1	1	—
卷十三	慈义柴氏	室内	衙署	官吏	1	—	1	—	—	1	1	—	1
卷十三	黄门五节	室内	客厅	庶民	—	—	—	—	—	1	—	—	—
卷十三	大同刘宜	室外	营帐	河南军帅	1	1	—	—	—	—	1	—	—
卷十三	柳氏女	室外	庭院	庶民	—	—	—	—	—	1	—	1	—
卷十三	陈淑真	室内	厅堂	士绅女儿	—	—	1	—	—	—	—	—	—
卷十四	孝慈马后	室外	祠堂	太祖、皇后及众臣	—	—	1	—	—	—	—	—	1

续表

卷目	人物	活动空间	家具使用场所	家具使用对象	家具种类						陈设品		
					坐具类	卧具类	承具类	皮具类	架具类	屏具类	织物类	文房清玩类	其他陈设类
卷十四	诚孝张后	室内	朝堂	张皇后 明英宗	1	1	—	—	—	—	1	—	1
卷十四	郢王郭妃	室内	厅堂	郭妃	—	—	1	—	1	1	—	—	1
卷十四	宁王娄妃	室内	宴厅	宁王	1	1	3	—	—	—	1	—	1
卷十四	花云之妻	室内	祠堂	将领妻子	—	—	—	—	—	1	—	—	—
卷十四	忠愍淑人	室内	厅堂	官吏妻子	1	—	—	—	—	1	1	—	—
卷十四	李妙缘	室内	厅堂	君王众臣	1	1	—	—	—	1	1	—	—
卷十四	蔺节妇	室内	厅堂	庶民	—	—	—	—	—	1	—	—	—
卷十五	韩太初妻	室内	卧室	官吏妻子	2	1	2	—	—	1	1	—	—
卷十五	高氏五节	室内	朝堂	君王	1	—	1	—	—	—	1	1	1
卷十五	栾城甄氏	室内	厅堂	庶民	1	—	1	—	—	—	—	—	—
卷十五	张友妻	室内	卧室	庶民	1	1	1	—	—	—	1	—	1
卷十五	方氏细容	室内	卧房	士绅家眷	—	1	—	—	—	—	1	—	1
卷十五	程镃之妻	室内	厅堂	士绅妻子	1	—	1	—	—	1	—	1	1
卷十五	台州潘氏	室内	厅堂	士绅妻子	1	—	1	—	—	1	1	1	1
卷十五	节孝范氏	室内	厅堂	官吏母亲	1	—	2	—	—	1	1	1	1
卷十五	姚少师姊	室内	厅堂	僧士之姊	—	—	—	—	—	1	—	—	—
卷十五	解祯亮妻	室内	厅堂	官吏妻子	1	—	1	—	—	1	1	—	—
卷十五	邹赛贞	室内	书房	官吏妻子	1	—	2	1	—	1	1	1	1

续表

卷目	人物	活动空间	家具使用场所	家具使用对象	家具种类						陈设品		
					坐具类	卧具类	承具类	庋具类	架具类	屏具类	织物类	文房清玩类	其他陈设类
卷十五	王素娥	室内	厅堂	官吏妻子	1	1	2	—	—	—	1	1	1
卷十五	韩文炳妻	室内	厅堂	庶民	2	1	2	—	—	1	1	—	1
卷十五	叶节妇	室内	厅堂	士绅女儿	—	1	1	—	—	—	1	—	1
卷十五	程文矩妻	室内	卧室	官吏妻子	—	1	1	—	—	1	1	—	—
卷十五	俞氏双节	室内	厅堂	庶民	—	—	—	—	—	1	—	—	—
卷十五	草市孙氏	室内	卧房	庶民	1	2	—	—	—	—	1	—	—
卷十五	董湄妻	室内	祠堂	庶民	2	—	1	—	—	—	1	1	1
卷十五	张宋毕妻	室内	厅堂	庶民	2	—	—	—	—	1	—	—	—
卷十五	谢汤之妻	室内	卧房	庶民	—	1	—	—	—	—	1	—	—
卷十六	罗懋明母	室内	卧房	官吏母亲	—	1	1	—	—	—	1	—	1
卷十六	沙溪鲍氏	室内	厅堂	庶民大夫	2	—	1	1	—	1	1	—	—
卷十六	陈宙姐	室内	卧房	庶民	—	1	2	—	—	—	1	—	1
卷十六	汪应玄妻	室内	卧房	官吏妻子	—	1	1	—	—	—	1	—	—
卷十六	步善庆妻	室内	厅堂	庶民	2	—	—	—	—	1	1	—	—
卷十六	费愚妾	室内	卧房	官吏妻子	—	1	—	—	—	1	1	—	—
卷十六	方贞女	室内	厅堂	庶民	—	—	—	—	—	1	—	—	—
卷十六	熊烈女	室内	厅堂	庶民	—	1	—	—	—	—	1	—	—

注：其一，表中所有数据均源于《仇画列女传》，基于196幅出现家具的插画中，人物取自书中的329名女性，人物阶层为故事主人公身份地位；其二，活动空间、家具使用场所、使用对象均是根据《仇画列女传》中故事插画及传文部分的人物活动来判断的；其三，家具种类是根据其功能性来划分的；陈设品主要是与画中家具相搭配使用的物件

附录二 《列女传》画像绘本列表

名称	时代	作者	类别
小列女图	东汉	蔡邕	绘画
列女图	东汉	未知	和林格尔汉墓壁画
列女图	东汉	未知	武梁祠壁画
列女传图	北魏	未知	司马金龙墓出土漆画
史记列女图	东晋	卫协	绘画
列女仁智图	东晋	顾恺之	绘画
列女辨通图	南朝・宋	濮道兴	绘画
列女传贞节图	南朝・宋	史粲	绘画
列女传贞节图	南朝・齐	陈公思	绘画
鲁秋胡故事图	五代	周文矩	绘画
新刊古列女传	宋	建安余氏勤有堂	绘本
列女仁智图	宋	李东	绘画
列女仁智图	元	赵孟頫	绘画
列女传	明	未知	绘本
古列女传	明	黄嘉育	绘本
仇画列女传	明	汪道昆	绘本
新刻古列女传	明	杭州胡文焕	绘本
新镌增补全像评林古今列女传	明	金陵唐氏富春堂	绘本
新锓全像音释古今列女传卷	明	未知	绘本
列女传	明	太仓张溥	绘本
古列女传	清	文渊阁四库全书本	绘本
古列女传	清	元和顾氏	绘本

附录三　明代典型绘本列表

绘本	时代	作者
新刊大字魁本参增奇妙注释西厢记	弘治	北京金台岳家
新增补相剪灯新话大全	正德	杨氏清江书堂
南柯梦记	万历	金陵唐振吾
镌新编全像邯郸梦记	万历	金陵唐振吾
紫箫记	万历	金陵富春堂
新镌增补全像评林古今列女传	万历	金陵富春堂
新刻出像增补搜神记	万历	金陵富春堂
重校红拂记	万历	金陵继志斋
朱订西厢记	万历	金陵刻本
牡丹亭还魂记	万历	清远道人
重镌绣像牡丹亭	万历	怀德堂
邯郸记	万历	柳浪馆
仇画列女传	万历	汪道昆
古列女传	万历	黄嘉育
昙花记	万历	臧氏刻本
重订慕容喈琵琶记	万历	乌程凌濛初
元本出相西厢记	万历	武林凤起堂
北西厢记	万历	吴门畊畊斋
李卓吾先生批评北西厢记	万历	武林容与堂
元本出相点板琵琶记	万历	汪光华玩虎轩
重校元本大板释义全像西厢记	万历	新安玩虎轩
荆钗记	万历	无名氏刻本
新刊京本校正演义全像三国志传评林	万历	建安双峰堂
李卓吾先生批评忠义水浒传	万历	虎林容与堂
金瓶梅词话	万历	兰陵笑笑生
牡丹亭还魂记	万历	朱氏玉海堂
新刊京本春秋五霸七雄全像列国志传	万历	三台馆刊本

续表

绘本	时代	作者
京本增补校正全像忠义水浒志传评林	万历	建阳双峰堂刊本
三遂平妖传	万历	钱塘玉慎修
邯郸记	天启	闵光愉朱墨刻本
幽闺怨佳人拜月亭	天启	吴兴凌延喜
王季重先生批点牡丹亭还魂记	天启	秋思堂
李卓吾先生批评西游记	天启	苏州叶敬池刊本
古今小说	天启	天许斋刊本
警世通言	天启	金陵兼善堂
醒世恒言	天启	金阊叶敬池刊本
牡丹亭	泰昌	吴兴闵氏朱墨刊本
南柯记	崇祯	独深居刻本
李卓吾先生批点北西厢记	崇祯	西陵天章阁
新镌节义鸳鸯冢娇红记	崇祯	陈洪授
水浒叶子	崇祯	陈洪授
批点燕子笺	崇祯	怀远堂
拍案惊奇	崇祯	尚友堂刊行
二刻拍案惊奇	崇祯	尚友堂刊行
新刻绣像批评金瓶梅	崇祯	未知

附录四　仇英生平活动年表

年份	活动
弘治十五年（1502）	出生，籍贯太仓
正德八年（1513）	约七月廿五日，时朱存理年七十卒。以其弘治间逸事为题材，仇英作《募驴图》
正德十二年（1517）	仇英自太仓徙居于吴地。文徵明画《湘君湘夫人图》卷轴，仇英设色之，惜二易画纸皆不满意，于是自设之，以之赠予王宠
正德十三年（1518）	四月间，唐寅仿李唐作《云槎图》予张凤翼之父张冲，仇英亦仿赵伯驹予之
嘉靖七年（1528）	十月二日间，文徵明之姑玉清卒，其长女适顾春弘治初，早寡，遂刺目自誓，朝廷“贞烈”旌门。沈周、王鏊、吴宽、文林等诗文记咏其事迹；周臣、唐寅、仇英各图绘述其事
嘉靖九年（1530）	七月间，文徵明补倪瓒《江南春图》予袁帙。至八月，再题《江南春》诗赋二首。仇英后为其补图 文徵明受徐默庵托，以千金始得王维佳作《辋川图》矮本于临江古中静。仇英曾有临王维之《辋川图》，文徵明书诗之，大概率为此本
嘉靖十年（1531）	仇英于是年作《孝经图》卷
嘉靖十一年（1532）	吴县王宠于是年题跋仇英《白描耕织图》卷 仇英是年间作《援琴高士图》卷
嘉靖十二年（1533）	是年五月既望，文徵明作《拙政园诗画册》予吴县王献臣。仇英亦为王作《园居图》
嘉靖十四年（1535）	是年周臣卒，年约八十。长洲彭年后题仇英画作《职贡图》曰：“东村既殁，（仇英）独步江南者二十年。”
嘉靖十九年（1540）	是年春，文徵明临米芾书法《天马赋》于仇英之《双骏图》轴上 是年夏仇英作《沙汀鸳鸯图》卷轴，上空，有文彭、袁褧二位题诗 八月既望，文徵明又题陆治予徐封画。徐封，字子慎，号墨川。极富藏品。曾与文徵明父子、王谷祥、王宠兄弟、汤珍、陆师道等同游。其所筑之紫芝园，为徵明、仇英布画藻缋
嘉靖二十年（1541）	是年夏，仇英作《采莲图》一幅，浙江嘉兴项墨林项元汴行书题
嘉靖二十一年（1542）	文徵明去往昆山，是年九月廿一日于舟中为翰林进士周凤来书小楷《心经》。周凤来，字于舜，南京刑部尚书昆山周伦季子，太学生，自号六观居士。富藏品。事初，凤来偶得赵孟頫书法《以般若经换茶诗》，因亡所书经。请仇英补图，文徵明补书，合二为一装一卷，次年请文彭、文嘉题跋之。冬至后，陈淳至凤来处，为题写仇英之《弹箜篌图》山水轴，上另请文彭题 是年前，宜兴吴俦因明经举武城之知县，始致仕，后告老还乡沧溪。仇英为之作《沧溪图》，文徵明为之于图上题诗 是年，又有直隶渔阳子文彭于仇英《倪瓒画像》上小楷书《倪云林墓铭》，拖尾处另设徵明书钱塘张雨倪瓒像赞

续表

年份	活动
嘉靖二十二年（1543）	仇英为翰林进士周凤来做《子虚 上林图》卷轴，历年方就。是年五月廿九日，文徵明为凤来书《子虚》《上林》两赋小楷于上。是年除夕，文嘉、王谷祥、陆治三人过仇英处，仇英出示所画之钟馗像，王谷祥大悦，赞之不释，遂以画赠之，于陆治亦乘兴为画补景。随即又有文嘉又持之示文徵明，文徵明予录周密诗于其上。 是年，仇英又作《竹院逢僧图》卷轴
嘉靖二十三年（1544）	是年秋九日，直隶渔阳子文彭小楷录《后赤壁赋》于仇英之《后赤壁赋图》卷上 是年十二月，仇英、徵明协作合画《寒林钟馗图》 是年，仇英画《上林校猎图》卷轴
嘉靖二十四年（1545）	是年八月廿一日，徵明予周天球行书《兰亭叙》。周天球后取之与长洲祝允明书《黄庭经》、吴县王宠书《曹娥碑》、林屋山人蔡羽书《湘君》《湘夫人》、长洲陆师道书《麻姑仙坛记》、隆池山樵彭年书《洛神赋》，合并装册，遂请仇英为之一一配图
嘉靖二十五年（1546）	是年，州牧沈大漠奉使还朝，起初，沈谒选北上之时，有文徵明及其高徒陆治、周天球等吴中墨客文人作《送沈禹文画册》予之送行，仇英亦画有两帧于其中。 是年秋，仇英临摹赵孟頫《沙苑图》卷，南京太仆寺主簿许初跋 是年，仇英作《瀛洲春晓图》卷轴
嘉靖二十六年（1547）	是年春，仇英为墨林山人项元汴《临宋元六景册》至博雅堂 是年重阳，直隶太仓周天球题引首“美人春思”于仇英画仕女上，卷后，另有吴门文人雅客文彭、文嘉、陆治等题诗 是年仲冬，仇英为墨林山人项元汴画《水仙腊梅图》 是年，仇英摹濠州崔白《竹鸠图》轴
嘉靖二十七年（1548）	是年冬十月，直隶长洲陆师道书小楷《仙山赋》，题于仇英《云溪仙馆图》卷轴处 是年腊月初一，隆池山樵彭年题近莲先生作《赤壁赋图》卷，此画卷为仇英作，次年，文彭、文嘉兴起又题
嘉靖二十八年（1549）	是年三月廿九日，文徵明录李东阳跋宋张择端画《清明上河图》于仇英之摹本并识，并以此作予缪东洲 是年春，仇英为南京刑部郎中华云作《松阴琴阮图》卷轴 是年四月十二日，文徵明于玉磬山房观仇英摹画赵伯驹之《丹台春晓图》 是年六月六日，隆池山樵彭年跋《玉田图》，此画卷为仇英赠予昆山医士王玉田，另有王守、陆师道、周天球跋此卷
嘉靖二十九年（1550）	是年二月既望，苏州长洲陆师道以小楷书《仙山赋》题于仇英所画《仙山楼阁图》卷轴上 是年，仇英画《上林校猎图》卷轴，次年，文徵明有书《上林赋》于其上 是年，仇英画《白描观音像》卷轴
嘉靖三十年（1551）	是年三月，仇英摹南宋汴京赵伯驹之《张公洞图》卷 是年秋，仇英画《琵琶行图》 是年，直隶长洲渔阳子文彭题跋仇英之摹画《清明上河图》卷

续表

年份	活动
嘉靖三十一年（1552）	是年八月，文徵明于悟言室题仇英之《浔阳琵琶图》 是年九月十六日，文徵明跋《职贡图》卷，此卷为仇英予长洲陈官所作 是年腊月，应陈官之请，彭年题赞仇英之《职贡图》卷，其序中有提及仇英已卒

资料来源：苏州博物馆“十洲高会——吴门画派之仇英特展”

附录五 《仇画列女传》中故事情节概略统计表

卷目	人物	主人公	人物身份	故事来源	人物评价	事迹	所处时代	画面场景
卷一	有虞二妃	娥皇女英	上古后妃	《诗经》	贤明妻	相夫	上古	农作
卷一	启母涂山	涂山	夏后妃	《诗经》	仁德国母	相夫教子	夏	农作
卷一	弃母姜嫄	姜嫄	帝喾、元妃	《诗经》	贤母典范	教子	上古	伦理美德
卷一	太王妃太姜	太姜	周太王后妃	《周易》《诗经》	贞顺母德	相夫教子	商	劝谏
卷一	王季妃太任	太任	周王季后妃	《周易》《诗经》	端正胎教	相夫教子	商	劝谏
卷一	文王妃太姒	太姒	周文王后妃	《周易》《诗经》	仁慈贤母	相夫教子	商	劝谏
卷一	周宣姜后	姜后	周宣王后妃	《诗经》	端庄贤妻	相夫	西周	劝谏
卷一	卫姑定姜	定姜	卫献公母亲	《诗经》	仁厚远见慈母	教子	春秋卫国	进谏
卷一	卫宣夫人	卫宣夫人	卫宣公夫人	《诗经》	贞顺守节妻	夫死而坚持守寡	春秋卫国	婚娶/守丧
卷一	卫灵夫人	卫灵夫人	卫灵公夫人	《诗经》	仁智识贤妻	识贤才	春秋卫国	交谈
卷一	卫宗二顺	卫国夫人及侍妾	卫国宗室妻妾	《诗经》	互相谦让二顺	二者相互帮持，守节守义	春秋卫国	谦让交谈
卷一	齐孝孟姬	孟姬	齐孝公夫人	《诗经》	好行礼仪妻	遵守妇女礼仪	战国齐国	出游礼仪
卷一	齐灵仲子	仲子戎子	齐灵公夫人	《诗经》	贤德有礼妻	劝夫勿废太子	战国齐国	交谈
卷一	齐威虞姬	齐威王妻	国君妻	《诗经》	明德正义妻	因谏贤士被诽谤，为自己辩解	战国齐国	辩解
卷一	齐钟离春	齐宣王妻	国君妻	《诗经》	智慧有义妻	劝谏君王	战国齐国	劝谏
卷一	齐宿瘤女	齐闵王妻	国君妻	《诗经》	有礼贞义妻	遵守礼仪	战国齐国	出游

续表

卷目	人物	主人公	人物身份	故事来源	人物评价	事迹	所处时代	画面场景
卷一	齐女傅母	庄姜傅母	保姆	《诗经》	忠义贤德保姆	教导庄姜	春秋卫国	教导
卷一	齐相御妻	晏子妻	丞相妻	《诗经》	贤良妻	劝夫谦逊	战国齐国	归家
卷一	齐田稷母	田稷子母	相国母	《诗经》	贤德善教母	教子	战国齐国	教导
卷一	齐杞梁妻	杞梁植妻	士兵妻	《诗经》	贞义有节妻	夫死而自尽	战国齐国	悲泣
卷一	齐孤逐女	齐相妻	丞相妻	《诗经》	明智妻	劝谏君王	战国齐国	劝谏
卷一	王孙氏母	孙贾母	大夫母	《诗经》	仁智善教母	教子，忠于国家	战国齐国	相见
卷二	齐管妾婧	管仲妾	相国妾	《诗经》	贤淑明智妻	解丈夫疑惑	战国齐国	解惑
卷二	齐义继母	齐二子母	平民继母	《诗经》	仁慈继母	舍子命救前妻子	战国齐国	审议
卷二	齐伤槐女	齐国衍女	平民女	《诗经》	孝顺女儿	救父	战国齐国	审议
卷二	齐女徐吾	东海贫妇	平民妇人	《诗经》	明智得理妇人	以理为己争取权利	战国齐国	纺织
卷二	齐聂政姊	聂政姊	勇士姊	《诗经》	仁义姊	为宣弟名不惜身死	战国齐国	认尸
卷二	鲁敬季姜	公父穆伯妻	大臣妻	《诗经》	仁德智慧妻	教子	春秋鲁国	教导
卷二	鲁臧孙母	臧文仲母	大夫母	《诗经》	明智善教母	教子	春秋鲁国	教导
卷二	鲁母之师	鲁九子母	平民母	《诗经》	嘉德寡母	教子教儿媳	春秋鲁国	探访
卷二	鲁黔娄妻	鲁黔娄妻	隐士妻	《诗经》	安贫乐道妻	安贫乐道	春秋鲁国	慰问
卷二	鲁秋洁妇	鲁胡秋妻	大夫妻	《诗经》	贞义妻	因夫调戏投河自尽	春秋鲁国	采桑
卷二	鲁寡陶妻	陶婴	平民妇人	《诗经》	贞洁高行妻	忠贞专一，终身守寡	春秋鲁国	交谈
卷二	鲁漆室女	漆室邑女	平民女	《诗经》	聪慧大义女儿	担忧国事	春秋鲁国	交谈
卷二	宋鲍女宗	宋鲍苏妻	官员妻	《诗经礼记》	谦恭知礼孝妻	包容夫妾	春秋宋国	侍奉送礼
卷二	晋文齐姜	齐姜	晋文公妻	《诗经左传》	仁智妻	劝夫勿贪安逸	春秋晋国	返国
卷二	晋圉怀嬴	怀嬴	晋惠公太子妃	《礼记》	守礼妻	坚守礼仪，护送丈夫回国，替其保密	春秋晋国	逃走

续表

卷目	人物	主人公	人物身份	故事来源	人物评价	事迹	所处时代	画面场景
卷二	晋赵衰妻	赵姬	公主官员妻	《诗经》	谦恭礼让妻	劝夫接回前妻善待其子	春秋晋国	交谈
卷二	晋伯宗妻	伯宗妻	大夫妻	《诗经》	远见妻	劝夫交贤	春秋晋国	上归来/交谈
卷二	晋羊叔姬	叔向母	大夫母	《诗经》	智慧明义母	劝夫教子	春秋晋国	送礼
卷三	晋范氏母	范献子妻	大夫妻	《诗经》	仁德信用母	知子会造祸	春秋晋国	交谈
卷三	晋弓工妻	晋公妻	平民妻	《诗经》	仁义贞洁妻	为夫辩解，救夫	春秋晋国	辩解
卷三	密康公母	密康公母	诸侯国君母	《诗经》	见微知著母	教子，有见明	春秋密国	教导
卷三	许穆夫人	卫懿公女儿	诸侯国君女	《诗经》	贤惠远见女儿	预测有远见	春秋许国	交谈
卷三	黎庄夫人	黎庄公妻	诸侯国君妻	《诗经》	贞洁专一妻	坚守妇女礼仪	春秋黎国	劝导
卷三	息君夫人	息夫人	诸侯国君妻	《诗经》	守节贤德妻	遵守礼仪，不弃夫为忠贞而自尽	春秋息国	相见/交谈
卷三	曹僖氏妻	僖负羁妻	大夫妻	《诗经》	明智聪明妻	劝夫礼待重耳	春秋曹国	送饭/交谈
卷三	周南之妻	周南大夫妻	大夫妻	《诗经》	贤惠妻	勉励夫君	春秋	劝勉
卷三	召南申女	申人女	平民女	《诗经》	贞烈女儿	因婚礼不全不嫁	春秋申国	婚礼
卷三	周郊妇人	周妇人	平民妇人	《诗经》	远见明智妇人	预测国将亡	东周	交谈
卷三	周主忠妾	陪嫁	大夫妻陪嫁	《诗经》	仁厚侍女	保主人命，因礼仪决绝主人情却嫁他人	东周	餐饮
卷三	蔡人之妻	蔡人妻	平民妻	《诗经》	专一诚实妻	夫患恶疾不离不弃	春秋宋国	交谈
卷三	陈国辩女	采桑女	平民妇人	《诗经》	贞正柔顺妇人	遵守妇女礼仪	春秋陈国	采桑/交谈
卷三	阿谷处女	阿谷的浣者	平民妇人	《诗经》	守礼妇人	懂礼仪	春秋	出游/浣衣/交谈
卷三	邹孟轲母	邹孟轲母	平民妇人	《周易》《诗经》	仁义母	教子	春秋	织布/教导

续表

卷目	人物	主人公	人物身份	故事来源	人物评价	事迹	所处时代	画面场景
卷三	秦穆公姬	穆姬	秦穆公妻	《诗经》	重义姊	舍身救弟	春秋秦国	救弟
卷三	百里奚妻	百里奚妻	大夫妻	《诗经》	守义妻	夫贫不弃，坚持操守	春秋秦国	相认
卷三	楚武邓曼	邓曼	楚武王妃子	《周易》《诗经》	明智远见妻	知事缘起	春秋楚国	议事
卷三	楚成郑瞀	郑瞀	楚成王夫人	《诗经》	守义远见妻	遵守礼仪，坚持操守	春秋楚国	高台俯视/交谈
卷三	楚平伯嬴	伯嬴	楚平王妻	《诗经》	情明专一妻	保护自己，宁愿自尽	春秋楚国	国败被吴俘获
卷三	楚昭越姬	越姬	楚昭王妻	《诗经》	忠信有义妻	劝夫，为保夫命而自尽	春秋楚国	出游/登高台
卷三	楚处庄侄	庄侄	顷襄王妻	《诗经》	正直自守妻	劝谏君王	春秋楚国	出游/进谏
卷三	楚白贞姬	白公胜妻，贞姬	大夫妻	《诗经》	廉洁仁德妻	不愿再嫁，守节守义	春秋楚国	下聘/迎娶
卷三	孙叔敖母	孙叔敖母	令尹母	《诗经》	明智善教母	教子	春秋楚国	教导
卷四	楚子发母	子发母亲	武将母	《诗经》	善教明义母	教子	春秋楚国	子发归家
卷四	楚江乙母	江乙母	大夫母	《诗经》	明智母	救子，进谏	春秋楚国	辩解
卷四	韩舍人妻	何氏	宋康王侍从妻	《诗经》	贞义妻	守节守义	战国宋国	登高台/夺人妻
卷四	楚于陵妻	子终妻	贤士妻	《诗经》	贤良有德妻	反对丈夫从仕	战国楚国	拜访/聘请
卷四	楚浣布女	伍子胥所遇女	平民妇人	《诗经》	仁义妇人	护伍子胥，不免辱而自尽	战国楚国	救人
卷四	勾践夫人	勾践妻	国君妻	《诗经》	贞烈妻	为国牺牲自我	战国越国	乘船远行/送别
卷四	赵津女娟	渡口官吏女	官吏女	《诗经》	娴于辞计女	救父	战国赵国	渡河
卷四	赵佛肸母	佛肸母	县宰母	《诗经》	明智得理母	因子反叛被抓为自己辩解	战国赵国	辩解
卷四	赵将括母	赵括母	武将母	《诗经》	仁智母	劝谏君王不要启用赵括	战国赵国	上书
卷四	代赵夫人	赵简子女	代王妻	《诗经》	讲义理妻	因丈夫被杀而自尽	战国赵国	自杀

续表

卷目	人物	主人公	人物身份	故事来源	人物评价	事迹	所处时代	画面场景
卷四	魏节乳母	节乳母	少爷乳母	《诗经》	慈爱教厚乳母	保守秘密，护公子而死	战国魏国	逃亡/捉拿
卷四	盖丘子妻	丘子妻	副将妻	《诗经》	高洁好义妻	为国家耻辱而自尽	战国盖国	自杀
卷四	寡妇清	巴邑寡妇清	平民寡妇	《诗经》	明智寡妇	守业守身	秦	拜访
卷四	虞美人	虞姬	楚霸王妻	《诗经》	明义妻	不以己为负累而自刎	西汉	舞剑/自刎
卷四	冯昭仪	冯昭仪	孝元帝昭仪	《诗经》	英勇妻	当熊护君	西汉	观斗熊
卷四	孝平王后	孝平王后	汉平帝王后	《诗经》	贞洁贤淑妻	贞淑节行	汉	跳火自焚
卷四	光烈阴后	阴皇后	汉阴皇后	《诗经》	贤德淑惠妻	守义谦让皇后位	东汉	会见/礼让
卷四	明德马后	马皇后	汉明帝皇后	《诗经》	谦恭肃敬妻	善待他人子，诵读诗书，进纳言辞	东汉	诵读
卷四	和熹邓后	邓绥	汉和帝邓皇后	《诗经》	深明大义妻	通晓经典，辅佐君王	东汉	上书/谏言
卷五	陈婴母	陈婴母亲	县令母	《诗经》	诚信严谨母	教子投靠	西汉	探访
卷五	王陵母	王陵母亲	安国侯母	《诗经》	仁义明智母	不以己为累而自刎，教子一心追随刘邦	西汉	自刎
卷五	隽不疑母	隽不疑母亲	官吏母	《诗经》	仁而善教母	教子	西汉	教导
卷五	杨夫人	杨敞妻	丞相妻	《诗经》	先见明妻	劝夫	西汉	交谈
卷五	严延年母	严延年母	太守母	《诗经》	仁智信道母	教子	西汉	教子
卷五	秦罗敷	秦罗敷	平民妇人	《诗经》	品行高雅妻	面对赵王守贞不二	汉	酒宴
卷五	梁夫人嫕	梁嫕	官吏女	《诗经》	明善有节女	解父罪名，开悟君主	汉	上书/审案
卷五	王司徒妻	王良妻	官吏妻	《诗经》	高洁妻	简朴持家	东汉	拜访
卷五	珠崖二义	珠崖令后妻前妻女	平民妇人	《诗经》	仁慈孝顺二义	因误带珠子被定罪，二人争着为彼此脱罪	汉	审案

续表

卷目	人物	主人公	人物身份	故事来源	人物评价	事迹	所处时代	画面场景
卷五	赵苞母	赵苞母	官吏母	《诗经》	高风亮节母	教子不以私恩而顾大义	汉灵帝	被俘
卷五	姜诗妻	姜诗妻	平民妻	《诗经》	孝顺妻	孝敬婆婆	东汉	驱逐
卷五	徐庶母	徐庶母	谋士母亲	《诗经》	忠义母	不弃义而自缢	汉末	教子
卷五	京师节女	长安大昌里人妻	平民妇人	《诗经》	仁厚孝顺妻	因救丈夫父亲被杀	汉	劫持
卷五	东海孝妇	周青	平民妇人	《诗经》	孝顺忠义妇	孝敬婆婆却被冤杀	汉	审案
卷五	郃阳友娣	任延寿妻	平民妇人	《诗经》	正义妻	因夫杀死自己哥哥而自尽	汉	离家
卷五	梁节姑姊	梁国妇人	平民妇人	《诗经》	义行有理妻	因未救哥哥之子而跳火自尽	西汉梁国	跳火自焚
卷五	梁寡高行	梁国寡妇	平民寡妇	《诗经》	贞洁守礼寡妇	忠贞专一，终身守寡	西汉梁国	求婚/割鼻自残
卷五	陆续母	陆续母亲	尚书令母亲	《诗经》	端正耿直母	治理家事有方	汉明帝	探视/审讯
卷五	徐淑	徐淑	计簿史秦嘉妻	《诗经》	守义贞洁妻	贞忠专一，守寡终身	汉	寄书信
卷五	庞母赵娥	赵娥	平民女	《诗经》	义气女	为父兄报仇	汉	刺杀仇人
卷六	鲍宣妻	渤海鲍宣妻	平民妻	《后汉书》	高洁有义妻	出嫁随夫并退掉嫁妆	汉	退还嫁妆
卷六	吴许升妻	吕荣	平民妻	《后汉书》	贞洁有义妻	劝夫读书/遇贼誓死不从	汉	追杀/偷盗
卷六	刘长卿妻	沛县刘长卿妻	平民寡妇	《诗经》	守义贞洁寡妇	刑耳以誓不改嫁	汉	刑耳
卷六	齐太仓女	淳于公女	太仓令女	《诗经》	明理仁智女儿	为父辩解，请求替父受罚	汉	送别/辩解
卷六	李文姬	李文姬	名臣女	《诗经》	贤而有智女儿	救弟	东汉	匿弟
卷六	顺阳杨香	杨香	平民女	《晋书》	孝顺有谋女儿	救父	晋	救父
卷六	叔先雄	叔先雄	官吏女	《晋书》	孝顺有义女儿	念父而投水	晋	投江

续表

卷目	人物	主人公	人物身份	故事来源	人物评价	事迹	所处时代	画面场景
卷六	孝女曹娥	曹娥	平民女	《后汉书》	孝义女儿	念父而投水	汉桓帝	沿江号哭/投江
卷六	王经母	王经母亲	刺史母	《晋书》	仁智忠义母	教子仁义	三国魏	送别
卷六	燕段后	段氏	燕王皇后	《晋书》	温婉聪慧妻	劝谏君王慎重选太子	晋	劝谏
卷六	凉杨后	杨氏	后凉王后	《晋书》	贞洁有义妻	誓死不改嫁	晋	出宫
卷六	张夫人	张氏	前秦夫人	《晋书》	聪慧有识妻	劝谏君王	前秦	劝谏
卷六	刘琨母	刘琨母亲	名将母	《晋书》	远见有德母	劝子	晋	劝子
卷六	陶侃母	陶侃母亲湛氏	名臣母	《晋书》	孝廉有义母	剪发换粮待客	东晋	剪发/结贤
卷六	朱序母	朱序母亲	名将母	《晋书》	忠义母	修筑城墙抗敌	晋	抗敌
卷六	梁纬妻	梁纬妻辛氏	常侍妻	《晋书》	贞洁守义妻	宁自缢而不改嫁	前赵	俘获
卷六	虞潭母	虞潭母孙氏	将领母	《晋书》	正直大义母	勉励子征战	晋	勉励子
卷六	夏侯令女	夏侯令女	平民寡妇	《史记》	守义贞洁寡妇	宁割鼻而不改嫁	曹魏	割鼻
卷七	皇甫谧母	皇甫谧叔母任氏	名医叔母	《晋书》	明智善教叔母	教子进取	魏晋	侍奉/教子
卷七	卫敬瑜妻	卫敬瑜妻	平民妻	《晋书》	守持节操寡妇	自截耳置盘中誓不改嫁	南梁	赏燕
卷七	梁绿珠	梁绿珠	官员石崇妾	《晋书》	贞忠有义妻	为父而死	晋	跳楼
卷七	宜阳彭娥	彭娥	平民女	逸事传闻	孝义节烈女儿	智斗杀父母强盗	晋	逃避
卷七	荀灌	荀灌	太守女	《晋书》	英勇仁智女儿	替父解围襄阳城	晋	求援
卷七	王氏女	王氏	刺史女	《晋书》	慷慨贞烈女儿	偷袭杀父反贼	晋	偷袭
卷七	明恭王后	王贞风	宋明帝皇后	宋书	刚正贞烈妻	反对君王取乐	南宋	集会/取悦
卷七	斛律氏妃	斛律氏	北齐皇后	《北史》	贞洁守义妻	夫亡而与绝食自尽	北齐	绝食/自尽

续表

卷目	人物	主人公	人物身份	故事来源	人物评价	事迹	所处时代	画面场景
卷七	大义公主	宇文氏	赵王宇文招女	《北史》	贤淑仁智女儿	精通书画，和亲突厥	北周	作画
卷七	冼夫人	冼氏	太守妻	《隋书》	勇谋有义妻	平定乱局，率领民众归附	南陈隋	平乱
卷七	魏刘氏妻	刘氏	太守妻	《魏书》	明义刚正妻	替父解困境	北魏	审判/斩首
卷七	钟仕雄母	蒋氏	伏波将军母	《隋书》	正义仁德母	教子勿背德弃义	南陈隋	教导
卷七	郑善果母	崔氏	太守母	《隋书》	贤淑有节母	教子，于阁内听子理事	北周	听子理事
卷七	魏溥妻	房氏	平民妻	《魏书》	高行有节妻	守节不改嫁	北魏	交谈
卷七	房爱亲妻	崔氏	太守母	《魏书》	娴于教导母	教子	南宋	教导
卷七	赵元楷妻	崔氏	官吏妻	《魏书》	忠贞不贰妻	遇贼誓死不从	隋	遭劫持
卷七	姚氏痴姨	姚氏	官吏姨	《魏书》	仁智聪慧姨	不受其姐所赠财物	北魏	赠礼/推辞
卷七	覃氏妇	覃氏	平民妇人	《魏书》	孝顺有节寡妇	勤俭持家	北魏	赏赐
卷七	李贞孝女	李氏	太守女	《北史》	孝顺仁义女儿	父亡日夜思念而绝食	后魏	思念/探视
卷七	倪贞女	倪氏	平民女	《北史》	孝顺忠义女儿	因父母年老赡养	三国魏	刺杀
卷七	王孝女	王氏	平民女	《北史》	孝顺忠义女儿	兄长忻弑父，后手杀告父墓而主动认罪	北魏	刺杀
卷八	江采萍	江采萍	唐玄宗妃	民间传闻	明秀贤淑妻	精通诗书	唐玄宗	赏花作诗
卷八	韦贤妃	韦氏	唐德宗妃	《新唐书》	淑敏守礼妻	言行遵守礼仪	唐德宗	交谈
卷八	楚灵龟妃	上官氏	楚王妃	《旧唐书》	谨守礼节妻	宁割耳也要守贞不二	唐	自残
卷八	裴淑英	裴淑英	县令妻	《新唐书》	孝顺有容妻	割耳自残以表守节	唐	离家/重聚
卷八	高叡妻	秦氏	刺史妻	《新唐书》	忠贞正义妻	誓死不降	唐	交谈
卷八	陈邈妻	郑氏	散郎妻	《新唐书》	礼信明智母	教导侄女，编写女孝经	唐	教导

续表

卷目	人物	主人公	人物身份	故事来源	人物评价	事迹	所处时代	画面场景
卷八	唐夫人	唐氏	平民妻	《新唐书》	孝顺有礼妻	以乳汁喂养婆婆	唐	赡养/全家召集
卷八	崔玄暐母	卢氏	中书令母	《旧唐书》	娴于善教母	教子	唐	教导
卷八	柳仲郢母	韩氏	官吏母	《旧唐书》	善于训子母	教子	唐	教导/夜读
卷八	杨烈妇	杨氏	县令妻	《新唐书》	忠智勇义妻	激励智吏百姓	唐	武将弃城/交谈
卷八	侯氏才美	侯氏	武将妻	《新唐书》	才美仁德妻	作龟形诗思念征夫	唐	赏赐
卷八	湛赍妻	湛赍妻	官吏妻	《新唐书》	仁智有义妻	激励丈夫	唐	激励/饮食
卷八	仆固怀恩母	仆固怀恩母亲	将领母	《旧唐书》	忠义明德母	刺杀反子	唐代宗	刺杀
卷八	李日月母	李日月母亲	将领母	《资治通鉴》	忠智大义母	恨其叛子战死太晚	唐德宗	通报/哭泣
卷九	樊会仁母	敬氏	平民寡妇	《旧唐书》	守贞不二寡妇	宁为夫守寡	唐	偷偷逃走
卷九	郑义宗妻	卢氏	平民妇	《新唐书》	仁义孝顺妻	遇贼守护婆婆	唐	遇贼/守护婆婆
卷九	泾阳李氏	李氏	平民寡妇	《旧唐书》	孝顺贞义妻	守义守节	唐	赏赐
卷九	狄梁公姊	狄氏	名相姊	《旧唐书》	安贫乐道姊	安贫而不慕荣	唐	餐饮
卷九	樊彦琛妻	魏氏	平民妻	《旧唐书》	忠义有节妻	遭调戏而守节	唐	砍杀
卷九	坚正节妇	李氏	平民寡妇	古史异文	高贞有节妻	因梦他人而截发	唐	睡觉
卷九	郑邯妻	杨氏	平民妻	民间传闻	孝顺仁义妻	为婆婆到处寻访求杏	唐	拜别
卷九	郭绍兰	郭绍兰	富商妻	古史异文	才淑贞洁妻	念夫而吟诗寄于燕足	唐	吟诗
卷九	江潭吴妪	吴妪	平民妃	古史异文	忠义勇谋妇	临难不畏死守家	唐	逃难/劝说

续表

卷目	人物	主人公	人物身份	故事来源	人物评价	事迹	所处时代	画面场景
卷九	朱延寿妻	王氏	官吏妻	《资治通鉴》	贞烈有义妻	不以仇人所辱而赴火	唐昭宗	赴火
卷九	王氏孝女	王氏	官员女	《旧唐书》	孝顺有德女	招魂迁葬，维护坟茔	唐	读书/维护坟茔
卷九	贾孝女	贾氏	平民女	《旧唐书》	贞忠智义女	弟为父复仇，代弟受刑	唐高宗	复仇
卷九	窦氏二女	窦氏二女	平民女	《旧唐书》	贞烈仁德女	不以贼人所辱而跳崖	唐	跳崖
卷九	章氏二女	章氏二女	平民女	民间传闻	勇谋忠孝女	救母捕虎	唐	捕虎
卷九	葛氏二女	葛氏二女	监银女	古史异文	孝顺至义女	以身代死替父解难	唐敬宗	炼银
卷九	木兰女	木兰	平民女	民间传说	顽强忠孝女	代父戍边十二年	北魏	出塞戍边
卷九	关盼盼	关盼盼	守帅妾	民间传闻	守节不移妻	独居为夫守节	唐	独居
卷九	马希萼妻	范氏	楚王妻	《南唐书》	至善先知妻	劝谏夫君	五代	劝谏
卷九	周行逢妻	邓氏	节度使妻	《资治通鉴》	刚决善治妻	劝谏夫君	五代后周	交税
卷九	孟昶母	李氏	后蜀皇帝母	《宋史》	明智大义母	教子理政	五代后蜀	伤怀
卷九	花蕊夫人	费氏	后蜀君王妃	民间传闻	才气贤淑妻	精工音律能诗书	五代后蜀	作诗
卷九	临邛黄崇嘏	黄崇嘏	官吏女	《十国春秋》	才德勇谋女	工诗文，善琴画	五代前蜀	写诗辩冤
卷九	王凝妻	李氏	官吏妻	《十国春秋》	贞洁守节妻	断臂以表守节	五代	断臂
卷十	昭宪杜后	杜氏	宋太祖母	《宋史》	治家有法母	教子	北宋	拜太后/教子
卷十	章穆郭后	郭氏	宋真宗皇后	《宋史》	谦逊惠下妻	恶奢靡	宋真宗	入宫拜见
卷十	慈圣曹后	曹氏	宋仁宗皇后	《宋史》	慈善节俭妻	进谏皇帝	宋仁宗	乱贼闯入

续表

卷目	人物	主人公	人物身份	故事来源	人物评价	事迹	所处时代	画面场景
卷十	冯贤妃	冯氏	宋仁宗妾	《宋史》	淑德有义妻	视他子如己出	宋仁宗	母子交谈
卷十	宪肃向后	向氏	宋神宗皇后	《宋史》	谦厚贞顺妻	辅佐夫定策	宋神宗	理政
卷十	昭慈孟后	孟氏	宋哲宗皇后	《宋史》	贤淑有德妻	国势危急下垂帘听政	宋哲宗	谏言
卷十	朱后	朱氏	宋钦宗皇后	《宋史》	怀清履洁妻	不堪金兵辱而投水	宋钦宗	献俘
卷十	慈烈吴后	吴氏	宋高宗皇后	《宋史》	知书明理妻	博通书史善写作	宋高宗	交谈
卷十	成肃谢后	谢氏	宋孝宗皇后	《宋史》	贤惠善良妻	贤德俭持	宋孝宗	拜见
卷十	王昭仪	王清惠	宋度宗昭仪	《宋史》	智慧坚贞妻	守节不屈	北宋	作诗
卷十	贤穆公主	贤穆公主	神宗女儿	《宋史》	贤德淑惠女儿	贤德有礼	宋神宗	拜见
卷十	金郑夫人	郑氏	官吏妻	《金史》	忠义明理妻	义护玉玺	金国	会见
卷十	金葛王妃	乌林答氏	葛王妃	《金史》	贤良孝谨妻	守节不二	金国	分别
卷十	陈母冯氏	陈氏	谏议大夫妻	《宋史》	严而善教母	节俭，不许诸子著侈浪费	宋	杖击儿子
卷十	刘安世母	刘安世母亲	官吏母	《宋史》	仁德明义母	支持儿子当谏官	宋	拜见
卷十	李好义妻	马氏	将领妻	《宋史》	忠义贤淑妻	勉励，支持夫君	宋	分别
卷十	罗夫人	罗氏	官吏妻	《宋史》	明义博爱母	寒日为众人做粥	宋	仆人饮食/作粥
卷十	陈寅妻	杜氏	官吏妻	《宋史》	忠烈正义妻	城破不屈自杀	南宋	交谈
卷十	顺义夫人	雍氏	官吏妻	《宋史》	忠烈刚正妻	临敌不畏自杀	南宋	交谈
卷十	陈文龙母	林氏	官吏母	《宋史》	忠义坚强母	子为国而亡母与子同亡	南宋	拒服药
卷十一	吴贺母	谢氏	进士母	《宋史》	教子有方母	教子	宋	鞭笞
卷十一	种放母	种放母亲	隐士母	《宋史》	安贫贤信母	劝子隐世	宋	交谈/讲学
卷十一	包孝肃媳	包拯儿媳	丞相儿媳	《宋史》	孝顺有节寡媳	守节不二	宋	交谈

续表

卷目	人物	主人公	人物身份	故事来源	人物评价	事迹	所处时代	画面场景
卷十一	二程母	侯氏	名士母	古史异文	严而善教母	严厉教子	宋	教导
卷十一	尹和靖母	陈氏	平民母	古史异文	善教明义母	教子有方	宋	教导
卷十一	刘愚妻	徐氏	官吏妻	古史异文	正义有礼妻	劝夫从贤	宋	斥责/织布
卷十一	欧希文妻	廖氏	贡士妻	古史异文	孝义有节妻	面贼不屈而死	宋	追逃
卷十一	戴石屏后妻	戴复古妻	文人隐士妻	《宋史》	贞淑有节妻	殉情而亡	宋	拜见
卷十一	莽城莫荃	莫荃	官吏妻	《宋史》	勤俭淑德妻	持家勤俭	宋	赡养父母/持家
卷十一	小常村妇	村妇	平民妇人	民间传闻	贞义有节妇	遇贼不辱而亡	宋建炎	交谈
卷十一	涂端友妻	陈氏	士人妻	《宋史》	舍生取义妇	骂贼不从遭贼杀害	宋	遭劫持
卷十一	陈堂前	王氏	平民寡妇	《宋史》	节操行义妇	守节有义，孝敬公婆	宋	拜见
卷十一	江夏张氏	张氏	平民妇人	《宋史》	贞洁高行妇	守节不二	宋	擒贼
卷十一	刘当可母	王氏	官吏母	《宋史》	大义正忠母	讲大义不投降，投江而死	宋	遇贼
卷十一	临川梁氏	梁氏	平民妻	《宋史》	操守节行妻	临贼而不屈守节	宋	托梦
卷十一	会里吴氏	吴氏	官吏妻	《宋史》	守节贞洁妻	守节不二	宋	读书/劝说
卷十一	晏恭人	晏氏	平民寡妇	《宋史》	果敢刚毅寡妇	临难解乡里百姓于难	宋	抗敌
卷十一	韩希孟	韩氏	丞相后裔	《宋史》	明慧有义女	为卒所掠赴水而死	宋	遭掠
卷十一	庐陵萧氏	萧氏	居士妻	《宋史》	孝敬有礼妻	孝终身慕父母	宋	贺寿
卷十一	临海民妻	王氏	平民妇人	《宋史》	孝顺有节妇	不以元兵屈辱而自杀	宋	跳崖
卷十一	应城孝女	刘氏	平民妇人	《宋史》	孝顺忠义女	孝敬母亲	宋	喂养

续表

卷目	人物	主人公	人物身份	故事来源	人物评价	事迹	所处时代	画面场景
卷十二	赵氏女	赵氏	士人女	《宋史》	贞洁有节女	誓死不嫁贼子	宋	下聘/迎娶
卷十二	芜湖詹女	詹氏	平民女	《宋史》	孝义明智女	以事贼救父母，后跳水亡	宋	遭劫持
卷十二	徐氏女	徐氏	平民女	《宋史》	守节仁德女	不以金兵所辱而被杀	宋	刺杀
卷十二	童八娜	童氏	平民女	《宋史》	勇谋有义女	以身代大母受虎衔	宋	救人/打虎
卷十二	吕良子	吕氏	平民女	《宋史》	孝顺德秀女	父病请天以身代	宋	焚香祝天
卷十二	林老女	林氏	平民女	《宋史》	聪慧守节女	巧智面寇，宁死不从	宋	遇贼
卷十二	歙叶氏女	叶氏	官吏女	《宋史》	孝德义节女	叔母有疾昼夜拜叩割己肉	宋	拜叩
卷十二	罗爱卿	罗氏	仕人妻	古史异文	贤德惠仪妻	守节誓死不就辱	宋	入京求仕/送别
卷十二	寇妾茜桃	茜桃	名相妾	《宋史》	淑灵能诗妾	善作诗能文	宋	作诗
卷十二	赵淮妾	赵淮妾	将领妾	《宋史》	忠贞刚烈妾	夫作战失败被元兵杀，相继跳江而亡	宋	划船/跳水而亡
卷十二	天台严蕊	严蕊	名妓	《宋史》	贞忠不屈妇	遭刑逼而不屈	宋	审视/杖责刑罚
卷十二	嘉州郝娥	郝娥	平民女	《宋史》	贞洁刚烈女	遭逼为娼妓而跳河自杀	宋	饮酒
卷十二	宏吉剌后	宏吉剌氏	元世祖皇后	《新元史》	聪慧有谋妻	勤俭节约辅佐夫君	元	进贡
卷十二	姚里氏	姚里氏	辽王王后	《新元史》	贤德仁义妻	厚待夫君前妻	辽	参见
卷十二	阚文兴妻	王氏	将领妻	《元史》	贞烈有节妻	被掳后义不受辱，与夫同亡	元	负丈夫尸体投火中死
卷十二	冯淑安	冯氏	县尹妻	《元史》	贞洁高行妻	夫亡守节如一	元	女师教课
卷十二	赵孟頫母	丘氏	名家母	《元史》	贤能善教母	教子	元	教导
卷十二	李茂德妻	张氏	平民妻	《元史》	贞洁有节寡妇	守节誓不改嫁	元	交谈
卷十二	蒋德新	蒋德新	官吏妻	《元史》	刚烈贞义妻	遇贼不从跳水而亡	元	跳水

续表

卷目	人物	主人公	人物身份	故事来源	人物评价	事迹	所处时代	画面场景
卷十三	俞新妻	闻氏	平民妻	《元史》	孝顺贞义妻	不改嫁守节孝顺婆婆	元	赡养
卷十三	济南张氏	张氏	守将寡妇	《元史》	孝节有义寡妇	卧冰，寻夫葬处	元	卧冰/围观
卷十三	叶正甫妻	刘氏	士官妻	《元史》	贤淑贞节妻	思君写诗于寄衣	元	寄衣
卷十三	郑氏允端	郑氏	儒士妻	《元史》	贤智有才妻	才淑贤智，能诗作画	元	题词
卷十三	龙泉万氏	万氏	平民妻	《元史》	守节不二妻	守节誓不再嫁	元	绣花
卷十三	赵彬妻	朱氏	平民妻	《元史》	守节不屈妻	宁死不从贼	元天历	投井
卷十三	霍氏二妇	杨氏尹氏	平民妻	《元史》	节孝有德寡妇	守节不二	元	劝说改嫁
卷十三	俞士渊妻	童氏	平民妻	《元史》	柔顺有节妻	遇贼兵不屈被砍左臂	元至正	被砍左臂
卷十三	惠士玄妻	王氏	平民妻	《元史》	忠义节烈妻	夫病尝其粪，护妾子	元至正	尝夫粪
卷十三	宁贞洁女	宁氏	平民寡妇	《元史》	贞洁高行寡妇	未嫁夫死守节	元	劝说改嫁
卷十三	慈义柴氏	柴氏	平民妻	《元史》	仁德忠义妻	视夫遗子如己，以次子代他子罪	元	审案
卷十三	程氏妯娌	郑氏吕氏	平民妻	《元史》	忠义仁德妯娌	遇兵卒掳，妯娌不从而亡	元至正	被掳
卷十三	周氏妇	毛氏	平民妻	《元史》	贞义有节妻	遇贼不从被杀	元至正	被杀
卷十三	王防妻	黄氏	进士妻	《元史》	孝顺守礼妻	守礼节不改嫁	元	咏竹/观景
卷十三	龙游何氏	何氏	儒士妇人	《元史》	忠义刚烈妇	遇乱贼题诗裂帛而投江	元至正	投江
卷十三	黄门五节	黄门五节妇	平民妇人	《新元史》	嘉德义节妇	遇贼黄仲起五妇相继不以受辱而自缢而亡	元至正	通报/商量
卷十三	刘翠哥	刘氏	平民妻	《元史》	仁智忠义妻	以己代夫受烹煮	元至正	烹煮
卷十三	胡妙端	胡氏	平民妻	《元史》	守礼有节妻	被掳不愿受辱题诗投水而亡	元至正	被掳

续表

卷目	人物	主人公	人物身份	故事来源	人物评价	事迹	所处时代	画面场景
卷十三	大同刘宜	刘氏	平民妇人	《元史》	忠义有节妇	不愿受辱而被杀	元至正	被掠
卷十三	柳氏女	柳氏	平民妇人	《元史》	守节忠贞妇	未嫁夫死守节	元	劝说改嫁
卷十三	陈淑真	陈氏	儒士女	《元史》	才淑贞洁女	城陷遇辱而死	元至正	报信/取琴
卷十三	俞新妻	闻氏	平民妻	《元史》	孝顺贞义妻	不改嫁守节孝顺婆婆	元	赡养
卷十四	孝慈马后	马氏	明太祖皇后	《明史》	孝慈贤惠妻	富而不奢，贵而不骄，保持节俭朴实，宽以待人	明洪武	祭谢
卷十四	诚孝张后	张氏	明仁宗皇后	《明史》	孝谨温顺妻	辅佐英宗，维持局稳定	明仁宗	辅佐/处置太监王振
卷十四	郢王郭妃	郭氏	郢王王妃	《明史》	刚烈孝义妻	郢王卒而整日悲恸后自杀	明洪武	喂乳/交谈
卷十四	宁王娄妃	娄氏	宁王王妃	《明史》	深明大义妻	多次泣谏劝阻夫勿反	明正德	劝夫
卷十四	花云妻	郜氏	将领妻	《明史》	忠义有节妻	夫亡为道义投水而亡	明	祭祀家庙哭诉
卷十四	王良妻	王良妻	刑部侍郎妻	《明史》	忠烈仁德妻	君王逊位，与夫为忠义投水亡	明建文	哭泣投水
卷十四	储福妻	范氏	平民妻	《明史》	节孝有德寡妇	守节不二，孝敬长辈	明建文	浣衣
卷十四	屠羲英妻	屠羲英妻	官吏妻	《明史》	贞淑有德妻	不为富利而为节行不屈	明万历	抢夺
卷十四	忠愍淑人	程氏	官吏妻	《明史》	忠贞有节妻	夫战死为节孝而死	明	喂养劝说
卷十四	王裕妻	周氏	官吏妻	《明史》	孝义有德妻	上书解夫难	明	上书
卷十四	李妙缘	李氏	官吏妻	《明史》	忠义仁智妻	代夫受难	明	上书救夫
卷十四	李妙惠	李氏	士人妻	《明史》	贞节有守妻	为节义而出家	明成化	出家渡船
卷十四	蔺节妇	蔺氏	平民妻	《明史》	节烈智义妻	守节而自刎	明	自刎
卷十五	韩太初妻	刘氏	官吏妻	《明史》	孝顺至义妻	彻夜侍婆婆而驱蚊	明	卧病/煎药

续表

卷目	人物	主人公	人物身份	故事来源	人物评价	事迹	所处时代	画面场景
卷十五	山阴潘氏	潘氏	平民妻	《元史》	孝节有义妻	避兵被抓，夫死而投火自焚	元末明初	投火自焚
卷十五	胡亨华妻	方氏	平民妻	《明史》	贞烈义节妻	夫死而守夫墓，后自杀	明	祭拜
卷十五	高氏五节	刘氏 李氏 郭氏 金氏 邢氏	将士诸妻	《明史》	守节忠义妻	为节义而亡	明	闻诏/旌表
卷十五	栾城甄氏	甄氏	平民妻	《明史》	孝顺节义妻	祈祷婆婆安康，孝敬婆婆	明	探视/祈祷
卷十五	张友妻	洪氏	平民妻	《明史》	守节不二妻	悉心照护夫，宁自缢不改嫁	明	自缢
卷十五	瓯宁江氏	江氏	士人妻	《明史》	贞义守节妻	遭劫夫死为道义而亡	明	遭劫持
卷十五	方氏细容	方氏	士人妻	《明史》	孝敬有义妻	孝敬父母，夫死而为节义引绳自杀	明	自杀
卷十五	姚少师姊	姚氏	僧士姊	《明史》	端严贤惠姊	不志于富贵	元末明初	相见
卷十五	解大绅女	解氏	名士女	《明史》	能全节义女	被幽禁房中，守节	明建文	幽禁
卷十五	解祯亮妻	胡氏	仕官妻	《明史》	孝谨温顺妻	为节义割耳	明	割耳自残/被赦免
卷十五	节孝范氏	范氏	士官妻	《明史》	节孝守贞妻	为节义自残	明	自残/交谈
卷十五	王素娥	王素娥	官吏妻	《明史》	才德守节妻	能诗，为节义誓不再适	明	独守
卷十五	程镃妻	汪氏	仕人妻	《明史》	孝顺至义妻	孝谨有礼，夫亡而自尽	明	自缢
卷十五	邹赛贞	邹赛贞	官吏妻	《明史》	聪慧孝贤妻	才德有礼能文善诗	明	阅读
卷十五	韩文炳妻	汪氏	平民寡妇	《明史》	孝顺有节寡妇	割己肉以疗婆婆疾	明	侍奉婆婆/割肉
卷十五	台州潘氏	潘氏	贡士妻	《明史》	才德淑仪妻	善吟诗咏对	明	读书
卷十五	叶节妇	李氏	仕人女	《明史》	仁智有节女	劝夫辅夫	明	教夫
卷十五	程文矩妻	李氏	官吏妻	《明史》	慈爱温仁妻	善待前妻孝婆婆	明	喂药

续表

卷目	人物	主人公	人物身份	故事来源	人物评价	事迹	所处时代	画面场景
卷十五	俞氏双节	俞氏二妇	平民妻	《明史》	守节不二妻	宁断发亦不适	明	断发劝解
卷十五	草市孙氏	孙氏	平民妻	《明史》	贞义守节妻	为节义而服毒身亡	明	做工/卧病
卷十五	董湄妻	虞氏	平民妻	《明史》	聪慧知书妻	夫死而守节，吟菊诗刻夫木像	明	吟诗/刻木像
卷十五	郑欢妻	汪氏	平民妇	《明史》	舍生取义妻	夫死为守节自杀	明	交谈嬉戏
卷十五	张宋毕妻	甄氏	平民寡妇	《明史》	思孝至义寡妇	誓不改嫁孝顺婆婆	明	交谈
卷十五	谢汤妻	汪氏	平民妻	《明史》	仁德忠义妻	以忠义对待	明	侍奉
卷十五	东城弃女	万氏	平民女	《明史》	秀而知礼妻	守节不二	明	交谈劝说
卷十六	罗懋明母	胡氏	官吏女	古史异文	贞义而贤母	善教子	明	睡觉/做梦
卷十六	沙溪鲍氏	鲍氏	平民妻	《七烈传》	贞烈仁义妻	为贞义而死	明嘉靖	看病
卷十六	陈宙姐	陈宙姐	平民妻	民间传闻	贞烈节义妻	守义节行而与夫同亡	明	卧病/煎药
卷十六	汪应玄妻	李氏	仕官继妻	《七烈传》	节义操守妻	守节不二	明	卧病交谈
卷十六	步善庆妻	陈氏	平民妻	《明史》	贞烈孝谨妻	三年如一日拜其父母兄弟，乞养己终身	明	拜见/乞养
卷十六	王贞女	王氏	平民女	《七烈传》	贞孝有德女	守节不二	明嘉靖	探访
卷十六	费愚妾	朱氏	官吏妾	《明史》	贞烈有德妾	夫亡守节而亡	明	卧病/交谈
卷十六	许颐二妾	陈氏牛氏	平民妻	民间传闻	节孝义行妻	夫亡守墓，自缢	明	自缢
卷十六	方贞女	方氏	平民妻	《七烈传》	贞烈有德妻	守节如一	明	交谈/抚慰
卷十六	方烈女	方氏	仕人妻	《七烈传》	贞孝有德妻	守节如一	明	合葬
卷十六	熊烈女	熊氏	仕人女	《七烈传》	贞烈淑德妻	以己肉为药治病	明万历	救人服药